전기차 기초이론부터 소모품교환 및 고장진단 실무 사례까지

# NEW 전기로 가는 자동차

강성구 저

문운당

전기로 가는 자동차 2

(HEV, BEV, FCEV 메인터런스와 고장진단 현장정비사례)

# 머리말

전기차가 빠르게 보급되면서 전기차 정비에 대한 수요도 증가하고 있습니다. 하지만 전기차는 내연기관 자동차와 달리 구조와 작동 방식이 다르기 때문에 정비하기가 쉽지 않습니다. 특히 **하이브리드 전기차**, **배터리 전기차**, **수소연료전지 전기차** 등 다양한 종류의 전기차가 출시되면서 정비사들의 어려움은 더욱 커지고 있습니다.

전기차의 보급이 빠르게 증가하고 있는데 2022년 기준으로 국내에서 판매된 신차 중 전기차 비중은 10%를 넘어섰고, 앞으로도 더욱 늘어날 전망입니다. 이에 따라 전기차 정비에 대한 수요도 증가하고 있습니다.

일전에 '전기로 가는 자동차'를 출간하고 하이브리드 전기차와 배터리 전기차 그리고 수소전기차에 대한 강의를 전국 카포스를 비롯해 지역별 스터디 클럽 등에서 교육하고 학교에서 학생들에게 교육을 하면서 저의 교육을 받으신 분들과 카카오톡 등으로 현장에서 발생한 다양한 고장사례를 접하며 함께 공부하였습니다.

그 중에서 현장에서 오해하고 있으신 부분과 전기차를 잘못 이해하면서 오진하면서 차량의 수리에 애로사항을 격는 어려움을 해결하고자 이 책을 쓰게 되었습니다.

이 책 '전기로 가는 자동차 2'에서는 하이브리드 전기차와 배터리 전기차, 수소연료 전지 전기차 등 다양한 종류의 전기차에 대한 냉각수와 감속기 오일 등의 소모품 관리 방법과 전기차에서 자주 발생하는 고장 사례를 다루고 있습니다. 또한, 실제 현장에서 일어나는 정비 사례를 중심으로 구성하여 전기차정비를 쉽게 이해하고 적용할 수 있도록 했습니다.

제가 이 책을 쓰면서 가장 중점을 둔 것은 전기차 정비사들이 실제로 필요로 하는 정보를 담고 있다는 것입니다. 이를 위해 저는 전기차 정비사들과의 소통을 통해 그들이 겪는 문제와 고민을 듣고, 이를 해결할 수 있는 방안을 찾아냈습니다.

이 책은 전기차 정비사뿐만 아니라, 전기차에 관심을 가지고 있는 모든 이들에게 유용한 도움이 되길 바랍니다.

자동차정비를 시작한지 만 30년이 되는 해에
저자 강성구 씀

# 차 례

## 1장 전기차의 개요와 구조



## 2장 전기차의 소모품 관리



## 3장 전기차의 고장진단

## 4장 전기차 정비 현장사례

CHAPTER 01

# 전기차의 개요와 구조

## 1.1 전기차의 이해

**학습목표**

- 전기차를 구분하고 설명할 수 있다.
- 전기차 배터리 용량과 크기를 이해하고 설명할 수 있다.
- 구동모터의 용량과 크기를 이해하고 설명할 수 있다.
- 전기차 공급에너지를 이해하고 설명할 수 있다.
- 전기차 기술변화를 이해하고 설명할 수 있다.

### [1] 전기차의 정의

전기차는 크게 배터리 전기차, 하이브리드 전기차, 플러그인 하이브리드 전기차, 수소연료전지 전기차 등으로 구분된다. 하지만 이러한 구분은 주행 방식이나 배터리의 종류에 따른 분류일 뿐, 자동차의 구조적인 측면에서 보면 모두 배터리와 모터를 사용하는 전기차이다.

따라서 전기차를 공부하는 엔지니어와 테크니션들은 이러한 점을 중요하게 생각해야 하고, 전기차의 특징과 원리를 이해하기 위해서는 배터리와 모터의 구조와 작동 원리를 깊이 이해해야 한다.

또한, 전기차의 정비와 유지보수를 위해서는 배터리와 모터의 특성을 고려해야 하는데, 예를 들어, 배터리는 충전과 방전 과정에서 열이 발생하기 때문에, 배터리의 과충전이나 과방전을 방지하기 위한 안전장치가 필요하다. 또한, 모터는 전기에너지를 기계 에너지로 변환하는 장치이기 때문에, 모터의 효율을 높이기 위한 기술도 필요하다.

전기차는 미래 자동차의 주류로 자리 잡을 것으로 예상됨에 따라 전기차를 공부하는 엔지니어와 테크니션들은 이러한 점을 염두에 두고 전기차의 특징과 원리를 깊이 이해하고, 전기차의 정비와 유지 보수를 위한 기술을 습득해야 하겠다.

### (1) 하이브리드 전기차

하이브리드 전기차 (Hybrid Electric Vehicles, HEV)는 내연기관과 전기모터를 함께 사용하는 자동차로 저속이나 출발 시에는 전기모터로만 구동되며, 고속 주행이나 힘이 필요한 경우에는 내연기관과 전기모터가 함께 구동된다. 이러한 하이브리드 전기차는 연비가 우수하고, 배기가스 배출량을 줄일 수 있다는 장점이 있다.

### (2) 플러그 인 하이브리드 전기차

플러그인 하이브리드 전기차(Plug-in Hybrid Electric Vehicles, PHEV)는 하이브리드 전기차의 일종으로, 외부 전력으로 배터리를 충전할 수 있다. 따라서 배터리만으로 주행할 수 있는 거리가 하이브리드 전기차보다 길다는 장점이 있다.

### (3) 배터리 전기차

배터리 전기차(Battery Electric Vehicles, BEV)는 배터리만으로 구동되는 전기차로 내연기관이 없기 때문에 배기가스 배출량이 없고, 소음이 적다는 장점이 있다. 하지만 배터리 비용이 비싸고, 1회 충전시 주행거리가 짧다는 단점이 있다.

### (4) 수소연료전지 전기차

수소연료전지 전기차는 수소와 산소의 화학반응으로 전기를 생산하여 구동하는 전기차로 배터리 전기차와 마찬가지로 내연기관이 없기 때문에 배기가스 배출이 없고, 소음이 적다는 장점이 있다. 하지만 수소 충전 인프라가 부족하다는 단점도 있다.

이러한 하이브리드 전기차, 플러그인 하이브리드 전기차, 배터리 전기차, 수소연료전지 전기차 모두 배터리와 모터를 사용하는 전기차로 각 전기차는 각각의 장단점을 가지고 있어 차량을 선택할 때 자신의 라이프스타일과 필요에 맞는 전기차를 선택하는 것으로 감히 어느 방식의 차량이 옳다 그르다고 할 수는 없다.

다만 자동차를 유지관리하는 테크니션의 입장에서 고전원을 사용하기에 차량을 정비시 안전에 유의해야 한다는 것과 시스템이 일반 내연기관을 사용하는 차량과 다른 부분을 이해하고 차량의 유지보수를 위한 소모품 등에 대한 이해를 통해 차량을 정비할 수 있어야 한다.

그림 1-1 전기차의 종류

## [2] 배터리 용량과 크기

전기차를 구분하는 방벙이 다양하겠지만 일반적으로 구분하는 방법은 이미 많은 책에서 다루고 있기에 이 책에서는 다른 방법으로 전기차의 배터리 용량과 크기로 구분해보도록 하겠다.

### (1) 배터리용량과 크기가 가장 큰 전기차

전기차 중에서 배터리 용량이 가장 크다고 할 수 있는 것은 배터리 전기차입로 배터리 전기차는 배터리에 저장된 전기로만 차량이 구동하기에 다른 종류의 전기차에 비해 배터리의 용량이 결국 차량의 주행가능 거리에 직결되기에 배터리의 용량이 가장 큰 전기차가 된다.

배터리 전기차(BEV, Battery Electric Vehicle)는 배터리만으로 구동되는 전기차로 일반인들은 전기차라고 부르지만 자동차를 공부한 사람이라면 배터리 전기차라구 구분해 불러야 오해가 없는데 이러한 배터리 전기차는 내연기관이 없기 때문에 배기가스 배출량이 없고, 소음이 적다는 장점이 있지만 아직까지는 차량가격의 절반에 가까울 정도로 배터리 비용이 비싸고, 그에 따라 배터리를 무한정 많이 탑재할 수 없기에 배터리 용량에 따른 주행거리가 짧다는 단점이 있다.

### 가. 배터리 전기차의 주요 구성 요소

- 배터리 : 전기 에너지를 저장하는 장치로 최근 대부분의 전기차에는 리튬 이온 배터리(삼원계 NCM & 인산철)가 주로 사용.
- 전기모터 : 전기 에너지를 기계 에너지로 변환하는 장치로 전기차의 구동력을 제공
- 인버터 : 직류 전기를 교류 전기로 변환하는 장치로 전기모터에 전력을 공급
- OBC : OBC(On-Board Charger)는 전기차의 배터리를 충전하는 장치로 충전기에서 교류전력을 공급받아 배터리의 충전에 필요한 직류전력으로 변환하여 배터리를 충전합니다. 그래서 차량에 탑재된 충전기라고 한다.

### 나. 배터리 전기차의 작동원리

배터리 전기차는 배터리에 저장된 전기 에너지를 전기모터에 공급하여 구동되는데, 전기모터는 전기 에너지를 기계 에너지로 변환하여 차량을 움직인다.

차량의 동력원인 배터리의 충전은 전기 충전소에서 이루어지는데 급속충전과 완속충전으로 구분되며 급속충전은 외부 충전기가 차량의 배터리를 직접 충전하는 방식이고 완속충전기는 외부충전기로부터 교류전력을 공급받아 차량에 탑재된 OBC로 직류전력으로 변환해 배터리를 충전한다.

### 다. 배터리 전기차의 특징

배터리 기술의 발전과 함께 배터리 전기차의 주행 거리가 점점 늘어나고 있으며, 최근에는 배터리 가격이 낮아지면서 배터리 전기차의 경제성이 향상되고 있다.

ⓐ **순수 전기 구동**

배터리 전기차는 전적으로 전기로 구동되며, 내연기관이나 다른 보조 동력원이 없다. 이는 제로 에미션(Zero-Emission) 주행을 가능하게 하며, 환경 친화적인 이동수단으로 주목받고 있다.

ⓑ **배터리 저장 시스템**

배터리 전기차는 대용량 리튬 이온 배터리와 같은 고성능 배터리를 사용한다. 이러한 배터리는 전기를 저장하고 효율적으로 활용하여 구동모터를 제어한다.

ⓒ **긴 주행 거리**

최신의 배터리 기술로 제작된 배터리 전기차는 1회 충전으로 긴 주행 거리를 제공하는데, 이는 일상적인 운전 상황에서 충분한 주행 범위를 보장하며, 긴 거리 이동이 필요한 경우에도 신뢰성을 제공한다.

ⓓ **회생 제동 시스템**

모든 전기차는 주행 중 차량 제동시 모터를 제동장치로 사용하여 에너지를 회생시켜 이를 통해 제동력으로 버려지는 마찰 에너지를 전기로 변환하여 배터리에 저장함으로써 주행 효율을 향상시키고 주행 거리를 늘린다.

특히 배터리 전기차의 경우 더욱 회생제동기능이 중요한데 이는 배터리에 저장된 에너지만으로 주행하므로 강력한 회생제동으로 차량의 하중에 따른 브레이크 장치의 부담감을 줄이고 나아가 회생제동으로부터 발생하는 전력으로 차량의 주행거리를 향상시켜야 한다.

ⓔ **충전 인프라 필요**

배터리 전기차는 차량의 동력원인 배터리를 충전하기 위해 외부 전기충전소나 가정용 충전 장치 등을 통해 배터리를 충전해야 한다. 그래서 이러한 충전 인프라의 구축이 중요하며, 빠른 충전 기술의 발전으로 충전 시간이 크게 단축되고 있다.

ⓕ **저비용 운영**

초기 전기차 충전에 대한 전기요금 할인 외에도 전기충전이 내연기관 연료보다 저렴하며, 배터리 전기차의 구조가 단순하여 고장발생이 적고 소모품이 적어 정비 비용과 유지관리 비용이 다른 내연기관 차량에 비해 상대적으로 낮다.

ⓗ **고성능 및 정확한 토크 제어**

전기 모터는 높은 토크를 바로 발생시키며, 정확한 속도 및 토크 제어가 가능하다. 이는 빠른 가속과 운전 편의성을 제공하기에 최근 고성능의 전기차들이 많이 출시되고 있습니다.

ⓘ **무소음 주행**

자동차의 공해 중에서 배출가스에 대한 공해 이외에 브레이크 장치에서 발생하는 분진도 있지만 엔진에서 발생하는 소음 또한 큰 공해 요소로 특히 배터리 전기차는 내연기관차와는 달리 구동모터가 거의 무소음으로 동작하므로, 정적이고 조용한 주행 환경을 제공한다.

ⓙ **환경친화적**

배터리 전기차를 생산하는데 있어 발생하는 이산화탄소와 차량의 폐기시에 발생하는 오염등에 대한 전체적인 부분에서 배터리 전기차 역시 많은 오염물질을 발생시키지만 기본적으로 차량의 주행에 있어서 만큼은 다른 차량들에 비해서 지속 가능한 교통수단으로, 대기오염과 온실가스 배출을 줄여 환경보호에 기여할 수 있다.

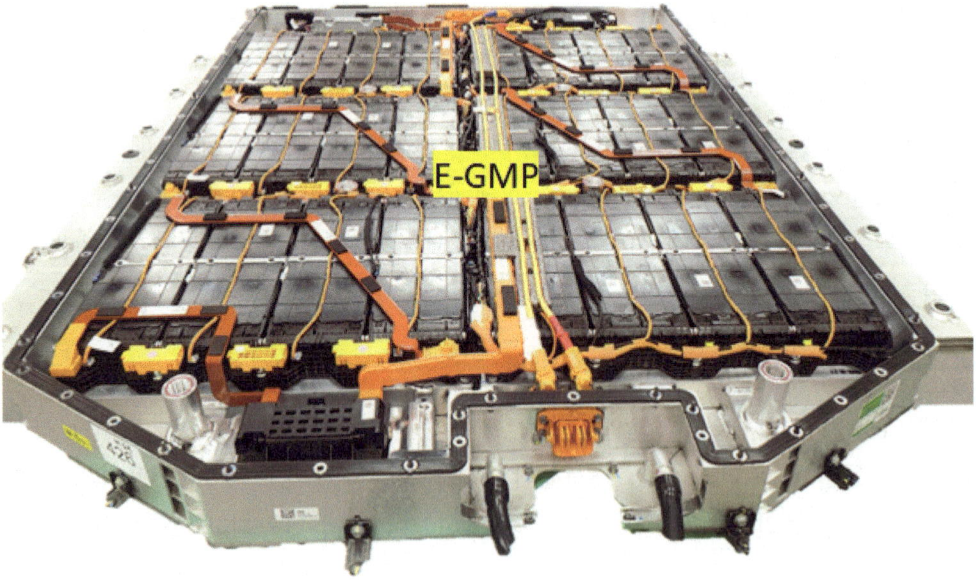


그림 1-2 배터리 전기차의 고전압 배터리

## (2) 배터리 용량과 크기가 가장 작은 전기차

배터리 전기차에 비해 배터리 용량이 상대적으로 가장 작은 차는 하이브리드 전기차와 수소연료전지 전기차이다. 이 두 전기차는 별도의 동력원을 가지고 있는 차량으로 하이브리드 전기차의 경우 엔진의 동력이 주된 동력원이고 구동모터는 엔진을 보조하는 역할로 궁극적인 목표는 엔진의 연비향상과 이산화탄소 배출량을 줄이기 위함이다.

그래서 하이브리드 전기차의 구동을 위한 구동모터를 적당히 구동하고 차량 제동시 회생제동기능으로 발생하는 전력을 저장하고 사용할 배터리가 필요하다. 이 배터리는 엔진의 보조하는 역할로 사용할 전력이기에 많은 용량이 필요하지 않고 회생제동에서 발생하는 전력을 저장하는 정도로 사용하기에 배터리의 용량이 크지 않고 더욱이 배터리의 가격이 상당하기에 일정량 이상을 탑재하기에 가격적인 부담이 되기에 적절한 양을 탑재하였고, 그로 인해 전기차 중에서 가장 작은 용량과 크기의 배터리가 장착되어 있다.

수소연료전지 전기차 흔히 줄여서 수소전기차라고 부르는 전기차도 하이브리드 전기차와 마찬가지로 배터리 용량이 가장 작은 전기차로 분류할 수 있습니다. 하이브리드 전기차에선 주된 동력원이 엔진이었지만 수소전기차에서는 연료전지라는 스택이 주된 동력원으로 연료전지라는 이름에서 알 수 있듯 연료를 이용해 전력을 생산하는 장치이다.

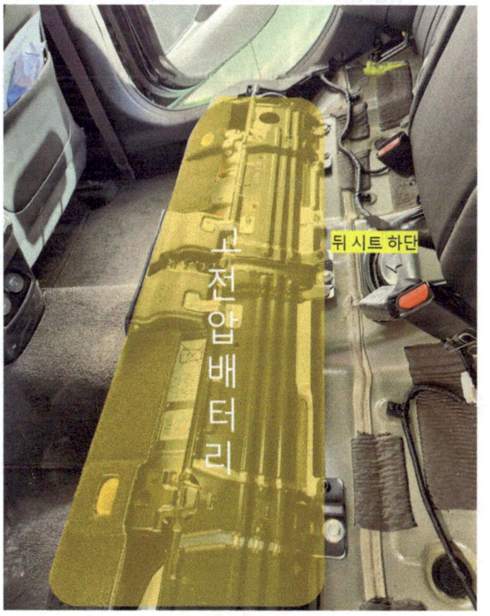

그림 1-3 K8 HEV 고전압 배터리

그래서 수소전기차에서 차량의 운행에 필요한 대부분의 전력을 연료전지 스택에서 생산된 전력을 이용하고 남는 여유전력을 배터리에 저장해 효율을 높이기 위해 배터리가 적용된다.

물론 수소전기차도 전기차이기에 회생제동으로 발생하는 전력 또한 배터리에 저장되고 이렇게 배터리에 저장된 전력은 차량의 구동조건에 따라서 사용되는데 하이브리드 전기차는 구동모터가 보조의 역할이었지만 수소전기차에서는 구동모터가 주 동력원으로 공급하는 전력원의 출처만 달라지게 된다.

## 가. 하이브리드 전기차의 주요 구성 요소

### (가) 배터리

배터리는 전기에너지를 저장하는 장치로 배터리 전기차의 경우 배터리에 저장된 에너지만을 사용하기에 배터리의 용량이 상대적으로 크지만 하이브리드 전기차의 경우 주된 동력원은 엔진이기에 배터리에는 엔진의 동력을 보조할 수 있는 정도의 용량만 탑재되어 상대적으로 배터리의 용량 및 크기가 작다.

초기에는 니켈 카드뮴 배터리와 니켈 수소배터리가 사용되었으나 최근에는 대부분 리튬 이온 배터리가 주로 사용되고 있다.

**※ 전기차의 배터리**

**○ Nickel-cadmium battery (NiCd battery)**

니켈 카드뮴 배터리는 1900년대 초 개발된 2차 전지로 높은 에너지 밀도, 긴 수명, 저온에서도 우수한 성능을 발휘하는 장점을 가지고 있다. 하지만 카드뮴의 환경오염 문제와 높은 비용으로 인해 현재는 다른 배터리 종류로 대체되었다.

**○ Nickel-metal hydride battery (NiMH battery)**

니켈 수소 배터리(NiMH)는 니켈 카드뮴 배터리(NiCd)의 장점을 유지하면서 환경 문제를 해결하기 위해 개발된 배터리로 상대적으로 높은 에너지 밀도와 긴 수명, 빠른 충전 속도, 저온 성능 등의 장점을 가지고 있으며, 하이브리드 전기차뿐만 아니라 다양한 분야에서 사용되고 더욱 고성능을 가진 리튬 이온 배터리가 보급되면서 더 이상 하이브리드 전기차에 사용하지 않고 있다.

**○ Lithium-ion battery (Li-ion battery)**

리튬 이온 배터리는 현재 가장 높은 에너지 밀도를 가진 배터리이며, 전기 자동차, 하이브리드 전기차, 휴대폰, 노트북 등 다양한 분야에서 사용되고 있다. 리튬 이온 배터리의 특징으로 높은 에너지 밀도를 들 수 있으며, 니켈 수소 배터리보다 2~3배 높은 에너지 밀도를 가지며 가벼운 무게로 니켈 수소 배터리보다 훨씬 가벼워 차량의 무게를 줄이고 연비 향상에 도움이 된다.

또 니켈 수소 배터리보다 2~3배 긴 수명을 가지고 있어 교체 주기가 길고 유지관리 비용이 줄어들고 니켈 수소 배터리보다 빠르게 충전할 수 있습니다. 그리고 다양한 형태로 제작될 수 있어 다양한 기기에 적용 가능하다.

**O Lithium-ion polymer battery (Li-ion polymer battery, Lithium Polymer Battery)**

리튬 이온 폴리머 배터리는 리튬 이온 배터리의 기술을 응용하여 액체 전해질 대신 폴리머 전해질을 사용하는 배터리로 얇고 가벼운 디자인이 가능하며, 높은 에너지 밀도와 긴 수명을 가지고 있다.

**O 리튬 배터리의 전해질에 따른 비교**

- 리튬 이온 배터리(Li-ion Battery)
  ⓐ 전통적인 구조로, 액체 전해액을 사용
  ⓑ 상대적으로 높은 에너지 밀도를 가지며, 재충전이 가능
  ⓒ 상용화가 잘 되어있고, 다양한 응용 분야에 사용
  ⓓ 과충전 및 과방전에 취약하며, 안전 문제가 발생할 수 있음

- 폴리머 배터리:(Li-ion Polymer Battery)
  ⓐ 폴리머 전해질을 사용하는 리튬 이온 배터리의 한 유형
  ⓑ 유연한 형태로 제작이 가능하며, 디자인적 유연성이 뛰어남
  ⓒ 높은 에너지 밀도를 가지며, 상대적으로 가벼운 구조
  ⓓ 일반적으로 충전 시간이 짧고, 더 긴 수명

- 전고체 배터리(Li-ion Solid-state Battery)
  ⓐ 액체 전해액 대신 고체 전해체를 사용
  ⓑ 안전성이 높고, 화재 및 폭발 위험이 상대적으로 낮음
  ⓒ 고온에서도 안정적으로 작동하며, 전해질 누출이 없음
  ⓓ 아직까지 기술적인 도전과제가 있지만, 안전성 측면에서 매우 유망한 기술

### (나) 전기모터

하이브리드 전기차의 전기모터는 차량의 구동을 위해 사용하는 모터인 구동모터와 엔진 시동을 위한 스타터로 구분할 수 있는데 차량에 따라 차이가 있으나 구동모터는 내연기관과 전기모터를 조합함으로써 연료 소비를 줄이고 대기 오염을 감소시키는데 기여한다.

하이브리드 전기차는 내연기관과 전기 모터를 함께 사용하여 구동하는 자동차이기에 동력원을 두가지를 사용하므로 전기차 중에서 구동모터의 크기 및 출력이 가장 작은 전기차이다.

#### ○ 구동모터

구동모터는 차량의 구동을 위해 사용되는 모터로 하드타입과 소프트타입으로 구분되는 하이브리드 전기차 모두 적용되어 있으며 형태는 차량에 따라 차이가 나지만 일반적인 형태는 엔진과 변속기 사이에 장착되어 있다.

- 주행 보조 및 연료 효율 향상
  - ⓐ 저속 또는 정체 시 전기 모터만으로 구동하여 엔진 시동을 줄이고 연료 소비를 감소
  - ⓑ 발진, 가속 시 엔진을 보조하여 연료 소비를 감소
  - ⓒ 하드타입의 하이브리드 전기차의 경우 구동모터만으로 일정거리와 속도까지 주행가능

#### ○ 회생제동(Regenerative Braking)

모든 전기차에 적용된 기능으로 차량제동 시 버려지는 운동에너지를 전기 에너지로 변환하여 배터리에 저장하고 저장된 전력으로 차량구동

### (다) 인버터

인버터는 하이브리드 전기차의 구동모터 구동을 위해 사용하는 전력변환장치로 차량 구동시 배터리의 직류전력을 구동모터의 구동에 필요한 교류전력을 공급하고 회생제동시 구동모터가 생산하는 교류전력을 직류전력으로 변환하여 배터리에 공급하는 역할을 하는 중요한 장치 중 하나이다.

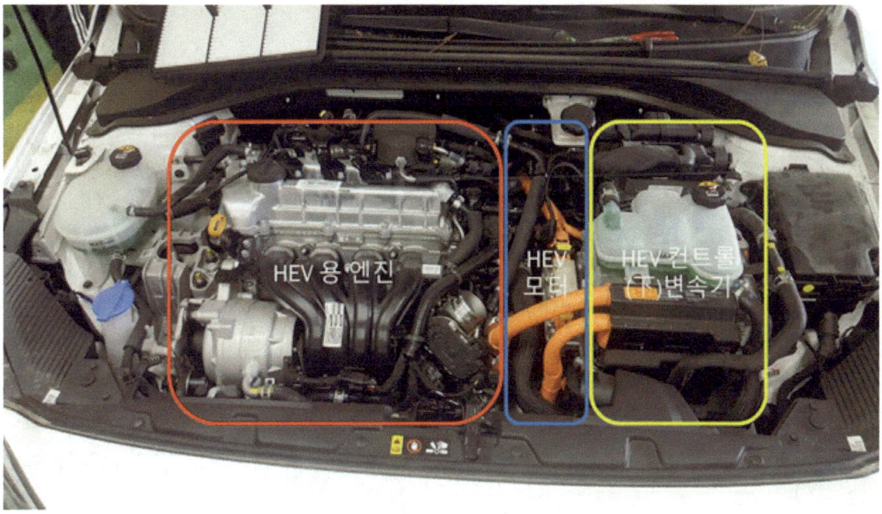


그림 1-4 하이브리드 전기차의 구성

인버터라 하면 직류전력을 교류전력으로 변환하는 장치이고 교류전력을 직류전력으로 변환하는 장치는 어댑터 또는 컨버터라고 하는데 모든 전기차에서는 구동모터에 교류전력을 공급하는 것이 가장 중요한 역할이므로 배터리의 직류전력을 교류전력으로 변환하는 역할인 인버터라는 명칭을 사용하고 있으며 구동모터의 속도와 토크 등의 제어를 포함하고 있어 모터제어기, MCU(Motor Control Unit)로 부르게 된다.

## [3] 구동모터의 용량과 크기

하이브리드 전기차와 배터리 전기차, 수소전기차와 같은 배터리의 전력을 이용해 차량을 구동하는 모든 전기차에는 차량의 구동을 위해 구동모터가 적용되어 있는데 구동모터의 크기에 따라 구분해 각 특징에 대해 알아보자.

### (1) 가장 작은 용량과 크기의 하이브리드 전기차에 적용된 구동모터

#### 가. 특징

하이브리드 전기차의 구동 모터는 전기 모터로서 배터리에서 전기를 공급받아 동력을 발생시킵니다. 주로 인버터와 모터 컨트롤러(MCU)로 구성되어 있다. 이러한 모터는 가속 및 저속 주행 시에 전기 모터의 도움으로 연료 소비를 줄이고 효율적인 주행을 가능하게 한다.

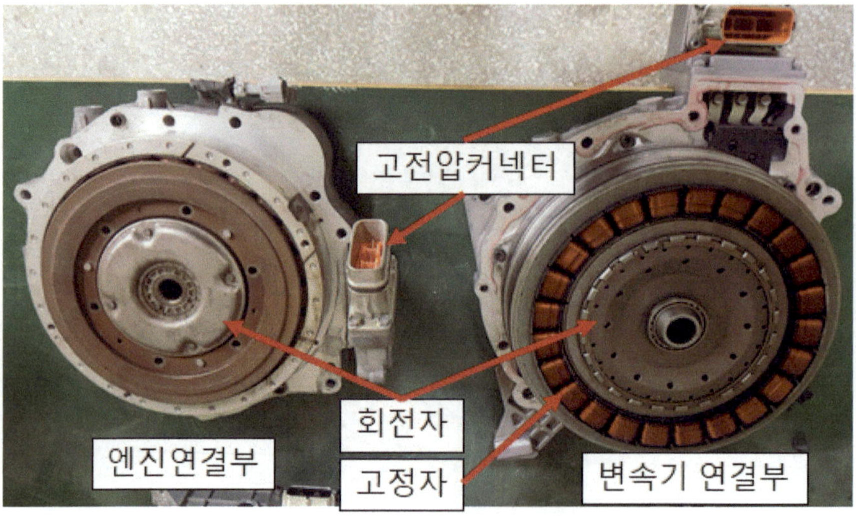


**그림 1-5 하이브리드 전기차의 구동모터(하드타입)**

### 나. 출력 및 크기

출력 및 크기는 차량 모델에 따라 다르지만, 대부분의 하이브리드 전기차의 구동모터는 보통 50 kW에서 150 kW의 출력을 가지며, 배터리 전기차에 비해 상대적으로 작은 출력과 크기를 가진다. 또 마일드 하이브리드 전기차의 경우 더욱 작은 MHSG(Mild Hybrid Starter Generator)를 이용해 차량의 구동을 위해 엔진을 보조하는 역할만을 수행하기도 한다.

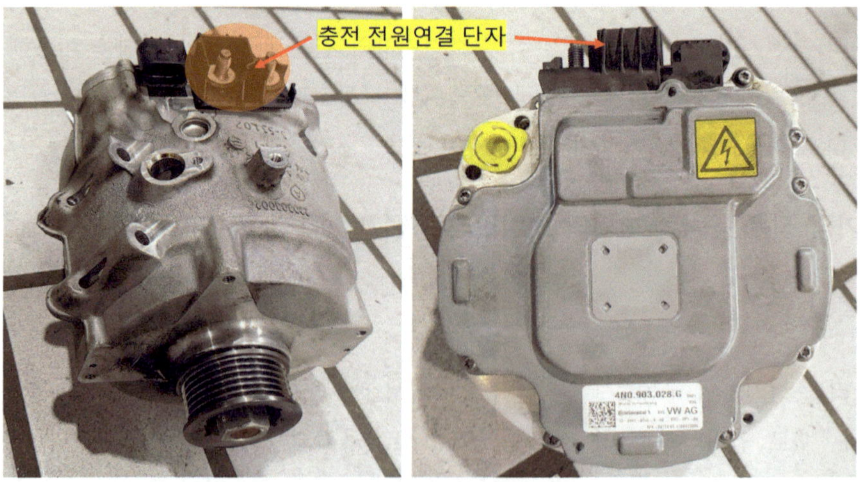


**그림 1-6 MHEV MHSG**

### (2) 상대적으로 큰 용량과 크기의 배터리 전기차에 적용된 구동모터

#### 가. 특징

배터리 전기차의 구동모터는 전기 자동차에서 가장 일반적으로 사용되는 형태로, 전기 에너지 저장 장치인 배터리에서 전력을 공급받아 동력을 발생시킨다. 배터리 전기차는 주행 시 구동모터만으로 차량의 주행에 필요한 모든 동력을 만들어야 하기에 상대적으로 큰 용량과 출력을 낼 수 있는 구동모터가 적용된다.

#### 나. 출력 및 크기

배터리 전기차의 구동모터는 보통 100 kW에서 300 kW의 출력을 가지는 경우가 있는데, 최근에는 고성능 배터리 전기차들이 출시됨에 따라 더욱 강력한 출력을 가진 모터가 적용되고 있으며, 엔진을 보조하는 역할에 중점을 둔 하이브리드 전기차의 구동모터에 비해 더 큰 크기를 가질 수 있다.

### (3) 배터리 전기차와 비슷한 용량과 크기의 수소 전기차에 적용된 구동모터

#### 가. 특징

수소 전기차의 구동 모터는 연료전지 스택에서 생성된 전력으로 차량의 구동에 필요한 동력을 발생시킨다. 이러한 구동모터는 차량의 배터리와 연료전지 스텍으로 부터 전력을 공급받아 작동하는데, 주된 전력은 수소 연료전지 스택에서 공급되고 회생제동으로 발새하는 전력과 연료전지 스택에서 발생된 여유전력이 저장된 배터리의 전력을 차량의 운행 조건에 따라 사용한다.

#### 나. 출력 및 크기

수소 전기차의 구동모터는 보통 100 kW에서 200 kW의 출력을 가질 수 있으며, 크기는 배터리 전기차의 구동모터와 유사하다. 이는 배터리 전기차와 마찬가지로 구동모터의 동력만으로 차량이 구동되기 때문이다.

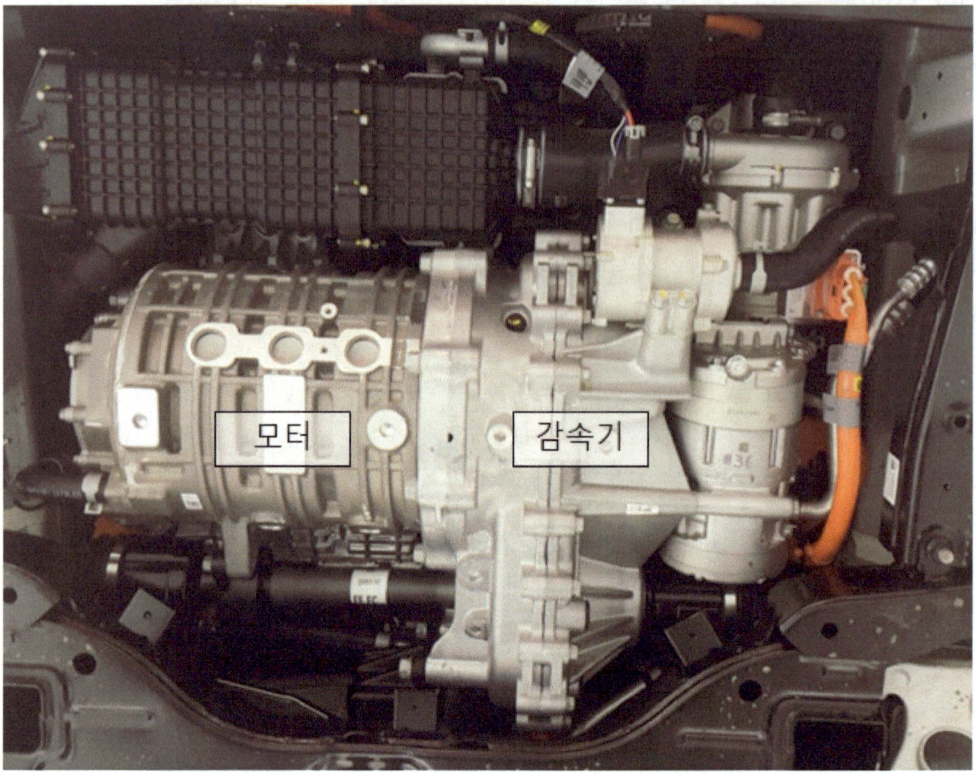

그림 1-7 수소연료전지 전기차의 구동모터(넥쏘)

# 1.2 전기차의 엔진

**학습목표**

- 엔진달린 전기차를 이해하고 설명할 수 있다.
- 전기차의 가솔린엔진을 이해하고 설명할 수 있다.
- 전기차의 디젤엔진을 이해하고 설명할 수 있다.
- 전기차의 CNG엔진을 이해하고 설명할 수 있다.

## [1] 엔진달린 전기차

하이브리드 전기차는 기존 엔진만 탑재된 자동차에서 연비향상을 위해 생산된 차량으로 1970년대 발생한 에너지 위기인 오일쇼크로 인해 자동차의 연료효율 향상에 대한 요구가 높아지게 되었고 자동차 배출가스로 인한 환경문제 또한 심각해지면서 에너지 효율 높은 친환경자동차의 개발이 필요하게 되었다.

1900년 경 페르난테 포르쉐(Ferdinand Porsche)가 개발한 "Semper Vivus" 차량이 세계 최초의 하이브리드 전기차이지만 크게 상용화되지 못하였으나 환경오염과 연료효율 향상을 위해 대량생산 및 판매된 1997년에 도요타 프리우스가 출시되었다.

그림 1-8 포르쉐 "Semper Vivus"(이미지 출처 : https://presskit.porsche.de/)

이는 전기모터의 성능과 효율 향상이 하이브리드 전기차의 개발을 도왔으며 더욱 중요한 배터리 기술발전으로 하이브리드 전기차에 필요한 에너지 저장용양을 확보할 수 있게 되었기 때문으로 니켈 수소 배터리와 리튬 이온 배터리와 같은 고성능 배터리가 자동차 부분의 스마트기기와 같은 전자기기까지 크게 발전시키는 역할을 하였다. 결국 배터리의 발전이 전기차와 전자기기의 발전이라고 할 수 있다.

## [2] 전기차의 엔진 종류

전기차에 사용하는 엔진은 기존의 엔진한 연료를 사용할 수 있는데, 이는 기존의 내연기관 차량에서 엔진을 보조하는 역할로 전기모터와 배터리를 탑재하였기 때문입니다. 그래서 내연기관 차량처럼 가솔린엔진과 LPG엔진, 디젤엔진, CNG엔진을 모두 사용할 수 있다.

### (1) LPG 엔진

최초의 하이브리드 전기차와 첫 보급형 하이브리드 전기차는 모두 가솔린엔진을 사용하였지만 우리나라에서 선보인 하이브리드 전기차의 경우 LPG엔진을 탑재한 차량이 먼저 출시되었다.

하이브리드 전기차의 다양한 기술에 대해서 도요타에서 많은 특허권을 보유하고 있었기에 관련된 특허를 피하며서 수익을 창출할 수 있는 형태의 하이브리드 전기차로 LPG를 연료로 사용하는 하이브리드 전기차가 출시되었다고 하는데 도요타의 특허는 주로 전기모터와 엔진의 동력분할 시스템 그리고 배터리 관리 시스템 등에 대한 기술을 보함하고 있어 이러한 특허를 통해 하이브리드 전기차 시장에서 지배적인 위치를 차지하고 있어 초기에 LPG엔진이 탑재된 하이브리드 전기차가 출시되어 판매되었다.

당시 LPG연료는 장애인과 택시용으로만 사용되는 승용차에만 허용했으나 하이브리드 전기차의 경우 LPG연료 사용에 대한 규제가 완화되면서 저렴한 연료비와 높은 연비로 꽤 많이 판매되었다.

초기 클릭 하이브리드 전기차는 마일드 하이브리드 전기차로 가솔린엔진을 탑재하였으나 일반인에게 판매되지 않고 관공서의 업무용으로만 판매되었으나 LPG엔진이 탑재된 하이브리드 전기차인 아반떼HD 하이브리드 전기차와 포르테 하이브리드 전기차는 일반인들에게 판매되었다.

### (2) 가솔린 엔진

가솔린 엔진은 최초의 하이브리드 전기차에 적용된 엔진으로 이후 보급형 하이브리드 전기차에 탑재되었으며 우리나라에서 출시한 최초의 하이브리드 전기차인 클릭 하이브리드 전기차에 가솔린엔진을 탑재하였다.

이후 LPG엔진이 탑재된 차량이 판매되었으나 도요타가 가진 하이브리드 전기차의 특허가 만료됨에 따라 많은 자동차 제조사들이 자유롭게 사용할 수 있게 됨에 따라 우리나라를 비롯한 많은 자동차 제조사들이 가솔린 하이브리드 전기차를 출시하여 지금까자 대부분의 하이브리드 전기차들이 사용하는 엔진이 되었다.

### (3) 디젤 엔진

디젤 엔진은 LPG 엔진과 마찬가지로 가솔린엔진에 대한 하이브리드 전기차 특허를 피해 디젤 엔진으로 하이브리드 전기차를 일부 생산하기도 했지만 디젤엔진의 가격부담이 가솔린엔진에 비해 크기에 일부 차량의 판매에 그쳤다.

### (4) CNG 엔진

CNG 엔진은 우리나라에서 시내버스에 사용하는 대표적인 엔진으로 시내버스 차량 중 현대자동차의 블루시티가 있다.

그림 1-9 CNG 하이브리드 전기버스(현대자동차 블루시티)

CNG 엔진 역시 배출가스 저감과 연비향상을 목적으로 적용되었으며 기존의
직렬 6기통의 4행정 엔진으로 배기량은 6,798cc 로 최대 출력은 240PS/2500rpm 이고 최대 토크는 90kgf.m/1600rpm 으로 기존의 에어로 시티의 엔진과 비교해보면 에어로 씨티의 엔진은 직렬6기통의 4행정 엔진으로 배기량은 11,670cc 로 블루시티에 비해 배기량이 4,872cc 차이가 나지만 엔진의 출력에 있어서는 크게 차이가 나지 않는다.

그림 1-10 CNG 엔진(상), CNG 하이브리드 엔진(하)

## [3] 하이브리드 전기차의 엔진

하이브리드 전기차의 엔진은 기존의 엔진과 차이가 있는데 이는 엔진의 사용용도가 다르기 때문으로 엔진의 출력이 발생하는 영역을 다르게 하고 있다. 일반적인 엔진에서는 최대 토크와 최대출력을 위주로 개발하였으나 실제 운전하는 영역이 최대 출력과 최대토크가 발생하는 영역과 다소 거리가 있기 때문이다.

엔진마다 차이가 있을 수 있지만 일반적으로 최대토크가 발생하는 엔진의 회전수는 약 4500rpm 이고 최대 출력이 발생하는 엔진회전수는 5000rpm 이상이 되는 경우가 많았는데 이러한 높은 엔진회전수는 실제 차량을 운행함에 있어 사용하는 영역이 아니기 때문이다.

그래서 실제 차량이 운행되는 약 2000rpm 부근에서 최대토크와 출력이 발생할 수 있도록 하고 그에 따라 연비도 향상되도록 한 것이 특징으로 특히 하이브리드 전기차에서는 이러한 연비효율을 극도로 높이기 위해 동일한 엔진이라도 캠축의 밸브 개폐시기 및 압축비 등을 조절해 설계함으로써 하이브리드 전기차의 효율을 극대화 하도록 되어 있다.

관련한 내용은 전작인 "전기로 가는 자동차"에도 언급하였기에 본 서에서는 다루지 않지만 동일한 엔진이라도 제원이 다르다는 것을 염두해 두고 필요시 해당 차량의 정비지침서에서 제원을 확인하는 것이 중요하겠다.

**표 1-1 하이브리드 전기차 별 형식 및 엔진**

| 차량명 | HW형식 | 엔진 |
|---|---|---|
| 베르나 하이브리드(MC HEV) | FMED 소프트 | 알파 1.4 |
| 아반떼 하이브리드(HD HEV) | FMED 소프트 | 감마 1.6 LPI |
| 아이오닉 하이브리드(AE HEV) | TMED 하드 | 카파 1.6 GDI |
| 아반떼 하이브리드(CN7 HEV) | TMED 하드 | 카파 1.6 GDI |
| 쏘나타 하이브리드(YF HEV) | TMED 하드 | 누 2.0 MPI |
| 쏘나타 하이브리드(LF HEV) | TMED 하드 | 누 2.0 MPI & 누 2.0 GDI |
| 쏘나타 하이브리드(DN8 HEV) | TMED 하드 | 누 2.0 GDI |
| 그랜져 하이브리드(HG HEV) | TMED 하드 | 쎄타 2.4 MPI |
| 그랜져 하이브리드(IG HEV) | TMED 하드 | 쎄타 2.4 MPI |
| 그랜져 하이브리드(GN7 HEV) | TMED 하드 | 감마 1.6 T-GDI |
| 투싼 하이브리드(NX4 HEV) | TMED 하드 | 감마 1.6 T-GDI |
| 싼타페 하이브리드(TM HEV) | TMED 하드 | 감마 1.6 T-GDI |

표 1-1은 현대자동차의 하이브리드 전기차의 형식과 엔진을 구분한 것으로 국내에서 생산된 차량 중 기아자동차와 동일한 플랫폼을 사용하는 경우가 많기에 이 표를 기준으로 참고하면 되겠다.

## 1.3 전기차의 구동모터

### [1] 하이브리드 전기차의 구동모터

하이브리드 전기차는 직렬형과 병렬형으로 구분하는데 직렬형은 엔진이 차량의 구동에 직접적인 영향을 주지 않는 방식으로 초기 쉐보레 볼트 차량에 적용되었으나 이후 적용차량이 없으며 대부분이 병렬형을 채택하고 있다.

병렬형 하이브리드 전기차는 엔진이 차량의 구동에 동력원으로 사용하면서 구동모터의 보조를 받는 방식으로 이 병렬형은 구동모터만으로 차량의 주행가능여부에 따라 소프트 타입과 하드 타입으로 구분하는데 소프트 타입의 경우 구동모터만으로 차량을 구동할 수 없고 하드 타입만 구동모터로 차량을 구동할 수 있다.

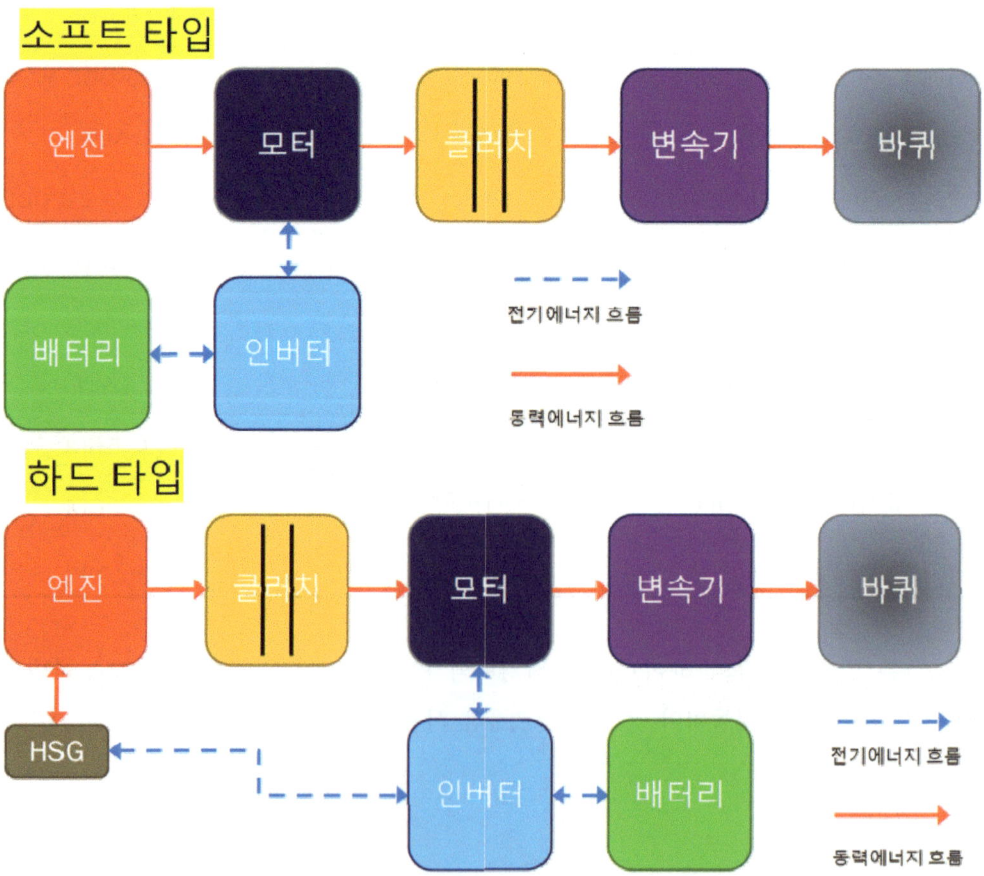


그림 1-11 병렬형식의 하이브리드 전기차 개념

최근 출시되는 차량을 살펴보면 일반적인 소프트 타입을 적용한 차량은 더 이상 출시되지 않고 있지만 마일드 하이브리드 전기차량의 경우 수입차량을 시작해서 이제는 국내에서 생산하는 차량에 이르기까지 점차 증가되고 있다.

### (1) 플라이 휠 장착형 FMED

소프트 타입의 하이브리드 전기차의 구동모터는 차량 주행시 엔진의 보조역할로 엔진의 작동영역에서 효율이 낮은 영역에서 구동모터가 엔진을 도와 출력을 보하는 역할로 장착형태는 변속기와 엔진사이에 구동모터를 장착하게 된다. 이때 소프트 타입과 하드 타입의 하이브리드 전기차 모두 같은 방식이지만 내부에 구동모터의 회전자(로터)가 플라이 휠로 엔진과 직결되어 있는 것을 FMED(Flywheel Mounted Electric Device)라고 부른다.

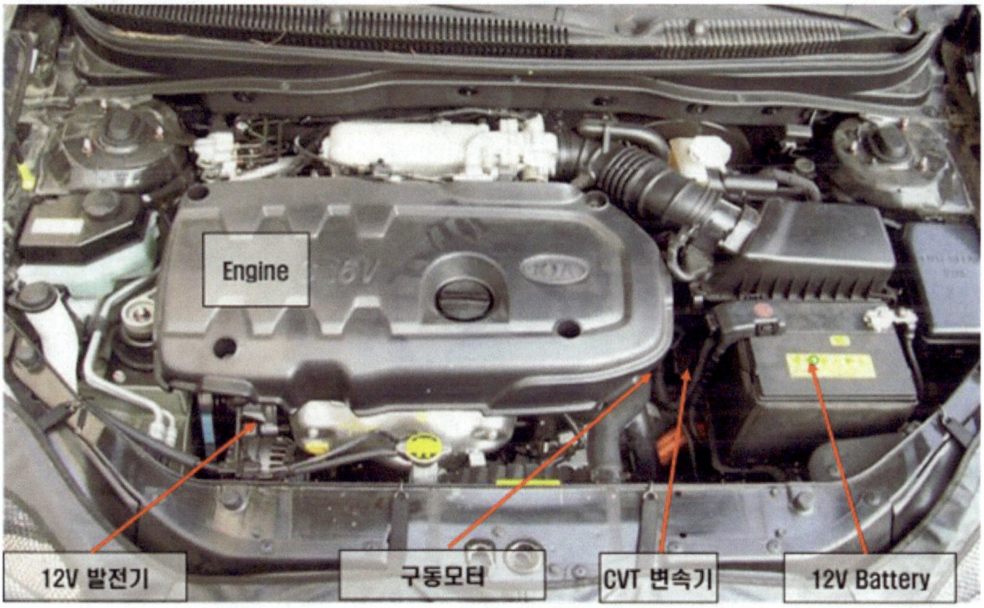


그림 1-12 FMED 타입 하이브리드 전기차의 엔진룸

FMED 타입의 하이브리드 전기차의 엔진룸을 열어보면 "그림 1-12" 와 같이 엔진과 변속기 사이에 구동모터가 장착되어 있는 것을 알 수 있는데 이러한 외관으로는 뒤에 살펴볼 TMED(Transmission Mounted Electric Device) 타입 하이브리드 전기차와 구분이 쉽지 않다.

그러나 차량의 구동시 구동모터가 엔진과 직결된 하이브리드 전기차는 구동모터만으로 차량을 구동하지 못하기에 차량의 시동을 걸어 차량을 서서히 출발시켜보면 엔진이 반드시 시동이 걸려 출발하기에 작동방법으로 구분할 수 있다.

FMED 타입의 하이브리드 전기차의 구조적인 부분에서 구동모터를 살펴보면 "그림 1-13"에서 보는 것과 같이 구동모터의 회전자 부분 가운데에 엔진의 크랭크 축과 연결을 위해 차량에 따라 차이가 있으나 6개의 볼트를 연결할 수 있는 부분을 확인할 수 있다.

이는 기존의 플라이휠을 장착하기 위한 형태와 같은데 이 고정 볼트 체결부로 크랭크 축과 구동모터의 회전자가 직접 연결되기에 구동모터 단독으로 변속기에 동력을 전달할 수 없다.

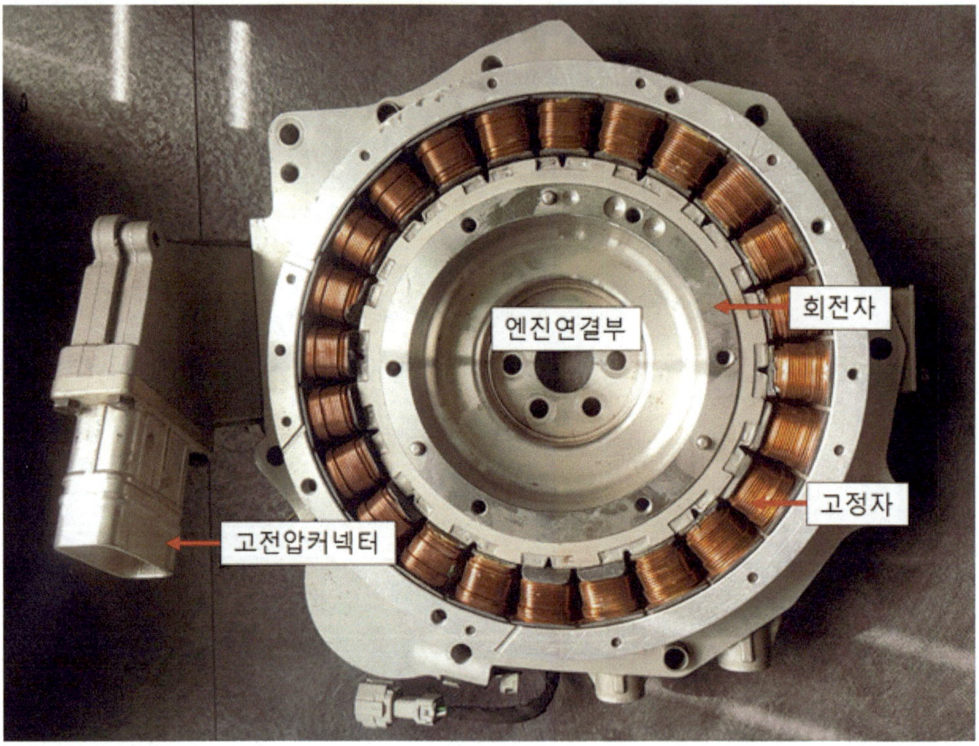


그림 1-13

### (2) 마일드 하이브리드

하이브리드 전기차의 작동방식을 소프트 타입과 하드 타입으로 구분하는데 소프트 타입 중 FMED 타입 하이브리드 전기차는 내연기관 엔진과 구동모터를 함께 사용하여 연료 효율을 높이고 배출가스를 줄이는 자동차로 구동모터의 크기가 마일드 하이브리드 전기차(MHEV : Mild Hybrid Electric Vehicle)에 비해 용량 및 출력이 크기에 배터리 용량 또한 커져 가격적인 부담이 될 수 있다.

마일드 하이브리드 전기차는 일반적인 FMED 타입이나 TMED 타입의 하이브리드 전기차에 비해 시스템 구조가 단순하고 구동모터의 용량가 크기가 가장 작으며 단순한 엔진의 보조 역할을 하는 차량이다.

마일드 하이브리드 시스템의 구조적인 부분으로 살펴보면 일반적인 하이브리드 전기차는 엔진과 모터가 직렬 또는 병렬로 연결되어 구동력을 분담하지만 마일드 하이브리드 전기차는 벨트로 연결된 모터가 엔진의 시동과 정지 저속 주행 등 보조적인 역할을 한다.

마일드 하이브리드 전기차의 모터는 마일드 하이브리드 스타터 & 제네레이터 줄여서 MHSG로 부르게 되는데 마일드 하이브리드 전기차의 MHSG는 엔진 부하를 줄이고 연료 효율을 향상시키는 역할에 중점을 두지만 모터만으로 차량을 구동할 수 없고 모터의 용량 및 크기가 작아 단순 보조역할만을 제공한다.

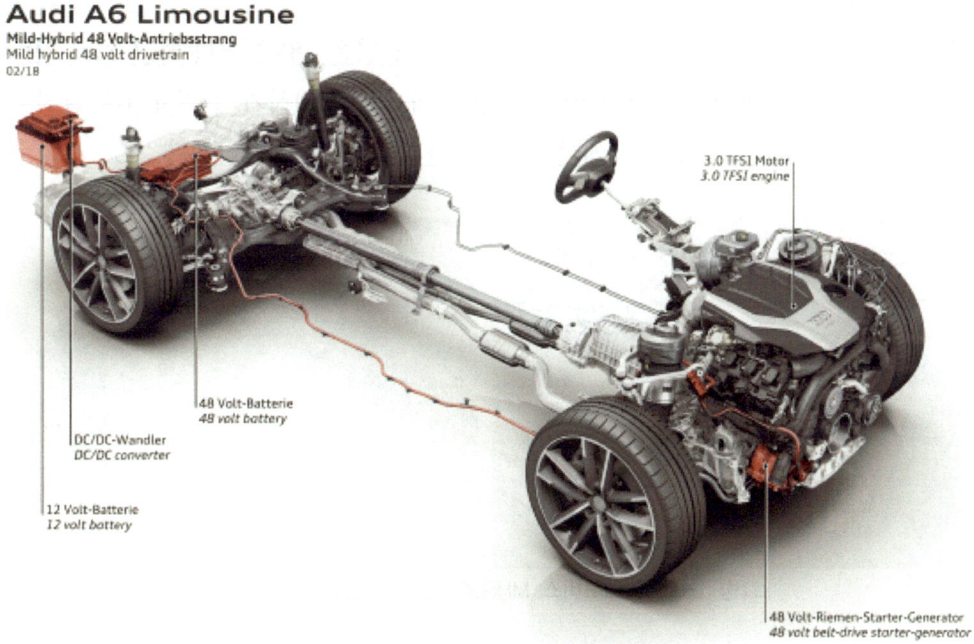


그림 1-14 AUDI A6 MHEV 개요
(출처: https://www.greencarcongress.com/2018/02/20180228-audi.html)

마일드 하이브리드 전기차의 모터는 비교적 낮은 전압인 48V를 사용하는데 이는 배터리의 가격이 상당하기에 높은 전압과 상대적으로 큰 용량의 배터리를 사용하기에 부담이 되기 때문으로 일반적인 하이브리드 전기차의 효율이 기존의 내연기관 차량에 비해 10~30% 정도 향상되지만 낮은 비용으로 작은 용량의 배터리와 모터를 사용하는 마일드 하이브리드 전기차의 경우 일반적으로 5~10% 정도로 상대적으로 낮은 효율향상을 나타낸다.

마일드 하이브리드 전기차는 저렴한 가격과 간단한 시스템 구조가 장점이지만, 연료 효율 향상 효과는 일반적인 하이브리드 전기차에 비해 낮은 반면, 일반적인 하이브리드 전기차는 높은 연료 효율과 낮은 배출가스를 제공하지만, 상대적으로 가격이 비싸고 시스템 구조가 복잡하다.

기술적인 부분에 있어 일반적이 하이브리드 전기차에 비해 간단한 구조이지만 근본적인 시스템은 소프트 타입의 하이브리드 전기차이기에 차량의 정비시 이 역시 전기차라는 것을 잊어서는 안된다. 그 이유는 배터리 전압이 상대적으로 낮은 48V를 사용하고 있지만 별도의 배터리와 전력공급라인으로 인해 기존의 내연기관 차량과 혼돈할 수 있기 때문이다.

자동차의 전력장치에 있어 고전압 안전에 대한 기준으로 60V를 적용하는데 이 **마일드 하이브리드 전기차의 경우 사용하는 전력이 60V보다 낮은 48V를 사용하고 있어 전력라인에 주황색 배선을 적용하지 않기에 차량을 정비하는 정비사가 전기차임을 알지못해 오진 및 오수리하는 경우가 현장에서 다 발생하기에 주의해야 하겠다.**

그림 1-15 현대모비스 MHSG(좌), 콘티넨탈 MHSG(우)

"그림 1-15" 에서 보는 것과 같이 마일드 하이브리드 전기차의 MHSG는 일반 내연기관 차량의 발전기와 형태는 유사하지만 발전기의 출력부분에 전력공급단자가 두 개로 일반 내연기관 차량의 발전기의 경우 발전기의 몸체를 (-) 단자로 사용하고 발전기 출력단자(B 단자)에서 (+) 전력을 공급하지만 마일드 하이브리드 전기차의 스타터 & 제네레이터인 MHSG는 출력하는 전력의 (+)와 (-) 모두 별도의 출력단자로 입력 및 출력된다.

일반 내연기관의 발전기와 MHSG를 구분하는 쉬운 방법이 발전기의 출력 단자를 확인해 출력단자가 하나인 경우 일반 내연기관 차량의 발전기로 판단하고 출력단자가 두 개인 경우 MHSG로 판단하면 되겠다.

모든 전기차 즉 마일드 하이브리드 전기차를 포함한 하이브리드 전기차와 배터리 전기차 그리고 수소전기차는 발전기가 12V 전원용 전력을 생산하지 않고 별도의 전력변환기인 LDC(LOW Voltage DC-DC Converter & LOW DC-DC Converter)에서 전력을 공급하는 것으로 **12V 전력이 공급되지 않아 12V 배터리가 방전되는 경우 발전기가 아닌 LDC를 점검하고 HSG 또는 MHSG로 오진하여 교환하지 않도록 한다.**

그림 1-16 MHSG(좌), HSG(우)

"그림 1-16" 은 마일드 하이브리드 전기차의 MHSG와 하드 타입이 하이브리드 전기차의 HSG를 비교한 것으로 형상은 유사하게 생겼지만 출력되는 전력단자부분에 있어 차이가 있는데 하드 타입의 하이브리드 전기차량의 HSG는 60V 이상의 고전압의 전력이 입출력 되므로 고전압 안전규정에 따라 주황생 와이어링 및 커넥터가 적용되어 있어 HSG의 출력부분에 주황색 커넥터로 MHSG와 HSG를 구분 할 수 있다.

### (3) 변속기 부착형 TMED

병렬형 하이브리드 전기차는 엔진의 구동을 구동모터가 보조하는 역할로 구동모터가 장착된 위치에 따라 엔진의 크랭크 축과 동일선상에 구동모터를 배치하는 방법으로 엔진의 크랭크 축에 직결해 플라이 휠처럼 구동모터를 배치한 FMED 방식이 있고 동일 축선상이지만 변속기쪽에 구동모터를 장착한 형태를 TMED(Transmission Mounted Electric Device)라고 부르게 된다.

TMED와 FMED의 결정적인 차이는 엔진의 동력을 차단하고 구동모터가 독립적으로 작동한다는 것으로 FMED의 경우 엔진의 크랭크 축에 직결되어 있어 구동모터가 엔진과 별도로 작동할 수 없다. 하지만 TMED는 엔진의 동력을 차단하고 구동모터의 동력만을 변속기로 공급할 수 있어 배터리 전기차처럼 엔진의 동력 없이 배터리의 전력만으로 구동모터를 작동시켜 차량을 구동할 수 있다.

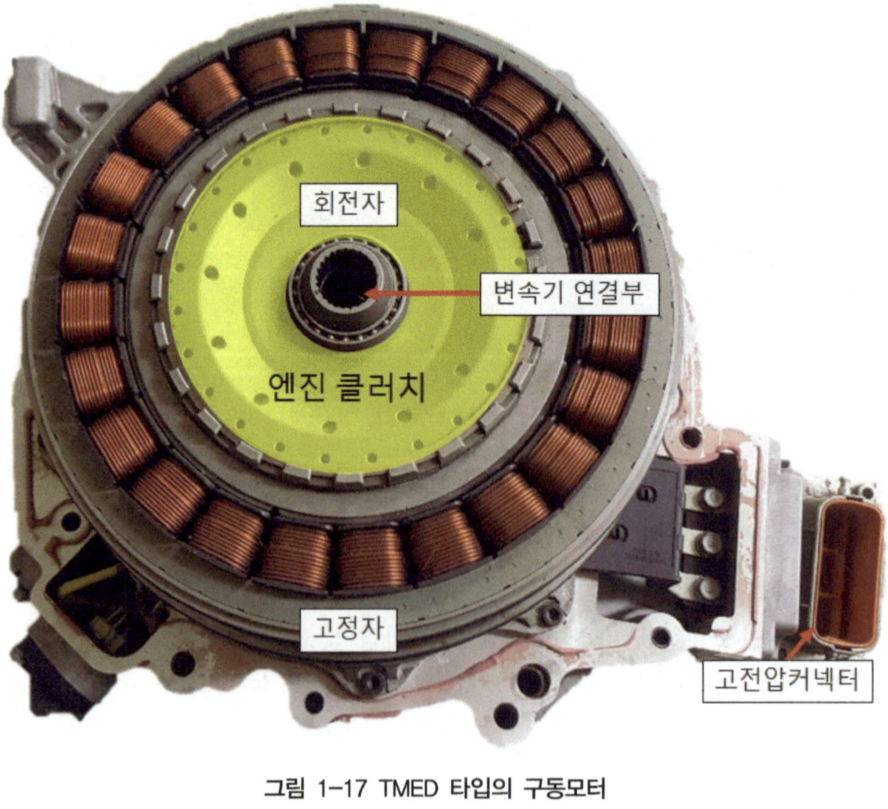


그림 1-17 TMED 타입의 구동모터

이처럼 배터리의 전력만으로 차량을 구동할 수 있기에 "전기차모드"라는 표현을 사용하며 더욱 나아가 배터리의 용량을 키우고 배터리를 외부전력으로 충전해 전체 주행 중 일부구간을 배터리의 전력만으로 주행하도록 하는 것이 가능해 진다. 그래서 외부전기 플러그를 연결할 수 있는 하이브리드 전기차라고 해서 플러그인 하이브리드 전기차(PHEV: Plug-in Hybrid Electric Vehicle)라고 한다.

TMED 타입이 하이브리드 전기차는 엔진과 구동모터 사이에 동력을 전달 및 차단할 수 있는 클러치를 장착하고 있는데 이를 엔진클러치라고 한다.

"그림 1-17" 에서 보는 것과 같이 TMED 타입의 하이브리드 전기차의 구동모터의 로터 내부에는 엔진클러치가 설치되어 있는데 주로 자동변속기가 함께 설치된 차량의 경우 습식 다판클러치가 설치되어있고 변속기가 DCT가 적용된 경우 건식 싱글 클러치가 설치되어 있다.

### [2] 배터리 전기차와 수소전기차의 구동모터

배터리 전기차는 전기모터만으로 차량을 구동하기에 하이브리드 전기차의 구동모터나 HSG와 같이 엔진을 보조하는 역할을 하는 모터에 비해 출력이 큰 것이 특징으로 초기에 출시된 배디리 진기차의 경우 교류 유도모터(AC induction)를 사용하였으나 최근 출시된 대부분의 배터리 전기차에는 영구자석 동기 모터(PMSM : Permanent Magnet Synchronous Motor)를 사용하고 있다.

하이브리드 전기차의 구동모터는 설치위치로 인해 모터의 형태가 호떡 또는 도넛형태의 구동모터가 설치되었지만 배터리 전기차나 수소전기차의 경우 일반적으로 볼 수 있는 형태의 구동모터가 설치되어 있다.

배터리 전기차의 구동모터는 대부분 교류모터를 사용하고 있는데 차량에 탑재된 배터리의 전력은 직류전력으로 이 직류전력을 그대로 사용할 수도 있지만 차량의 구동을 위한 큰 토크를 만들어내면서 에너지 효율이 높은 방식으로 사용할 수 있는 모터는 교류모터이기 때문으로 대부분의 전기차에는 교류모터를 적용하고 있다.

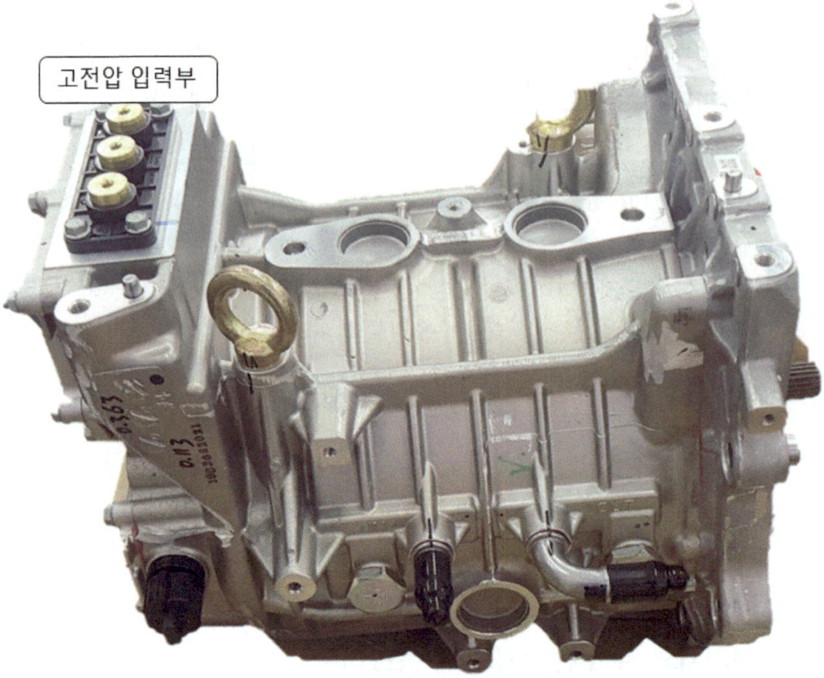


**그림 1-18 배터리 전기차의 구동모터(현대 코나EV)**

배터리 전기차와 수소 전기차에 적용된 구동모터의 특징을 간단히 살펴보면 아래와 같다.

■ **교류유도모터**(AC induction)

- 교류모터의 일종으로 전자기 유도 원리에 따라 작동하는 비동기 모터
- 회전자에 브러쉬나 영구자석이 없는 단순한 구조로 유지 보수가 용이
- 광범위한 전압 및 주파수에서 작동
- 영구자석 동기 모터에 비해 효율이 낮음

■ **영구자석 동기 모터**(PMSM : Permanent Magnet Synchronous Motor)

- 회전자가 고정자의 자기장과 동일한 주파수로 회전하는 동기식 전기모터
- 회전자에 내장된 영구자석을 사용하여 자기장을 생성
- 고정자에는 회전 자기장을 생성하는 전류로 활성화되는 여러 개의 권선 포함
- 고효율 및 높은 전력밀도로 고성능 전기차에 적합

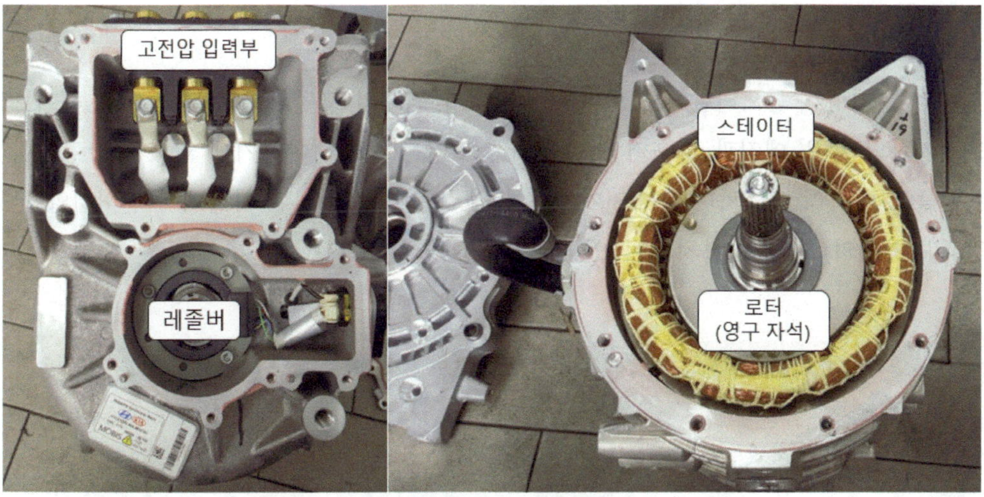

그림 1-19 PMSM 구동모터의 내부 구조(코나EV)

### [3] 구동모터 제어장치

전기차의구동모터는 대부분 교류전력을 사용하기에 배터리의 직류전력을 구동모터의 구동에 필요한 교류전력으로 변환하는 전력변환장치가 필요하다. 그래서 하이브리드 전기차를 비롯하여 배터리 전기차와 수소전기차들이 교류모터를 사용하고 있어 전력변환장치가 필요하게 되는데, 배터리의 직류전력을 교류전력으로 변환하는 장치이기에 인버터(Inverter)라고 부르게 되된다.

실제 작동은 배터리의 직류전력을 교류전력으로 변환하고 반대로 회생제동으로 구동모터가 발전기가 되어 교류전력을 생산하면 이 교류전력을 배터리의 충전에 적합한 직류전력으로 변환하는 역할을 함께 한다. 그래서 양방향으로 전력을 변환하는 장치이지만 구동모터의 작동을 위해 전력을 변환하는 역할이 가장 중요하기에 인버터라고 부른다.

구동모터의 작동을 위해 교류전력을 공급함에 있어 회전수와 토크의 조절이 필요하고 그에 따라 인버터에서 생산되는 교류전력을 조절해야 하고 모터에서 구동시 발생하는 열을 관리하기 위해 냉각수 또는 냉각오일을 순환시켜 구동모터가 과열되지 않도록 보호해야하는데, 이러한 역할을 하는 것이 모터제어기인 MCU(Motor Control Unit)가 필요하다.

대부분의 차량에 적용된 인버터는 MCU기능을 포함한 제어기로 인버터와 MCU를 혼용해서 부르기도 하는데 기능적인 부분에 있어서는 구분되지만 실질적인 제어기는 하나의 제어기 형태로 구성되어 있다.

### (1) 인버터 분리형 구동모터

인버터 분리형 구동모터란 구동모터와 인버터가 별도의 모듈로 구성된 형태로 하이브리드 전기차의 경우 엔진과 변속기 사이에 구동모터를 설치해야하기에 일체형으로 설치하기 힘들고 배터리 전기차나 수소전기차량의 경우 초기에 출시된 차량에서 인버터와 구동모터가 별도의 모듈로 설치되어 있는 형태로 출시되었다.

그림 1-20 인버터 분리형 구동모터(현대자동차 아이오닉EV)

"그림 1-20" 에서 보는 것과 같이 인버터와 구동모터가 별도의 모듈된 경우 인버터에서 구동모터로 전력을 공급하기위한 고전압 케이블(주황색 와이어링)이 외부에 노출되어있어 차량사고발생시 고전압 케이블이 손상되어 감전사고가 발생하지 않도록해야 하므로 주로 차량의 전문부에서 멀리 떠어진 구동모터의 뒷면 또는 측면으로 고전압 케이블을 연결하고 있다.

고전압 케이블이 외부에 노출되어 있으면 전력전달 효율에 영향을 줄 수도 있지만 가장 중요한 것은 고전압 케이블의 노후화에 따라 수분이 침입하여 절연이 파괴되거나 커넥터가 부식되어 헐거워지는 등으로 인해 케이블의 단선 및 단락과 같은 고장이 발생할 수 있기 때문이다.

### (2) 인버터 일체형 구동모터

인버터 일체형은 구동모터와 인버터가 고전압 케이블을 이용해 연결된 것이 아니라 구동모터와 인버터가 직접연결된 형태로 고전압의 전력을 공급하기 위한 케이블이 없어짐에 따라 고전압 케이블에 대한 비용을 줄일 수 있고 외부에 고전압 케이블이 노출되어 있지 않기에 케이블의 노후화 등으로 인한 누전 및 감전사고를 줄이고 고장발생을 줄일 수 있다.

국내 출시된 전기차를 기준으로 살펴보면 현대자동차에서 생산한 코나EV 전기차의 경우 구동모터에 3상 교류전력을 공급하는 고전압 케이블이 삭제되고 구동모터에 인버터가 바로 설치됨에 따라 구동모터와 인버터의 내부 연결단자를 통해 3상 교류전력이 직접전달되는 형태로 설치되어 고전압 케이블이 삭제되었다.

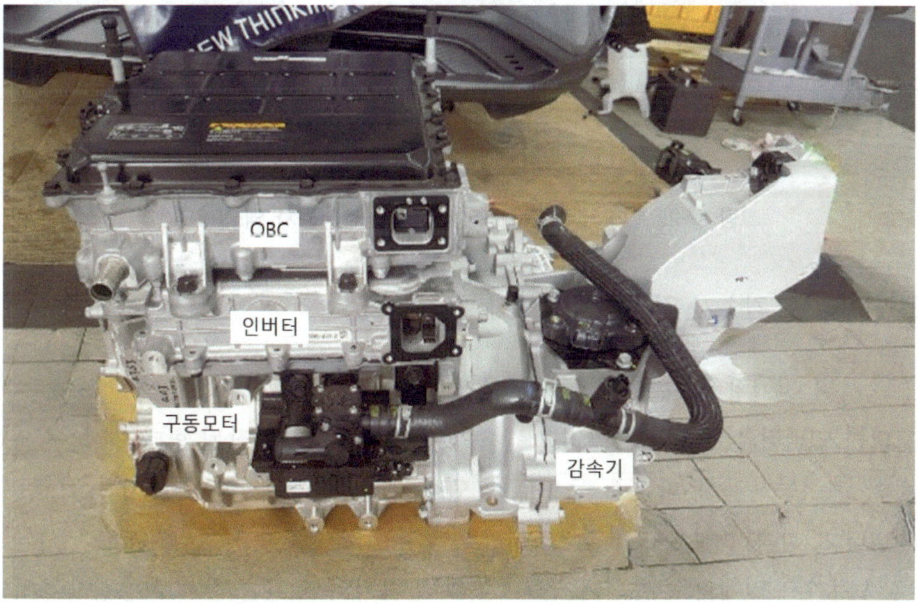


**그림 1-21 인버터 직결형 구동모터(현대자동차 코나EV)**

또 수소연료전지 전기차인 넥쏘 차량 구동모터는 구동모터케이스와 인버터 케이스를 하나로 제작된 형태로 코나EV 차량의 인버터처럼 별도의 구성품이 조립되는 형태가 아니라 구동모터의 케이스에 인버터가 직접설치되는 형태로 인버터와 구동모터가 일체형으로 되어 있다. 그에 따라 차량 정비시 인버터를 수리하거나 교환시 차량에 따라 구동모터를 함께 탈거한 상태에서 정비할 수 있다.

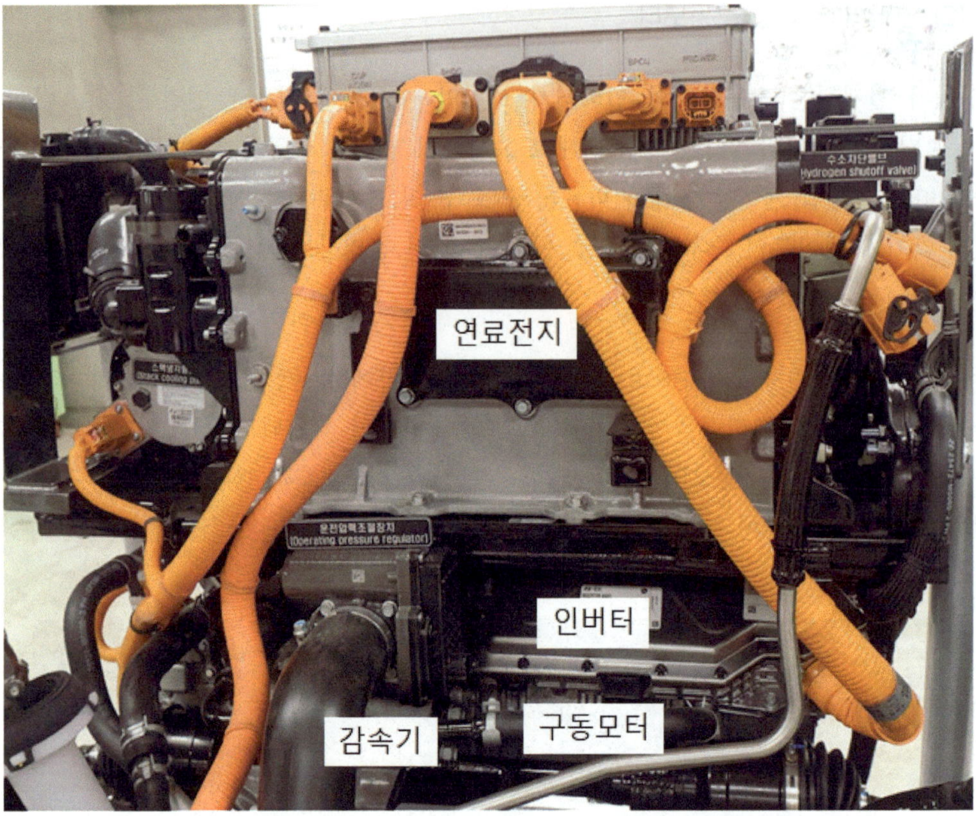


그림 1-22 인버터 & 구동모터 일체형(현대자동차 넥쏘FCEV)

### (3) 인버터 & 감속기 일체형 구동모터

최근 출시된 전기차 중 현대기아차의 전기차 전용 플랫폼인 E-GMP를 적용한 차량의 구동모터는 인버터와 구동모터 그리고 감속기가 일체형으로 제작된 형태를 볼 수 있는데, 전기차의 고성능화와 부피감소 등으로 별도로 구분하기 어려운 형태이다.

이 인버터 & 감속기 일체형 구동모터에서도 고전압 케이블이 사용되지 않으면서 구동모터와 감속기까지 일체형으로 되어 구동모터와 감속기의 오일을 함께 사용함으로써 구동모터의 냉각을 오일로 냉각하게 된다.

인버터 & 감속기 일체형 구동모터는 인버터 일체형과 외관상으로 쉽게 구분하기 어려울 수 있는데 인버터 분리형에서처럼 구동모터로 연결되는 고전압 케이블이 보이지 않는 특징은 인버터 일체형과 같지만 조금 자세히 살펴보면 구동모터 케이스에 인버터와 감속기가 직접 설치되어 있다는 것을 알 수 있다.

그림 1-23 인버터 & 구동모터 & 감속기 일체형(현대자동차 아이오닉5)

### (4) 구동모터 제어 메커니즘

구동모터 제어기인 인버터(MCU)의 작동 원리를 살펴보면 이 컨트롤러는 전자 제어 시스템과 소프트웨어 알고리즘을 기반으로 작동된다.

인버터의 경우 차량구동에 직접적인 제어기이고 차량의 구동모터를 총괄해서 제어하는 제어기는 VCU(Vehicle Control Unit)가 운전자의 차량을 조정하기 위해 엑셀페달과 브레이크 페달의 밟음에 따라 구동모터에 전력을 공급여부와 브레이크 장치의 작동여부 및 구동모터와 브레이크 장치의 협력에 대한 것과 스마트 크루즈 컨트롤(SCC, Smart Cruise Control)과 같은 각종 첨단운전자보조장치 ADAS(Advanced Criver Assistance System)을 작동하며 차량 의 이모빌라이져(Immobilizer) 정보로 차량의 도난방지 기능 등의 역할을 한다.

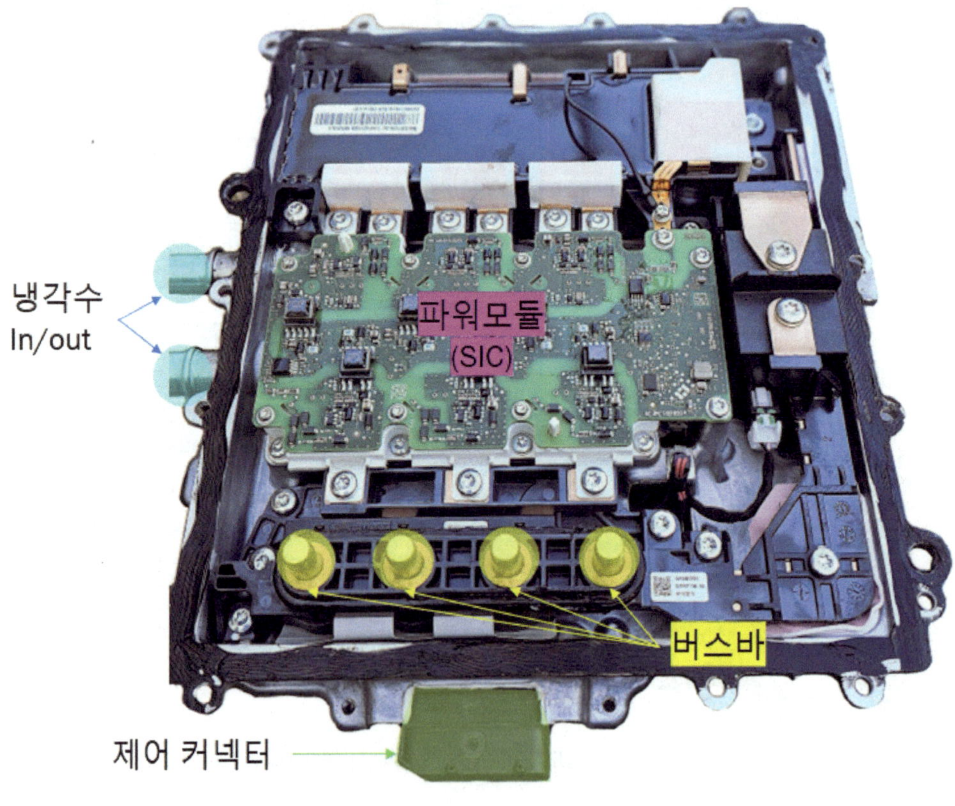


그림 1-24 MCU 내부구조(현대자동차 아이오닉 5)

이러한 차량제어기인 VCU는 차량에 따라 명칭이 다양할 수 있는데 주로 다른 종류의 제어기와 독립적으로 사용되는 경우 VCU라는 명칭을 사용하고 LDC(Low DC-DC Converter)와 같은 제어기와 일체형으로 사용하는 경우 EPCU(Electric Power Control Unit)에 내장되어 있다.

이러한 차량 제어기기는 전기차의 12V 전원 전압을 토대로 구동모터의 제어를 위한 명령신호를 CAN 통신으로 MCU에 보내면 MCU는 고전압 배터리로부터 전력을 공급받아 구동모터 제어에 필요한 전력을 생산해 차량을 구동한다. 이때 구동모터의 속도 센서인 레졸버와 온도센서의 정보를 VCU로 보내 구동모터의 상태 정보를 공유한다.

MCU의 주요 기능은 전기모터의 속도 및 토크 출력을 제어하는 것으로 모터 권선에 전달되는 전류의 양을 조정하여 모터에서 생성되는 회전 속도와 토크를 제어하고, 전기차가 제동 중에 에너지를 회수할 수 있도록 하는 회생 제동 기능을 활성화하는데, 운전자가 브레이크를 밟을 때, MCU는 구동모터를 발전기가 되어 운동 에너지를 다시 전기 에너지로 변환해 저장하고, 재사용을 위해 고전압 배터리로 공급한다. 이러한 회생제동은 차량의 전반적인 에너지 효율을 개선하고 주행가능 거리를 늘리게 되므로 이 회생제동기능은 전기차의 핵심 기술요소 중 하나가 된다.

## 1.4 전기차의 변속 & 감속기

**학습목표**

- 전기차의 변속기를 이해하고 설명할 수 있다.
- 전기차의 무단변속기를 이해하고 설명할 수 있다.
- 전기차의 자동화변속기를 이해하고 설명할 수 있다.
- 전기차의 감속기를 이해하고 설명할 수 있다.

### [1] 전기차의 변속기

전기차에 적용된 변속기는 차량에 따라 차이가 있는데 일반적으로 하이브리드 전기차에는 변속기가 설치되고 배터리 전기차 또는 수소연료전지 전기차의 경우 구동모터의 토크만 증대시키기 위한 감속기가 적용되어 있고 일부 배터리 전기차에 2단의 변속기를 적용하기도 하였으나 더 이상 적용하고 있지는 않다.

그림 1-25 테슬라 로드스터 구동모터와 변속기
(출처: https://www.technologyreview.com/)

내연기관과 달리 배터리 전기차는 배터에 저장된 전력만으로 모터를 구동시켜 주행하기에 기본적으로는 변속기가 아닌 감속기가 적용된다. 그러나 일부 차량의 용도와 목적에 따라 효율성과 출력개선을 위해 변속기를 적용하기도 한다.

테슬라의 로드스터와 포르쉐의 타이칸은 각각 1단과 2단 변속기를 적용한 차량으로 특히 로드스터의 경우 2006년 첫 공개행사에서 성능향상을 위해 일반적인 배터리 전기차에 적용되지 않는 변속기를 추가하였다

그러나 이 후 내구성에 문제가 있어 감속기로 변경되었는데, 테슬라의 첫 번째 전기차인 로드스터는 영국 로터스의 경량 스포츠카 엘리스의 디자인으로 미국의 전기차 스타트업인 AC 프로펄션의 T-zero의 모터와 변속기를 개량해 적용하고 배터리는 차량용이 아닌 일반 노트북 등의 IT 기기에 장착되는 파나노닉의 리튬 이온 배터리가 적용되었다.

이 로드스터에 적용된 변속기는 일반적인 자동변속기와 달리 전자식으로 제어되는 유성기어장치(Planetary gear set)를 적용하고 차량의 속도와 모터의 토크를 조절한다.

포르쉐 타이칸은 고속 클루징을 위해 후륜에 2단 변속기를 사용한 것이 특징으로 최근에 양산된 전기차 중 유일하게 변속기를 적용하고 있는 방식이다.

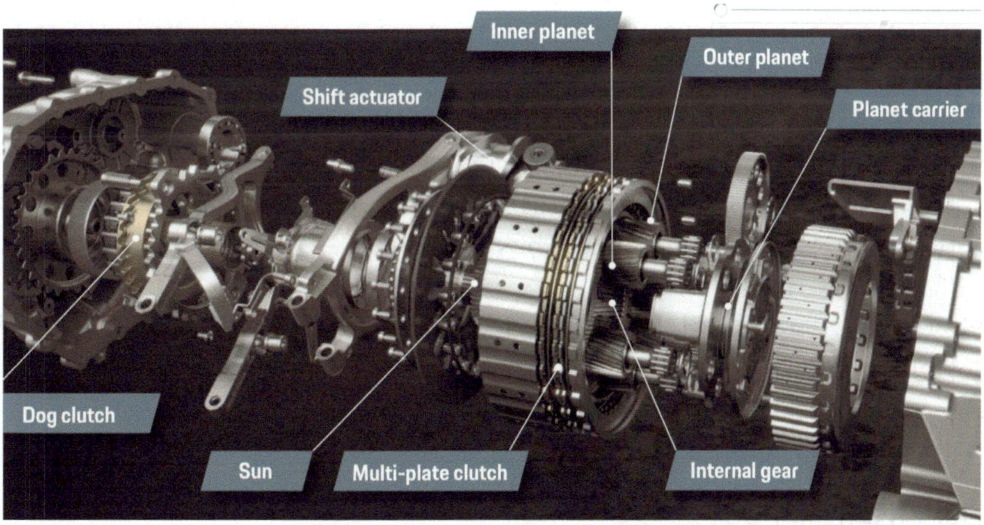


**그림 1-26 포르쉐 타이칸 전기차의 변속기**
**(출처: https://www.drive.com.au/)**

일부 배터리 전기차에 적용된 변속기를 제외하고 일반적인 경우 전기차에 변속기를 적용하는 것은 주로 하이브리드 전기차로 초기에 출시된 하이브리드 전기차에는 CVT(Continuously Variable Transmission)이 적용되었으며 이후 차량에 적용된 엔진의 크기와 관련해 DCT(Dual Clutch Transmission)이 적용되거나 자동변속기(AT : Auto Transmission)가 적용되어 있다.

### (1) 무단변속기 CVT

하이브리드 전기차에서 사용되는 CVT(Continuously Variable Transmission)는 자동 변속기와 달리 변속기 내부에 기어를 각각 고정된 단계로 변속하는 대신, 원추형의 풀리와 벨트를 이용해 무한하고 다양한 변속비를 제공하여 엔진과 구동모터로부터 공급되는 구동력을 차량의 바퀴에 전달한다. 이는 특히 하이브리드 차량에서 중요한 것으로 변속기가 엔진과 구동모터의 출력을 조합하여 최적의 연비와 성능을 제공한다.

CVT는 가변된 변속비를 통해 엔진과 구동모터의 동작을 최적화하고, 주행 상황에 맞게 효율적인 출력을 유지한다. 이로써 엔진은 최적의 회전수에서 작동하여 연료 소비를 최소화하고, 구동모터는 주행 동력을 지원하여 연비와 성능을 향상시킨다.

CVT는 특히 하이브리드 시스템의 효율성을 극대화하는 데 도움이 되는데, 이는 다양한 주행 조건에서 최적의 출력을 유지할 수 있기 때문이다. 또한 CVT는 부드럽고 일관된 주행 경험을 제공하여 운전자에게 높은 편의성을 제공한다.

CVT가 적용된 차량은 주로 하이브리드 전기차 중 초기형으로 국내에 출시된 현대자동차의 베르나 하이브리드 전기차와 아반떼HD 하이브리드 전기차, 기아자동차의 포르테 하이브리드 전기차와 도요타자동차의 프리우스 등이 있다.

이 차량들은 모두 구동모터가 플라이 휠에 장착된 형태로 플라이 휠에 구동모터가 설치되어 있다고해서 FMED(Fly wheel Mounted Electric Device)라고 부르며 하이브리드 전기차의 방식으로 병렬형 소프트 방식(Soft type)이라고 한다.

### (2) 자동화변속기 DCT

하이브리드 전기차에서 사용되는 변속 중 DCT(Dual Clutch Transmission)는 내연기관 차량에도 적요되어 있는 형태로 주로 엔진의 배기량이 상대적으로 작고 출력 및 토크 또한 상대적으로 낮은 엔진에 적용되는데 차량의 제조상에 따라 다소 차이가 있을 수 있지만 우리나라에서 생산되는 차량은 1600cc의 엔진과 유럽의 차량은 2000cc 엔진에 적용되고 있다.

일반적으로 DCT라고 하면 더블 클러치를 적용한 변속기라는 이름 때문에 쉽게 와닿지 않을 수 있다. 그래서 우리말로 표현하자면 DCT를 자동화변속기라고 생각하면 좀 더 이해가 쉬울 수 있는데 이는 변속기의 작동원리가 수동변속기를 사람의 손과 발이 아닌 기계적인 엑추에이터가 제어기의 명령에 따라 작동하기 때문에 수동변속기를 자동변속기처럼 작동하는 변속기다해서 자동화 변속기라고 하겠다.

그림 1-27 자동화 변속기(DCT)

하이브리드 전기차의 DCT 변속기는 듀얼 클러치 즉 두 개의 클러치를 적용한 변속기라는 의미로 DCT 이전에 사용된 DSG(Direct Shift Gearbox)에서는 싱글클러치를 사용한 자동화 변속기가 먼저 사용되고 이후 변속감과 변속충경완화 효율 등을 향상시키기 위해 두 개의 클러치를 이용해 기어를 변속하는 방식으로 업그레이드 되었다.

그래서 클러치가 두 개인 변속기라는 DCT는 이름만으로 작동원리가 쉽게 와닫지 않았던 것이다. 결국 수동변속기를 자동화 한 것을 더욱 성능을 향상시키고 변속충격완화 등을 위해 클러치를 두 개사용해 각 클러치에 홀수단과 짝수단으로 연결해 변속단계에 따라 클러치가 작동하도록 한 것이다.

DCT 변속기는 클러치의 방식에 따라 건식과 습식으로 구분하는데 국내에서 생산되는 대부분의 하이브리드 전기차에는 주로 건식 클러치가 적용된 DCT가 적용되어 있다.

**그림 1-28 6속 DCT 적용 하이브리드 전기차**

하이브리드 전기차 중 하드타입의 경우 엔진과 구동모터 사이에 동력을 차단할 수 있는 클러치가 적용되어 있는데 이를 엔진클러치라고 하고 건식 DCT가 적용된 차량에서는 엔진클러치 역시 건식 클러치가 적용되어 있다.

엔진클러치는 구동모터와 엔진사이에 설치되어 엔진의 동력이 구동모터를 통해 변속기로 전달하거나 차단하는 장치로 엔진의 동력을 차단하는 경우는 구동모터가 엔진과 독립적으로 구동함으로써 배터리의 전력만으로 차량을 구동하는 흔히 전기차모드라는 주행을 가능하게 하고 배터리 전력을 일정량 소모한 후 또는 차량에 더 큰 구동력이 필요한 경우 엔진클러치가 연결되어 엔진의 동력이 변속기로 전달됨으로써 엔진의 효율이 좋은 영역과 엔진을 구동모터가 도와 동력을 전달해 차량을 구동한다.

DCT 변속기가 적용된 하이브리드 전기차는 엔진클러치와 DCT 클러칙 팩이라는 소모품이 발생하게 되고 국내에서 생산된 DCT가 적용된 하이브리드 전기차는 대부분 엔진클러치와 DCT 클러치 팩 모두 건식이 적용되어 있어 변속기를 전문적으로 수리하지 않는 일반 정비소에서도 교환작업이 용이하다.

그림 1-29 건식 DCT의 엔진 클러치

### (3) 자동변속기 A/T

하이브리드 전기차에도 내연기관에 적용된 자동변속기가 적용되는데 기본적인 변속되는 부분은 동일하지만 유압을 만들어내는 토크클러치 및 터빈이 삭제되고 그 대신 유압을 만들어내는 별도의 오일펌프가 적용되어 있다.

하이브리드 전기차는 엔진의 구동을 최소화해 연비를 향상하고 유해배출가스의 배출양을 줄이기 위해 공회전을 하지 않는데 최근 대부분의 내연기관 차량에서 엔진의 공회전을 줄이기 위해 ISG(Idle Stop & Go) 시스템이 탑재되어 있는 것과 같이 하이브리드 전기차에서는 차량 정차시 엔진의 공회전을 최소화하는 것이 아니라 공회전이 없다. 그래서 엔진의 회전수가 일반 내연기관 차량에 비해 높다고 생각하는 경우도 있는데 **하이브리드 전기차에서 차량정차 중 엔진의 시동이 걸린 것은 공회전이 아니라 HSG를 이용해 고전압 배터리의 전력을 공급하기 위해 시동이 걸려 있는 것**으로 발전량 또는 차량에 따라 엔진회전수가 1000rpm에서 1500rpm 정도로 일반 내연기관의 엔진의 공회전인 650~850rpm 정도에 비해 상당히 높다. 그래서 이를 자칫 공회전 rpm이 높다고 생각하는 오해가 없어야 하겠다.

자동변속기는 유압을 기본으로 사용하는 기계장치로 하이브리드 전기차의 자동변속기 내부에는 기계식 오일펌프가 있고 외부에는 전동식 오일펌프가 추가적으로 장착되어 있는데, 하이브리드 전기차에는 엔진이 필요에 따라 정지하게 되는데 이 때 기계식 오일펌프가 갖동을 하지 않기에 변속기 구동에 필요한 유압을 기계식 오일펌프로부터 공급받을 수 없다. 그래서 이 때 전동식 오일펌프가 변속에 유압을 전달해 차량의 구동에 따른 변속을 원활히 할 수 있도록 유압이 전달된다.

**그림 1-30 자동변속기 적용 하이브리드 전기차의 구성**

자동변속기가 적용된 하이브리드 전기차의 대부분이 하드타입의 하이브리드 전기차로 하드타입의 특징인 전기차모드로 주행시 구동모터의 구동력만으로 차량이 주행하면서 변속에 필요한 적절한 유압이 필요한데 초기 YF 쏘나타 하이브리드 전기차량의 경우 기계식 오일펌프오 전동식 오일펌프가 함께 장착되었지만 이후 LF 쏘난타 하이브리드 전기차에는 기계식 오일펌프가 삭제되고 전동식 오일펌프만 적용되었는데, 이 전동식 오일펌프의 펌핑용량이 증대됨에 따라 기존에는 12V전력을 사용하는 OPU릴레이로부터 전력이 공급되면 전자식오일펌프 제어모듈에서 3상 교류전력으로 변환해 전력을 공급하는데 다소 낮은 전력을 공급하여 기계식 오일펌프를 보조하는 역할을 하였다.

기계식 오일펌프가 삭제되고 전동식 오일펌프만 적용된 차량에서는 전동식 오일펌프는 기존의 1회전 당 7.5cc로 기존의 6.46cc 보다 펌핑용량이 크지만 더욱 중요한 것은 고전압 배터리의 전력을 직접사용하기에 약 270V의 고전압 배터리의 직류전력이 오일펌프 제어기로 공급되면 OPU에서 3상 교류전력으로 변환해 전동식 오일펌프로 공급된다.

여기서 오일펌프 제어기를 OPU(Oil Pump control Unit)로 줄여 부르고 전동식 오일펌프는 EOP(Electric Oil Pump)로 줄여 부른다.

하드타입의 하이브리드 전기차에는 앞에서 살펴본 DCT와 자동변속기가 주로 적용되는데, 건식 DCT의 경우 건식 엔진 클러치가 적용되었지만 자동변속기의 경우 변속기의 특징으로 습식 다판클러치가 적용되어 있다.

그림 1-31 습식 다판 엔진클러치

**표 1-2 하이브리드 전기차 별 형식 및 변속기**

| 차량명 | HW형식 | 변속기 |
|---|---|---|
| 베르나 하이브리드(MC HEV) | FMED 소프트 | CVT |
| 아반떼 하이브리드(HD HEV) | FMED 소프트 | CVT |
| 아이오닉 하이브리드(AE HEV) | TMED 하드 | 6 DCT |
| 아반떼 하이브리드(CN7 HEV) | TMED 하드 | 6 DCT |
| 쏘나타 하이브리드(YF HEV) | TMED 하드 | 6 A/T |
| 쏘나타 하이브리드(LF HEV) | TMED 하드 | 6 A/T |
| 쏘나타 하이브리드(DN8 HEV) | TMED 하드 | 6 A/T |
| 그랜져 하이브리드(HG HEV) | TMED 하드 | 6 A/T |
| 그랜져 하이브리드(IG HEV) | TMED 하드 | 6 A/T |
| 그랜져 하이브리드(GN7 HEV) | TMED 하드 | 6 A/T |
| 투싼 하이브리드(NX4 HEV) | TMED 하드 | 6 A/T |
| 싼타페 하이브리드(TM HEV) | TMED 하드 | 6 A/T |

## [2] 전기차의 감속기

하이브리드 전기차는 엔진의 구동력을 기반으로 구동모터가 보조의 개념으로 설치되어 있어 차량의 구동을 위해 변속기가 적용되어 구동토크와 회전수를 조절하고 차량 후진시 회전방향을 변경하였지만 대부분의 배터리 전기차의 경우 변속기가 아닌 감속기를 적용한다.

차량의 전진과 후진시에는 구동모터의 회전방향을 변경해 차량의 주행방향을 변경하고 차량의 구동에 필요한 토크를 조절하기 위해 기계적으로 회전수는 감속하고 토크는 증대시키는 감속기(Reducer)가 적용되어 있다.

자동차에 사용되는 모터에만 감속기가 적용된 것이 아니라 대부분의 기계장치에서 모터에 감속기가 설치되어 있는데 자동차에 다른 전장부품으로 와이퍼 모터와 윈도우 모터 그리고 스타터 모두 감속기가 모터와 함께 설치되어 각각의 장치에 필요한 토크를 제공한다.

차량 주차시 자동변속기의 P(Parking)레인지로 차량이 주차된 상태에서 사이드 브레이크의 도움 없이 변속기 내부적으로 기어의 물림에 의해 차량이 정지된 것으로 운전의 편의를 제공하기 위한 기능이다.

그래서 구동모터의 감속기에는 추가적으로 주차편의를 제공하는 기능이 추가되어 있는 것이 일반적인 모터에 적용된 감속기와 전기차의 구동모터에 적용된 감속기의 내부 구조적인 차이가 된다.

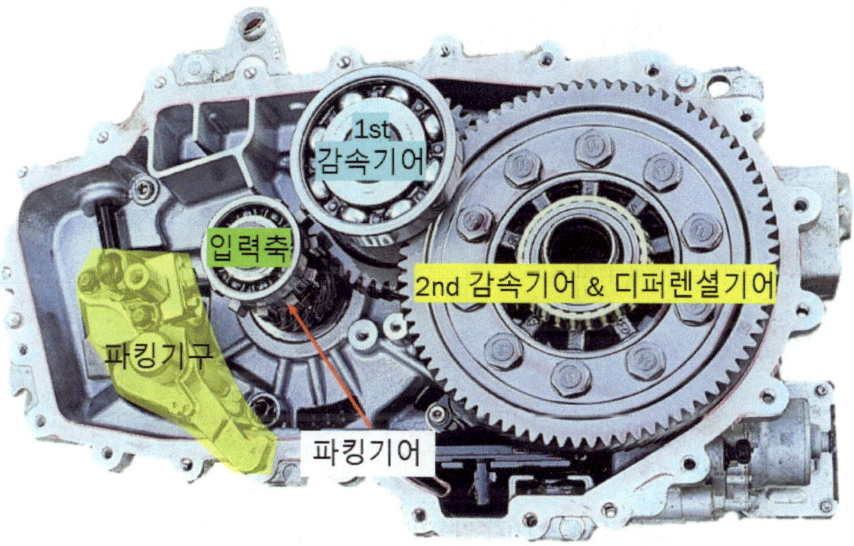


**그림 1-32 전기차 감속기 내부구조(아이오닉 5)**

"그림 1-32" 에서 보는 것과 같이 구동모터의 회전력이 입력축으로 입력되면 1st 감속기어와 2nd 감속기어를 통해 구동모터의 토크가 증대되어 디퍼렌셜기어를 통해 각 바퀴로 동력이 전달되어 차량이 구동된다.

차량주차시 파킹기구의 레버가 입력축의 파킹기어부에 접촉해 입력축을 구속시켜 2nd 감속기어와 1nd 감속기어가 고정되면서 차량이 정지된 상태를 유지할 수 있도록 한다. 이러한 파킹기구는 차량제어기에 의해 구동명령을 받은 전자식 파킹 엑츄에이터가 작동해 입력축에 연결된 파킹기어를 고정시키게 된다.

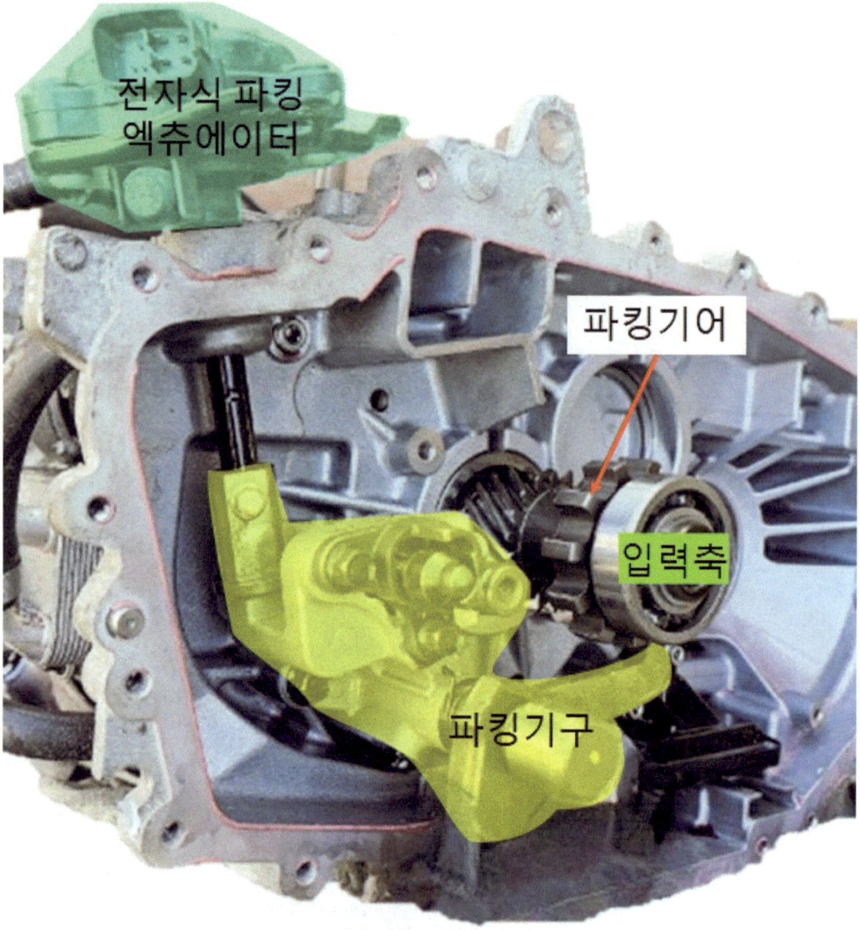

**그림 1-33 전기차 감속기의 파킹장치(아이오닉5)**

초기에 출시된 전기차에는 감속기 내부 기어가 놀러 베어링만으로 구성되어 있었는데 구동모터가가 고성능화 되면서 구동모터의 최대회전수가 1만rpm을 상회하면서 볼베어링이 적용되고 감속기에 적용된 오일도 수동변속기에 적용되던 MTF에서 구동모터와 감속기를 모두 냉각하기 위해 오일의 순환이 필요하고 고속회전 특성에 따라 ATF가 적용되어 있다.

# 1.5 전기차의 배터리

**학습목표**

- 전기차의 전원 배터리를 이해하고 설명할 수 있다.
- 전기차의 구동 배터리를 이해하고 설명할 수 있다.
- 전기차의 배터리 냉각방식을 이해하고 설명할 수 있다.
- 전기차의 배터리 냉각수를 구분하고 설명할 수 있다.

## [1] 배터리의 개요

전기차에 사용하는 배터리는 전기차의 구동에 사용하는 구동 배터리와 각종 제어기 및 전자부품의 작동을 위해 적용된 전원 배터리로 구분되는데 전원 배터리는 기존에 내연기관 차량에 이미 적용된 12V 배터리로 전기차에서도 차량의 구동을 제외한 대부분의 장치에 전원을 공급한다.

구동 배터리는 전기차의 차량 구동을 위해 사용하는 전력을 보관하는 것으로 구동모터에 전력을 공급한다. 전원용 배터리의 경우 구동 배터리에 비해 낮은 전압으로 전원 배터리를 저전압 배터리로 부르고 12V 전원 배터리보다 상대적으로 높은 전압을 가진 구동 배터리를 고전압 배터리라고 부르게 된다.

### (1) 전원 배터리

전기차의 전원 배터리는 내연기관 차량의 배터리와 동일한 12V의 전압을 가지고 있지만 시동을 위해 사용하는 전력량이 다르기에 전기차의 전원 배터리는 대부분 내연기관 차량에 비해 용량이 작은 배터리가 적용되어 있다.

내연기관 차량에서 전원 배터리의 가장 큰 역할 중 하나는 엔진의 시동을 위해 엔진을 크랭킹시키는 것으로 엔진의 크기에 따라 또는 엔진의 형식에 따라 배터리의 용량이 결정되는데 일반적으로 가솔린 엔진이 적용된 차량의 배터리는 60~ 80Ah의 용량이 적용되어 있지만 디젤 엔진이 적용된 차량의 경우 90Ah의 용량의 배터리가 적용된 것처럼 엔진의 크랭킹으로 시동을 위한 목적이 가장 크다.

하이브리드 전기차 및 배터리 전기차와 수소전기차에서 시동은 각 제어기의 전원을 공급하고 차량 구동에 사용되는 구동 배터리의 전력을 공급하기 위한 메인 릴레이를 작동시키기 위해 전원 배터리가 사용되고 전기차들의 시동을 위해서는 메인 릴레이를 작동시키는 것이 가장 큰 역할로 엔진을 구동하는 내연기관 차량의 배터리에 보다 낮은 용량이 적용되어 있다.

전원용 배터리는 일반 내연기관 차량에서는 주로 일반 납산 배터리가 적용되었고 ISG 기능이 추가된 차량에서는 잦은 시동에 대한 대비로 AGM 배터리가 적용되어 있다.

AGM 배터리는 밸브 조절형 납산 배터리(VRLA : Valve Regulated Lead Acid) 중 흡수 유리 매트 배터리이다.

AGM 배터리의 특징을 살펴보면

① 배터리 플레이트의 유리 섬유 메쉬로 전해액을 고정하고 플레이트를 분리하는 데 사용
② 유리섬유로 만들어진 분리판을 사용하여 내부저항을 낮추고 에너지 전달률을 높임
③ 기존 침수형 및 MF(Maintenance Free) 배터리보다 높은 전력 및 에너지 밀도와 긴 수명을 가짐
④ 특수 유리섬유 매트(Absorbent Glass Mat)가 배터리 전해액을 흡착하여 높은 순환 안정성 제공
⑤ 유리 섬유가 전해액을 머금고 있어 충·방전에 따른 활 물질 이탈율이 낮아 에너지 전달 효율이 높고 충전 시간도 짧음
⑥ 유리 섬유에 흡수된 전해질은 온도 변화에 둔감해져 추운 날씨에는 전력을 안정적으로 공급할 수 있고 높은 온도와 압력에도 잘 견딤

**표 1-3 차량 별 전원 배터리**

| 동력원 | 차량명 | 형식 | 전압(V) | 용량(Ah) | 용량(kW) |
|---|---|---|---|---|---|
| 가솔린 엔진 | 그랜져(IG) | MF | 12.6 | 80 | 1.01 |
| | 투싼(NX4) | MF | 12.6 | 80 | 1.01 |
| | 코나(OS) | MF | 12.6 | 60 | 0.76 |
| 디젤 엔진 | 그랜져(IG) | MF | 12.6 | 90 | 1.13 |
| | 투싼(NX4) | MF | 12.6 | 90 | 1.13 |
| | 코나(OS) | MF | 12.6 | 80 | 1.0 |
| HEV | 그랜져 하이브리드(IG HEV) | LFPB | 14.3 | 140 | 1.8 |
| | 투싼 하이브리드(NX4 HEV) | LFPB | 14.3 | 140 | 1.8 |
| | 코나 하이브리드(OS HEV) | LFPB | 14.3 | 140 | 1.8 |
| BEV | 코나(OS EV) | MF | 12.6 | 45 | 0.6 |
| | 아이오닉5(NE) | AGM | 12.6 | 60 | 0.76 |
| | EV9(MV) | AGM | 12.6 | 60 | 0.76 |

최근 출시된 하이브리드 전기차의 경우 차량의 무게를 조금 더 가볍게 하여 연비향상 등을 위함으로 기존의 납산 배터리가 약 14.8kg에 비해 리튬 배터리는 5.9kg로 약 8.9kg을 줄이게 되고 충·방전에 대한 효율이 약 10.5% 가량 향상되고 내구성도 향상되었다.

전원용 배터리는 구동용 배터리에 적용된 리튬 이온 폴리머 배터리보다 조금 저렴한 리튬인산철 배터리가 적용되어 있어 고가의 배터리가 쉽게 손상되지 않도록 전력을 차단하는 래치(Latch) 릴레이가 함께 설치되었다.

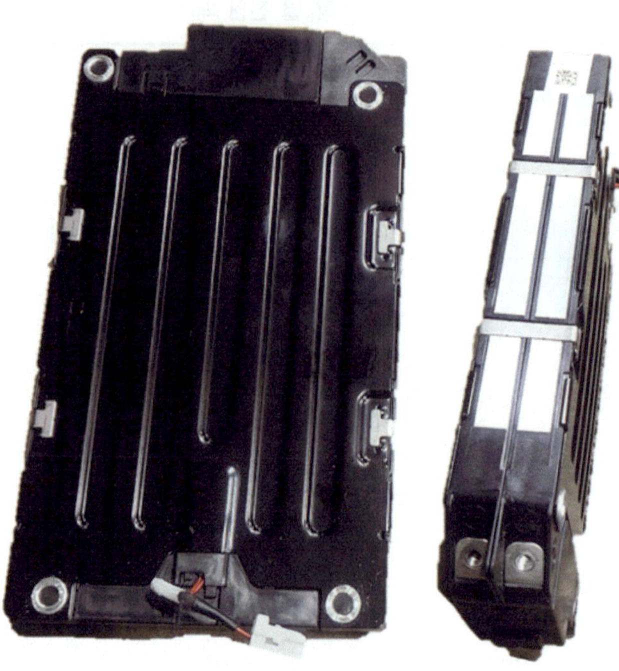

그림 1-34 전원용 리튬 배터리

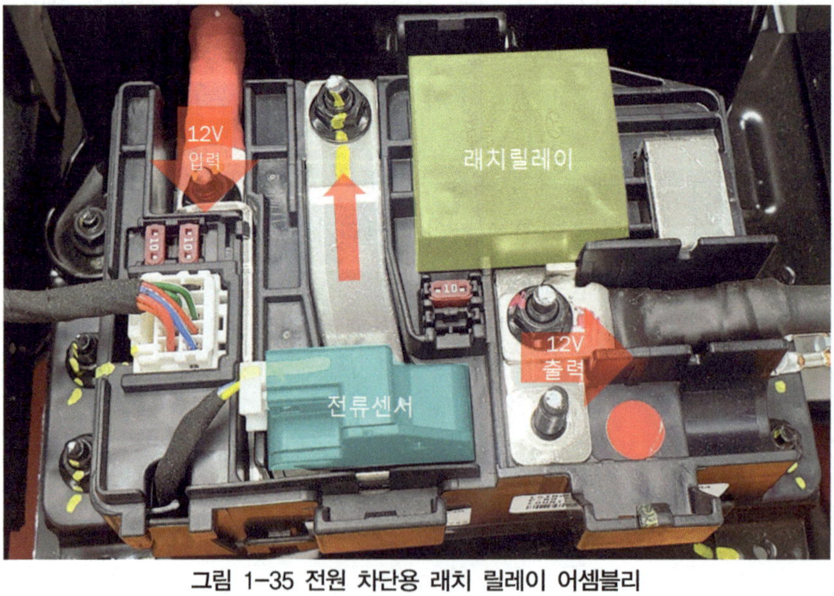


그림 1-35 전원 차단용 래치 릴레이 어셈블리

### (2) 구동 배터리

대부분의 배터리들은 배터리의 구성에 있어 배터리의 소재에 따라 분류할 수 있는데 양극과음극 그리고 전해질로 양극의 소재와 음극의 소재 및 전해질의 소재에 따라 구분할 수 있다.

배터리는 1회성으로 사용할 수 있는 1차 전지도 있지만 자동차에서는 충전해서 재사용할 수 있는 2차 전지와 외부 에너지원을 공급받아 지속적인 전력이 생산되는 3차 전지를 사용하게 된다.

2차 전지는 일반적으로 알고 있는 배터리가 되고 3차 전지는 태양광 패널과 연료전지와 같이 외부 에너지원으로 전력을 생산하는 장치를 부르는데, 수소연료전지 전기차량에 적용된 연료전지 스택은 수소를 연료로 사용하여 전기를 생산하는 대표적인 3차 전지이고 최근 일부 전기차의 차량 루프에 태양광 패널을 설치하여 배터리의 충전에 사용하는 태양광 패널이 적용되었는데, 이 태양광 패널 역시 3차 전지로 분류된다.

2차 전지인 배터리 부분을 좀 더 살펴보면 자동차에 사용하는 배터리로 가장 오래된 것은 납산 배터리이다. 납산 배터리는 음극과 양극에 납판을 이용하고 전해질로는 황산용액을 사용하여 충전시 전기에너지를 화학에너지로 변환해 보관하고, 방전시 보관된 화학에너지를 전기에너지로 변환해 출력한다.

이러한 납산 배터리의 장점으로 다른 배터리에 비해 제작비용이 저렴하지만 다른 고성능 배터리에 비해 부피가 크고 무게도 무거우며 에너지 밀도가 낮은 단점을 가지지만 그 중에서도 가장 큰 단점이 환경오염을 유발할 수 있다는 것으로 이는 중금속인 납을 주 재료로 사용하기 때문이다.

납산 배터리는 전기차에서 전원용 배터리로 많이 사용되고 구동용 배터리에 비해 전압이 낮아 저전압 배터리 또는 보조 배터리와 전원 배터리 등으로 부르고 있다.] 과거 오래전에 일부 전기차에 납산 배터리가 구동용으로 적용되기도 하였으나 더 이상 자동차용으로 적용되지는 않으며 지게차와 골프카트와 같은 특수목적의 일부차량에만 적용되었다.

배터리 기술이 향상됨에 따라 다양한 종류의 배터리가 출시되었는데, 이러한 배터리들로 인해 많은 전자기기들이 발전하면서 전기차에도 적용되었는데, 주로 하이브리드 전기차에 적용되었다.

## ※ 전기차용 배터리

① 니켈 카드뮴(Nickel–Cadmium)

- 양극에 카드뮴을 사용하는 배터리로 음극은 니켈을 사용하는 배터리로 1940년대 개발된 최초의 상용 배터리이다. 전기차에 가장 먼저 적용하였으나 중금속인 카드뮴을 사용하는 단점으로 인체에 유해하고 환경오염을 유발할 수 있어 단산되었다.

② 니켈 수소(NiMH)

- 니켈 수소 배터리는 니켈 카드뮴 배터리를 개선한 것으로 양극재로 카드뮴 대신 수소저장합금을 사용하고 음극은 동일하게 니켈을 사용하고 니켈카드뮴 배터리보다 에너지 밀도가 높고 메모리효과가 적은 특징을 가지고 있지만 높은 내부저항으로 인해 충전속도가 느린 단점이 있다.

③ 리튬 이온(Lithium–ion)

- 리튬 이온을 이용한 배터리로 액체 전해질 사용하는 특징을 가지고 있다.
- 리튬 이온 배터리는 대부분의 전자기기에 적용된 가장 일반적인 충전식 배터리로, 양극(Positive Electrode)과 음극(Negative Electrode) 사이에 리튬 이온을 전송하는 화학적인 과정을 기반으로 작동한다.
- 양극은 대표적으로 산화리튬인 탄산리튬($LiCoO_2$)과 같은 산화물질로, 음극은 탄산화물인 탈산화 리튬($Li_4Ti_5O_{12}$)으로 만들어지며, 충전 시에는 외부 전원이 제공되어 양극에서 리튬 이온이 떨어져나가고, 음극에서는 리튬 이온이 흡수된다. 이때 화학적 변화로 전기에너지가 저장된다. 또 방전 시에는 저장된 리튬 이온이 양극에서 음극으로 이동하면서 전기에너지를 외부로 공급한다.
- 리튬 이온 배터리는 배터리 크기에 비해 상대적으로 용량이 커 휴대용 전자기기에 많이 사용되며, 동일 크기의 니켈 카드뮴 배터리보다 용량이 약 3배 높고, 메모리 현상이 없어서 배터리의 용량이 줄어들지 않아 오랫동안 사용할 수 있는 장점을 가지고 있다. 하지만 상대적으로 가격이 비싸고 높은 온도에서 폭발위험이 있어 주의해야 한다.

④ 리튬 이온 폴리머(Lithium–ion Polymer)

- 리튬 이온 배터리의 종류로 전해질을 구분하면 액체 전해질 리튬 이온 배터리와 고체 전해질 리튬 이온 배터리로 구분할 수 있으며, 액체 유기용매에 리튬염을 녹인

액체 전해질을 사용하는 리튬 이온 배터리가 가장 먼저 선을 보여 액상의 배터리는 별도의 명칭이 없는 리튬 이온 배터리로 부르고 고체 전해질을 사용하는 배터리로 겔 형태의 폴리머 배터리와 완전한 고체 전해질을 사용하는 전고체(全固體) 배터리가 있다.

- 리튬 이온 배터리를 구분하는 다른 방법으로 양극제와 음극제를 사용하는 방식에 따라 배터리를 구분하고 있는데, 최근 가장 많이 이슈가 되는 것이 NCM 배터리와 인산철 배터리이다.

⑤ 리튬 인산철(Lithium Iron Phosphate)

- 리튬 이온 배터리의 한 유형으로 양극 활물질로 인산철($LiFePo_4$)를 사용하기에 그 특징인 인산철로 인해 인산철 배터리라 부르고 인산철의 화학식을 줄여 "LFP" 라고 부르기도 한다.
- 장점으로 값비싼 코발트를 사용하지 않아 "NCM" 배터리에 비해 저렴하다.
- 단점으로 "NCM" 배터리에 비해 에너지 밀도가 낮아 배터리의 용량이 작아 출력이 낮으며 특히 저온에서 배터리 활성화가 떨어져 쉽게 방전되기도 한다.

⑥ NCM(Ni/Co/Mn)

- 리튬 이온 배터리의 한 유형으로 양극 활물질로 니켈, 코발트, 망간을 합성하여 사용하는 배터리로 니켈과 코발트, 망간의 앞 이니셜을 따 "NCM" 배터리라고 부른다.
- "NCM" 배터리는 양극재로 사용하는 니켈, 코발트, 망간의 함유 비율에 따라 구분해 부르기도 하는데, 양극재에 니켈의 함량이 약 60%, 코발트의 함량이 약 20%, 망간의 함량이 약 20%인 배터리를 "NCM 622" 이라 부르고, 양극재에 니켈의 함량이 약 80%, 코발트의 함량이 약 10%, 망간의 함량이 약 10%인 배터리를 "NCM 811" 이라 부르며, 최근 니켈의 함양을 더욱 높이고 코발트와 망간의 비율을 낮춘 고성능 배터리가 출시되었는데, "NCM 9+" 로 부르는데, 이는 니켈의 함양을 90%에서 코발트와 망간의 함양을 각각 0.5%인 배터리와 니켈의 함양을 90% 이상으로 하고 코발트와 망간을 제외한 배터리를 포괄해서 표현한다.

표 1-4 NCM 배터리 종류

| 비율 | 니켈 함량 (%) | 코발트 함량(%) | 망간 함량(%) | 비고 |
| --- | --- | --- | --- | --- |
| NCM 111 | 33 | 33 | 33 | |
| NCM 523 | 50 | 20 | 30 | |
| NCM 622 | 60 | 20 | 20 | |
| NCM 712 | 70 | 10 | 20 | 하이니켈 |
| NCM 811 | 80 | 10 | 10 | |
| NCM 955 | 90 | 5 | 5 | |

그 외 리튬 이온 배터리 종류로 "NCA" 배터리는 양극재로 니켈, 코발트, 알루미늄을 사용한 배터리로 "NCM" 배터리와 유사하지만 망간대신 알루미늄을 사용한 것으로 일반적으로 "NCM" 배터리보다 저렴하고 안전하지만 에너지 밀도가 낮은 단점으로 이를 극복하기 위해 많은 회사들이 연구개발 중이다.

또 "Li-S", 리튬 황 배터리는 높은 에너지 밀도를 가진 차세대 리튬 이온 배터리로 불리지만 기술 개발이 아직 초기 단계이며 안전성과 수명에 대한 문제가 있다. 그리고 "LTO" 배터리는 리튬 티타네이트 배터리로 높은 안전성과 긴 수명을 가진 배터리지만 에너지 밀도가 낮고 가격이 비싼 단점이 있는데 부족한 자원 및 환경오염 등의 이유로 배터리의 소재에 대한 연구들이 다양하게 이루어지고 있다.

추가로 음극재로 대부분 흑연을 사용하고 있는데, 이 음극재에 금속성분을 함유시켜 충전속도를 더욱 향상시키기 위한 연구개발도 꾸준하게 이루어지고 있다.

### (1) 배터리 셀

배터리 셀은 전기차에서 구분하는 배터리의 가장 작은 단위로 간단히 표현하자면 배터리 한 알 이라고 할 수 있다. 일반적으로 가장 많이 사용하는 배터리 셀의 형태가 대부분 원형의 기둥형태로 원통형 배터리라고 부르고 배터리 셀의 형태가 얇은 팩 형태인 경우 파우치형으로 부르며 사각형의 배터리 셀을 각형(角形) 또는 갑형(匣形)이라고 부르는데 주로 플라스틱이나 종이로 만든 상자를 갑형으로 부르기에 배터리에서는 각형이란 표현을 사용한다.

배터리 셀은 배터리의 가장 작은 단위로 셀 하나가 양극과 음극, 그리고 전해질을 포함한 배터리의 완성체이다. 그러나 사용용도에 따라 직렬 또는 병렬로 연결해 사용하는데, 일상에서 흔히 볼 수 있는 TV 리모컨에 들어가는 배터리를 하나의 셀로 두 개가 들어가는 것처럼 용도에 따라 여러 개의 셀을 이용한다.

### (2) 배터리 모듈

배터리 모듈은 앞에서 설명한 배터리 셀을 하나의 케이스에 직렬 또는 병렬로 연결해 일정한 전압을 만들기위해 사용하는 형태로 전기차에서는 형태에 따라 직렬과 병렬연결을 표시하는데 2개의 셀을 병렬로 연결하고 1개의 셀로 표현하면 **"2P1S"** 라고 표시하는데, 이는 전기차 배터리에서 사용되는 용어 중 하나로, 배터리 셀의 구성을 설명하는 방식 중 하나이다.

**"2P1S"** 는 "Parallel-Series"의 약어로, 병렬-직렬 연결을 의미하는데, "2P"는 두 개의 셀이 병렬로 연결되어 있다는 것을 나타내고, "1S"는 이러한 병렬로 연결된 그룹이 다시 직렬로 한 개가 연결되어 있다는 것을 나타낸다.

"2P" (Parallel)는 두 개의 셀이 병렬로 연결되어 전압은 동일하게 유지되지만 용량은 합산되고 그래서 병렬연결은 용량을 증가시키는데 사용되며, 이때 전압은 변하지 않는다. 또 "1S" (Series)는 병렬로 연결된 셀 그룹이 직렬로 연결되어 전압은 합산되지만 용량은 동일하다. 이러한 직렬연결은 전압을 증가시키는 데 사용되며, 용량은 변하지 않는다.

배터리 모듈은 이처럼 직렬과 병렬로 배터리 셀들을 조합해 필요한 전압을 만든 하나의 덩어리로 차량에 따라서는 배터리 모듈에 온도센서를 장착하기도 한다.

### (3) 배터리 팩

배터리 팩은 배터리 모듈들과 제어기 및 냉각장치 등을 하나의 케이스에 담은 배터리의 최종형태로 공랭식 배터리의 경우 블로워 모터와 공기덕트가 추가되고 수냉식 배터리의 경우 냉각쿨러와 열전달 실링 및 냉각라인이 함께 설치된다.

배터리 팩에 공통적으로 설치되는 것으로는 배터리 관리 제어기인 BMS(Battery Management System)가 설치되고 배터리 내부 전력을 외부로 연결 또는 차단하는 PRA(Power Relay Assembly) 및 회로 보호를 위한 퓨즈가 설치되어 있다.

그림 1-36 전기차의 고전압 배터리 구성(파우치형 배터리 셀과 모듈, 팩 아이오닉5)

## [2] 하이브리드 전기차의 배터리

하이브리드 전기차의 배터리는 전장부품 및 각종 제어기의 전원을 공급하는 전원 배터리와 차량의 구동을 보조하기 위한 구동모터에 전력을 공급하는 배터리가 함께 적용되어 있으며 전원 배터리를 저전압 배터리라고 하고 구동 배터리를 고전압 배터리라고 부르는데 일부 낮은 전압의 구동모터 및 배터리를 사용하는 마일드 하이브리드 전기차는 구동 배터리라고 부른다.

### (1) 저전압 배터리

초기에 출시된 하이브리드 전기차량에는 전원 공급용 배터리를 대부분 납산 배터리를 적용하고 최근에 출시된 하이브리드 전기차량들은 리튬 배터리를 적용하고 있는데, 많은 차량들이 리튬 이온 폴리머 배터리에 비해 다소 가격이 저렴한 리튬인산철 배터리를 적용하고 있다.

초기형 하이브리드 전기차와 최근에 출시된 하이브리드 전기차량은 배터리의 설치위치도 차이가 있는데 내연기관 차량을 기본 베이스로 차량을 설계변경하여 하이브리드 전기차를 만드는 것이 대부분으로 그에 따라 배터리의 설치위치가 차이가 있는데, 전원용 배터리로 납산 배터리를 사용하는 경우 차량의 무게 밸런스를 위해 대부분 조수석 뒤편의

트렁크 내에 위치하고 있으며 리튬 배터리로 변경되면서 고전압 배터리와 함께 배터리 제어기인 BMS의 제어가 용이하도록 고전압 배터리와 함께 설치된다.

저전압 배터리가 방전된 경우 납산 배터리가 적용된 하이브리드 전기차량에서는 별도의 배터리로 배터리 점프를 통해 전원을 공급해 시동을 걸 수 있지만, 저전압 배터리로 리튬 배터리가 적용된 하이브리드 전기차에는 스티어링 휠 좌측 아래에 설치된 "12V BATT RESET" 버턴을 이용해 시동을 걸 수 있다.

**그림 1-37 저전압 리튬 배터리가 적용된 차량의 "12V BATT RESET" 버턴**

저전압 배터리가 방전되어 차량의 도어가 열리지 않고 문을 열고도 전원이동 및 시동이 되지 않는다면 이 "12V BATT RESET" 버턴을 눌러 시동을 걸 수 있는데, 차량에 따라 차이가 있으나 저전압 배터리의 전압이 일정전압 이하로 떨어지면 배터리를 보호하기 위해 BMS가 12V 전원 회로를 래치 릴레이로 차단한다.

리튬 배터리가 적용된 차량에서 12V 배터리 전원이 차단되면 "12V BATT RESET" 버턴 눌러 전원을 공급해 시동을 걸 수 있는데 "12V BATT RESET" 버턴이 눌러지면 이 신호가 BMS로 공급되고 BMS는 래치 릴레이를 구동시켜 12V 전원을 연결하게 된다. 그러나 래치 릴레이가 차단된 경우 저전압 배터리의 SOC(State Of Charge)가 10% 이하로 떨어진 경우이기에 시동을 바로 걸어야 한다.

저전압 배터리의 SOC 즉 충전상태가 10% 이하임에도 시동이 걸리는 이유는 하이브리드 전기차를 비롯한 배터리 전기차나 수소전기차 모두 전기차이기에 엔진을 크랭킹하기위해 저전압 배터리의 12V 전력을 사용하는 것이 아니라 고전압 배터리의 전력을 차량의 각 고전압 전력제어장치에 공급하기 위한 메인 릴레이를 작동시키기 위한 전력이 필요하기에 상대적으로 낮고 적은 전류로도 시동을 걸 수 있다.

**※ 12V 전원 배터리 방전시 조치사항**

① SOC 10% 이하 방전시 -〉 래치 릴레이 차단

- "12V BATT RESET" 버턴을 눌러 시동

② "12V BATT RESET" 버턴 작동 후에도 시동 불가시

- 엔진룸 내 정션박스 전원 공급 단자로 배터리 점프

### (2) 고전압 배터리

하이브리드 전기차의 구동모터의 동력원을 공급하는 것은 구동 배터리로 앞에서 살펴본 전원용 배터리의 전압이 12V를 사용하고 있는데 12V의 전원으로 구동모터를 구동하려면 많은 전류가 필요하게 된다. 이는 전력 공식으로 쉽게 이해할 수 있다.

$$P(\text{전력}) = V(\text{전압}) \times I(\text{전류})$$

전력을 산출하는 공식에서 전력은 시간당 단위 전압과 흐르는 전류의 단위를 나타낸 것으로 전력 "P" 의 단위는 "W" 를 사용하고 전압 "V" 의 단위는 "V" , 전류 "I" 의 단위는 "A" 를 사용하고 있다.

차량의 구동을 위해서는 전기모터의 힘이 커야하는데 결국 큰 전기에너지를 공급하면 큰 힘을 발휘 할 수 있는 것으로 전력을 크게 하기 위해서는 전압을 크게 하거나 전류를 크게 하면 된다. 그래서 구동모터에 전류를 크게 하려면 배터리의 용량을 크게 하고 배터리의 전류를 원활하게 공급하기 위해 전선의 굵기를 굵게 만들어야 한다.

전류를 많이 공급하기 위해 전선의 굵기를 굵게 하려면, 구리 또는 알루미늄과 같은

금속재질을 사용하기에 전선의 무게가 늘어 차량의 무게가 증가하는 문제가 발생한다. 결국 차량의 연비를 저감하기 위해서 전기모터를 추가로 탑재하였지만 그로 인해 오히려 연비가 더욱 악화될 수 있어 전류를 늘려서 전력을 크게 할 수 없다.

전력을 크게 하는 방법 중 다른 방법으로 전압을 높이면 동일한 전력을 생산하면서도 전류의 양은 줄일 수 있어 많은 전기차들이 구동모터에 전력을 공급하는 구동 배터리의 전압을 높이면 구동 배터리의 전선의 굵기를 줄일 수 있어 구동 배터리의 전압을 높은 전압을 사용하고 있다.

### ※ 친환경 전기차의 고전압 전기안전 규정

**표 1-6 고전압 전기안전 규정**

| 구 분 | 교류전압 | 직류전압 |
|---|---|---|
| 한국전기설비규정(2021년 이후) | 1000V 초과 7000V 이하 | 1500V 초과 7000V 이하 |
| **자동차관리법** 자동차규칙 제18조의2(고전원전기장치) | **30V 이상** | **60V 이상** |

※ 자동차규칙 : 자동차 및 자동차 부품의 성능과 기준에 관한 규칙

한국전기설비규정(KEC)에 따라 2020년까지 고전압의 기준 직류 DC전압은 50V 초과 7000V이하이고, 교류 AC전압은 600V를 초과하고 7000V 이하로 하고 직류와 교류 모두 7000V를 초과하면 특별고압으로 취급하였다. 2021년 이후 교류는 1000V 초과 7000V 이하로 직류는 1500V 초과 7000V 이하를 고전압으로 칭하고 직류 및 교류 모두 7000V 초과를 특고압으로 칭한다.

자동차에서는 고전압에 대한 별도의 전기안전 규정으로 자동차관리법 자동차 및 자동차 부품의 성능과 기준에 관한 규칙 제18조의2(고전원전기장치)에서 교류는 **AC 30V 이상**이고 **직류는 60V 이상**을 고전압으로 규정하고 이러한 고전원 장치에는 안전을 위해 **주황색**으로 배선과 커넥터를 표시하도록 규정한다.

이러한 친환경 전기차의 고전압 전기안전 규정으로 배터리 전기차 또는 하이브리드 전기차의 경우 사용하는 배터리의 전압을 구분해서 고전압과 저전압으로 나눠서 배터리도 저전압 배터리와 고전압 배터리로 구분한다.

표 1-5 하이브리드 전기차 별 고전압 배터리

| 차량명 | 정격전압 (V) | 셀 당전압 (V) | 셀 수량 | 정격용량 (Ah) | 정격에너지 (kWh) |
|---|---|---|---|---|---|
| 베르나 하이브리드(MC HEV) | 144 | 7.2 | 20 | 6.5 | 0.9 |
| 아반떼 하이브리드(HD HEV) | 180 | 3.75 | 48 | 5.3 | 0.9 |
| 아이오닉 하이브리드(AE HEV) | 240 | 3.75 | 64 | 6.5 | 1.53 |
| 아반떼 하이브리드(CN7 HEV) | 240 | 3.75 | 64 | 5.5 | 1.42 |
| 쏘나타 하이브리드(YF HEV) | 270 | 3.75 | 72 | 5.3 | 1.43 |
| 쏘나타 하이브리드(LF HEV) | 270 | 3.75 | 72 | 6.0 | 1.62 |
| 쏘나타 하이브리드(DN8 HEV) | 270 | 3.75 | 72 | 5.3 | 1.49 |
| 그랜져 하이브리드(HG HEV) | 270 | 3.75 | 72 | 5.3 | 1.43 |
| 그랜져 하이브리드(IG HEV) | 270 | 3.75 | 72 | 6.0 | 1.62 |
| 그랜져 하이브리드(GN7 HEV) | 270 | 3.75 | 72 | 6.0 | 1.62 |
| 투싼 하이브리드(NX4 HEV) | 270 | 3.75 | 72 | 5.5 | 1.48 |
| 싼타페 하이브리드(TM HEV) | 270 | 3.75 | 72 | 5.5 | 1.48 |

하이브리드 전기차의 고전압 배터리는 구동모터에 전력을 공급해 엔진의 구동력을 보조하거나 구동모터가 단독으로 차량을 구동할 수 있도록 한다. 배터리의 전력을 사용하는 전기차이지만 주된 동력원은 엔진으로 구동모터는 엔진을 보조하여 엔진을 효율적으로 사용할 수 있도록 한다.

그래서 배터리 역시 구동모터의 사용영역에서 적절한 전력을 공급할 수 있을 정도의 적절한 용량으로 적용되는데 배터리의 전력만으로 차량을 구동해야 하는 배터리 전기차에 비해 다소 낮은 용량의 배터리가 적용된다.

"표 1-5" 는 우리나라에서 판매된 하이브리드 전기차의 배터리에 대한 규격을 비교한 것으로 초기에 출시된 베르나 하이브리드 전기차(MC HEV)의 경우 배터리 전체 정격전압은 144V로 다른 하이브리드 전기차들에 비해 가장 낮지만 셀당 전압은 7.2V 가장 높은 것을 알 수 있는데, 이는 적용된 배터리의 종류가 다른 것으로 리튬 계열의 배터리는 약 3.7V 정도의 전압을 출력하지만 니켈 수소 배터리는 약 7.2V의 전압을 출력한다.

니켈 수소 배터리가 적용된 초기형 하이브리드 전기차에서는 셀당 출력 전압이 약 7.2V이고 리튬 계열의 배터리가 적용된 후기형 하이브리드 전기차량은 셀당 출력 전압이 약 3.75V 정도로 나타나는데 최근 출시된 대부분의 하이브리드 전기차에는 리튬 이온 폴리머 배터리가 적용되어 있다.

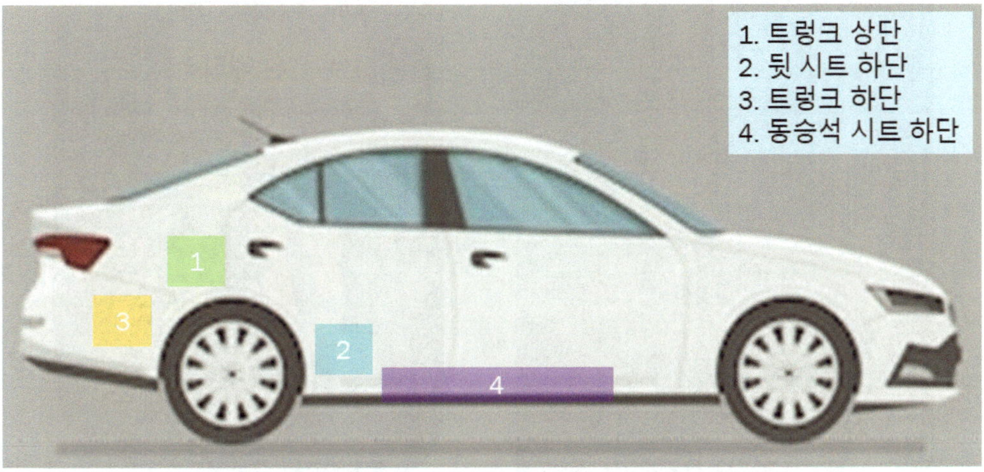


**그림 1-38 하이브리드 전기차의 고전압 배터리 설치 위치**

하이브리드 전기차의 고전압 배터리가 설치된 위치를 살펴보면 초기형 하이브리드 전기차는 트렁크 상단에 고전압 배터리가 설치되었는데 내연기관 차량에 고전압 배터리를 설치하기 위해 적절한 공간이 부족해 뒷시트 뒤 트렁크 깊은 곳에 위치시킬 수 밖에 없었는데 이는 마치 LPG를 연료로 사용하는 내연기관차량에서 LPG 봄베가 설치된 것과 같은 형태로 트렁크 공간이 협소해지는 단점을 가진다.

스페어 타이어에 대한 의무장착이 해제됨에 따라 스페어 타이어가 설치되었던 공간에 고전압 배터리가 설치되기도 하는데 스페어 타이어 공간에 고전압 배터리가 설치됨에 따라 트렁크 공간이 다소 넓어지긴 하지만 실내공기를 유입하기 위한 덕트로 인해 실제 사용할 수 있는 트렁크 바닥면이 다소 높아지면서 사용할 수 있는 트렁크 공간이 줄어들기도 하였다.

**그림 1-39 니로 HEV(DE HEV) 고전압 배터리 구성**

또 소형 승용차의 경우 뒷 시트 하단에 고전압 배터리를 설치하고 SUV 차량과 같이 차량의 높이 일반 승용차에 비해 높은 경우 고전압 배터리를 차량의 외부 동승석 시트 하단에 설치하여 실내공간에 영향을 주지 않도록 고전압 배터리를 설치한 차량도 있다.

하이브리드 전기차의 고전압 배터리의 구성품은 배터리 제어기인 BMS와 고전압 배터리의 전력을 단속하기 위한 PRA 그리고 고전압 배터리의 냉각을 위한 쿨링 팬과 쿨링 덕트 등으로 구성되어 있으며 최근 출시된 차량 중 저전압 배터리가 리튬 배터리가 적용된 차량의 고전압 배터리 팩에는 저전압 배터리와 저전압 배터리 전력단속을 위해 래치 릴레이 어셈블리(LRA)가 함께 장착되어 있다.

저전압 배터리가 리튬 배터리가 적용됨에 따라 저전압 배터리의 관리를 위해 BMS와 인접한 위치에 설치하고 이를 단속하는 LRA도 고전압 배터리 팩 어셈블리에 모두 설치되어 있다.

고전압 배터리는 충전과 방전과정에서 열이 발생하는데 이 열이 과하게 되면 배터리가 폭발 또는 화재가 발생하기에 적절한 온도로 유지해야하는데 대부분의 하이브리드 전기 차량은 고전압 배터리의 냉각을 위해 공랭식을 냉각장치를 적용하고 있다.

**그림 1-40 뒷시트 하단 고전압 배터리의 냉각**

BMS는 배터리의 모듈별로 온도를 감시하고 배터리의 온도가 과하게 되면 쿨링 팬을 작동시켜 흡입덕트로 실내공기를 고전압 배터리 케이스로 유입시켜 저전압 배터리와 고전압 배터리를 냉각시키고 뜨거워진 공기는 고전압 케이스 외부로 배출시킨다.

이 때 실내공기를 냉매제로 사용하는 이유는 실내공기가 외부공기에 비해 상대적으로 청정하고 적절한 온도를 유지하고 있기 때문이다.

그림 1-41 트렁크 하단 고전압 배터리의 냉각

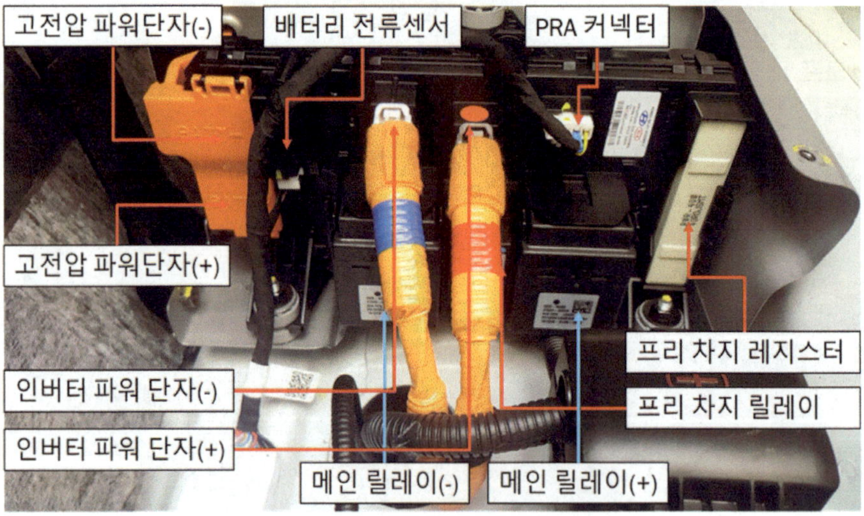

그림 1-42 PRA 구성(니로 HEV 외)

고전압 배터리의 설치위치가 차량의 뒤편에 주로 위치하고 있어 뒷좌석 시트 하단 또는 측면 등으로 실내공기가 유입되고 트렁크 공간 또는 뒤 범퍼 쪽으로 배출된다. 고전압 배터리의 설치위치는 차량에 따라 다소 차이가 있지만 실내공기를 유입하고 외부로 배출하는 것은 거의 유사하다.

고전압 배터리의 전력을 외부로 연결 또는 차단하는 파워 릴레이 어셈블리 줄여서 PRA는 고전압 배터리 팩의 구성품 중 매우 중요한 부품 중 하나로 PRA 내부에는 고전압 배터리의 (+)와 (-)를 단속하는 메인 릴레이가 각각 설치되어 있고 메인 릴레이의 접점이 융착되는 것을 보호하기위해 미리 전력을 공급하는 프리차지 저항과 프리차지 릴레이와 전류센서가 설치되어 있다.

프리차지 릴레이는 (+)메인 릴레이가 작동 전 프리차지 저항을 거친 (+)전력을 우선 연결하고 (-)메인 릴레이가 연결되어 일정시간 동안 구동모터 제어기인 MCU의 캐퍼시터에 전력이 충전된 후 (+)메인 릴레이가 구동되고 프리차지 릴레이는 차단된다. 이와 같은 순서로 전력이 공급되도록 하여 메인 릴레이 접점의 융착을 방지한다.

대부분의 하이브리드 전기차량의 경우 이처럼 공랭식 배터리가 적용되어 있지만 플러그인 하이브리드 전기차량의 경우 수냉식 배터리가 적용된 차량도 있는데 이는 뒤에서 살펴볼 배터리 전기차와 크게 다르지 않기에 수냉식 배터리가 적용된 플러그 인 하이브리드 전기차량의 배터리는 생략하도록 한다.

### [3] 배터리 전기차의 배터리

일반사람들이 전기차라고 하면 배터리 전기차를 의미하는데 자동차를 공부한 사람이라면 배터리 전기차로 구분해서 불러야 차량을 이해함에 있어 혼란을 방지할 수 있다. 하이브리드 전기차의 배터리는 엔진의 구동력을 보조하기위한 목적으로 구동모터가 적용되고 이 구동모터에 전력을 공급하기 위해 배터리가 적용되지만 배터리 전기차에서는 유일한 에너지원이자 동력원이 배터리이다.

하이브리드 전기차에 사용되는 구동모터는 엔진의 보조적인 역할로 구동모터의 출력이 배터리 전기차에 비해 상대적으로 낮고 그에 따라 배터리의 전력도 낮으며, 구동을 위한 전압도 상대적으로 낮다.

앞에서 살펴본 것과 같이 하이브리드 전기차의 고전압 배터리는 가장 낮은 마일드 하이브리드 배터리는 약 48V이고 가장 높은 하드타입의 하이브리드 전기차의 배터리는 약 270V의 전압을 가지고 있다. 그러나 배터리 전기차의 경우 초소형 전기차가 아닌 일반적인 배터리 전기차의 고저압 배터리는 약 400V이고 고성능 전기차의 경우 약 800V가까운 매우 높은 전압을 가지고 있다.

배터리 전기차의 고전압 배터리가 하이브리드 전기차에 비해 전압이 더 높은 이유는 큰 구동력을 얻기위해 전력을 공급하려면 전압이 높거나 전류가 많아야 하는데, 동일한 전력을 얻기위해서는 전압을 높이는 것이 좀 더 유리하기 때문이다. 다만 전압이 높아지면 그만 큼 안전에도 유의해야 한다.

그림 1-43 공기역학과 전면형상

배터리 전기차의 고전압 배터리는 외부 충전기로부터 전력을 공급받아 충전하거나 차량이 속도를 줄이면서 회생제동기능으로 고전압 배터리가 충전되면서 고전압 배터리의 전력만으로 차량을 구동해야하기에 고전압 배터리의 용량이 상당히 크고 이는 곧 차량의 1회 충전시 주행가능 거리와 직결된다. 물론 최근 회생제동기능과 공기역학적 형상 등으로 동일한 배터리 용량임에도 주행거리가 향상된 차량도 있다.

전원용 배터리의 경우 충·방전 용량이 작아 발열량이 크지 않지만 차량구동용 배터리의 경우 차량의 출력과 충·방전양에 따라 발열량도 커진다. 그에 따라 배터리에서 열이 발생하게 되는데 모든 전기차의 시스템에는 배터리의 열을 관리하기 위한 BMS가 적용되어 고전압 배터리가 과열되지 않도록 충·방전제어와 열관리제어를 하고 배터리 전기차의 경우 저온에서도 원활한 차량운행을 위해 고전압 배터리를 승온시키는 장치가 추가되어 있다.

### (1) 공랭식 배터리

초기에 출시되거나 초소형 배터리 전기차에 적용된 고전압 배터리 중 공기를 냉매로 냉각하는 방식이 채택된 차량이 있는데 이는 배터리 용량이 상대적으로 적고 차량의 출력이 낮은 경우 많이 적용하고 있다.

공랭식 배터리는 차량이 주행하면서 발생하는 고전압 배터리의 열을 주행풍으로 냉각시키는 방식인 자연공랭식과 배터리 내부로 공기를 강제로 유입시켜 냉각시키는 강제공랭식으로 구분할 수 있다.

### 가. 자연 공랭식

초소형 전기차를 비롯한 저출력의 배터리 전기차에 적용된 자연 공랭식은 열전달이 용이한 배터리 케이스로 냉각핀이 설치되어 있으며, 차량의 외부로 돌출되어 차량이 주행을 하면서 발생하는 주행풍에 의해 배터리 케이스를 통해 열이 방출되도록 한 방식이다.

자연 공랭식은 배터리에서 발생된 열을 외부로 방출하는 역할을 하지만 추운 겨울철에는 배터리의 열이 과도하게 배출되어 배터리 효율이 떨어지는 단점을 가지고 있어 일부 초소형 전기차에 주로 적용되어 있다.

그림 1-44 자연공랭식(르노 트위지)

### 나. 강제 공랭식

강제 공랭식은 이름 그대로 공기를 강제로 배터리로 보내 냉각하는 방식으로 주로 배터리 케이스 내부로 공기를 주입시켜 냉가시키는데, 앞에서 살펴본 하이브리드 전기차의 고전압 배터리 냉각방식과 같이 쿨링팬을 이용해 실내공기로 배터리에서 발생하는 열을 냉각한다.

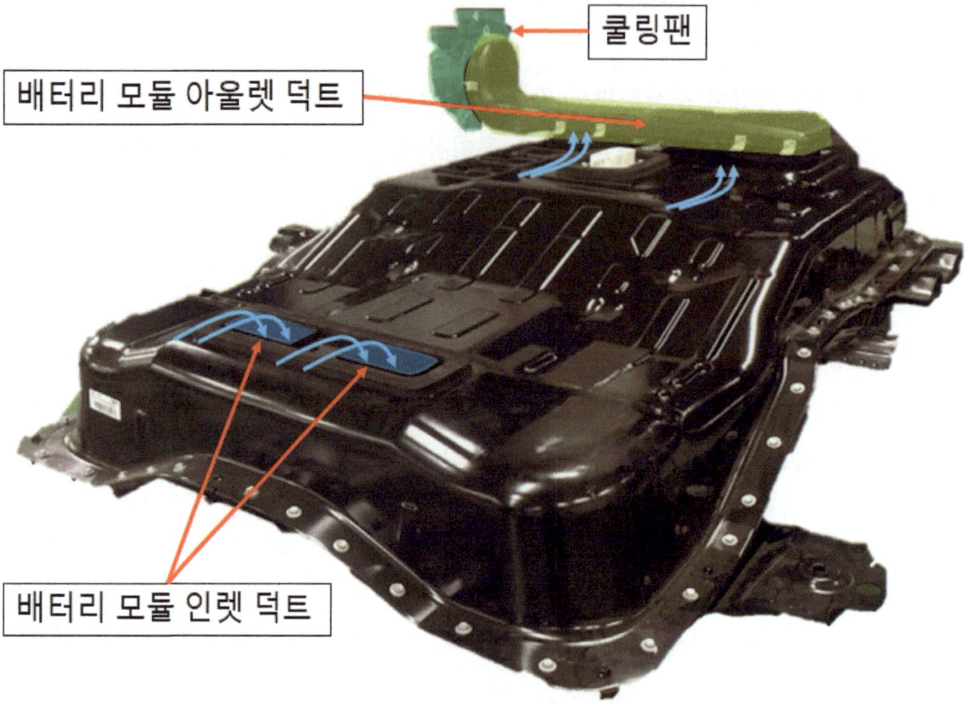


그림 1-45 강제공랭식(아이오닉 EV)

### (2) 수냉식 배터리

수냉식 배터리는 배터리의 냉각을 위한 냉매를 냉각수를 이용하는 방식으로 플러그인 하이브리드 전기차와 배터리 전기차에 주로 적용된 방식으로 냉각수가 배터리 케이스 내부로 유입되어 냉각하는 방식과 배터리 케이스를 냉각수로 냉각하는 방식으로 구분된다.

배터리 케이스 내로 냉각수를 유입해 배터리 모듈 또는 배터리 셀이 냉각라인에 직접 접촉해 냉각하는 직접냉각방식과 배터리 케이스에 냉각라인이 설치된 플래이트를 부착하여 배터리 케이스를 통해 배터리가 냉각되는 방식을 간접냉각방식이라고 한다.

수냉식 배터리는 모두 냉각수를 전동식 워터펌프를 이용해 배터리 케이스 내부 또는 외부로 공급하여 순환시킴으로써 배터리에서 발생되는 열을 적절하게 냉각하고 뜨거워진 냉각수는 라디에이터로 보내져 외부로 열을 방출한다.

#### 가. 직접 냉각방식

배터리를 냉각수를 이용해 냉각하는 수냉식 방식 중 배터리 셀 또는 모듈에 쿨링 패드 또는 워터재킷을 설치하여 배터리 셀을 냉각하는 방식으로 원통형 배터리를 사용하는 테슬라의 고전압 배터리에는 원통형 셀의 측면으로 배터리냉각을 위한 워터재킷을 설치해 배터리 셀을 직접 냉각하는 방식으로 제작되어 있다.

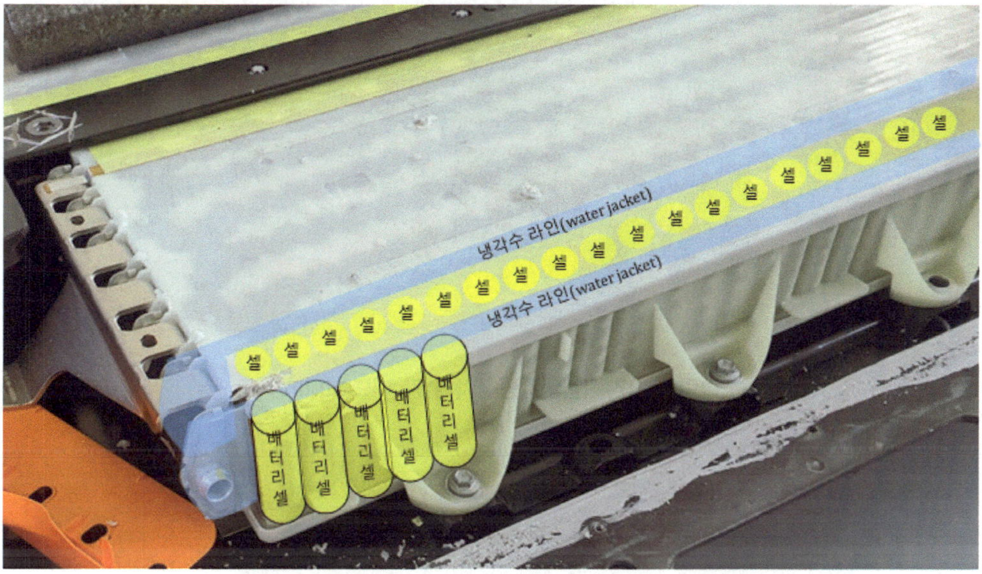


그림 1-46 직접냉각방식의 워터재킷(테슬라 모델S)

테슬라는 원통형 배터리를 사용하고 있어 배터리 냉각을 위한 워터재킷이 배터리의 측면에서 냉각을 하는 워터재킷이 셀과 셀사이에 연속적으로 설치되어 가장자리에 있는 배터리 셀의 경우 한쪽면만 워터재킷과 접촉하여 열을 방출하고 그 외 배터리 셀은 좌우측 모두 워터재킷과 접촉하기에 많은 열을 방출할 수 있다.

현대자동차와 기아자동차에서 제작한 전기차에는 쿨링 패드방식이 적용되어 있는데 이는 고전압 배터리용 배터리리 셀을 파우치형을 사용하고 있기 때문으로 파우치형의 경우 배터리 셀과 셀사이에 워터재킷을 넣을 경우 배터리 셀의 숫자만큼 워터재킷의 숫자 또한 증가하여 배터리 케이스 내에 많은 양의 배터리 셀을 설치하기에 공간적인 제약이 따르게 된다.

그림 1-47 직접냉각방식의 쿨링 패드(코나EV)

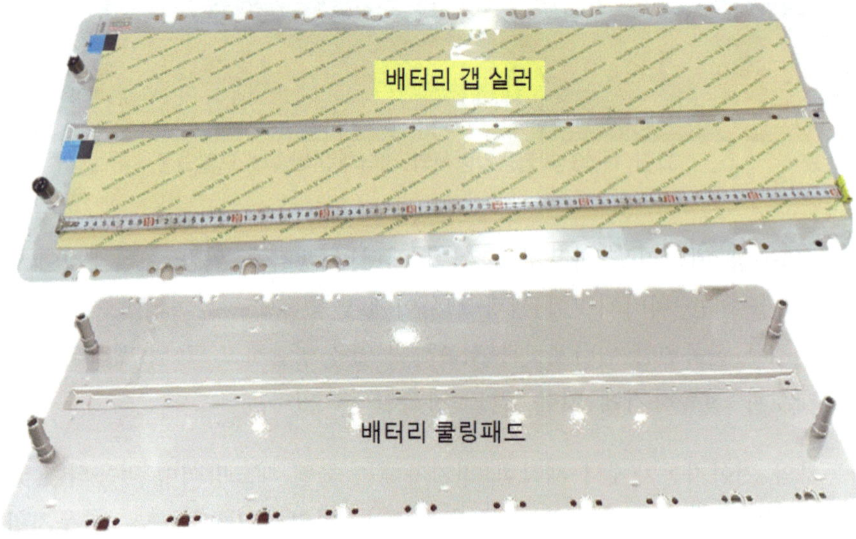


그림 1-48 쿨링 패드와 갭 실러

그래서 배터리 모듈의 케이스를 알루미늄으로 제작하고 배터리 열이 쿨링 패드로 잘 전달되도록 갭 실러(Gap sealer)가 도포되어 배터리 셀과 쿨링 패드의 공간을 매워 열전달이 잘되도록 하는 역할을 한다.

배터리의 냉각효율을 향상시키기 위한 갭 실러는 열계면 소재로 열계면 소재는 방열효율을 높이기 위해 발열체인 배터리와 냉각을 위한 쿨링패드간의 접촉면의 공기층을 메워 배터리 셀에서 발생된 열을 전달한다.

직접 냉각방식은 배터리의 열을 효율적으로 관리할 수 있으나 배터리 케이스 내부 냉각 라인이 파손되거나 노후화되어 누수가 발생하게 되면 배터리의 절연이 파괴되어 배터리 시스템이 셧 다운 될 수 있다. 그래서 배터리 케이스 내부에 냉각수 누수 또는 배터리 케이스가 파손되어 수분이 침투될 경우 이를 빠르게 판단할 수 있도록 수분을 감지하는 센서가 배터리 케이스 내부에 설치되어 있다.

**그림 1-49 배터리 내부 수분감지 센서**

이 수분감지 센서는 제조사에 따라 "배터리 냉각수 레벨 센서"로 표시되어 있어 자칫 배터리 냉각수 리저버 탱크의 레벨을 측정하는 센서로 오판할 수 있기에 주의해야 한다.

배터리 냉각을 위해 사용하는 냉각수는 엔진에서 사용하는 냉각수와 같이 겨울철 동파되지 않도록 부동액을 사용하는데, 초기에 출시된 코나EV와 니로EV 차량에 일반 엔진에 사용하는 부동액을 사용하여 안전성에 대한 문제가 제기되었고 당시 차량의 화재와 관련해 이슈가 되었다.

이 후 배터리 전기차 전용 냉각수가 출시되고 차량에 주입되어 판매되었는데 일반 부동액이 주입된 경우 핑크색 냉각수가 적용되어 있고, 저전도 부동액인 배터리 전기차 전용냉각수가 적용된 경우 맑은 청색의 냉각수가 적용되어 있다.

### (가) 전기차의 냉각수

전기차의 냉각수는 전기차의 배터리 냉각방식에 따라 다르게 사용되는데 일반적으로 엔진에 사용하는 일반 부동액과 배터리 전기차용 냉각수 그리고 수소전기차에 사용하는 연료전지 냉각수가 있다.

이 냉각수들의 특징으로는 전기전도도의 차이로 일반 부동액은 전기전도도가 높고 전기차용 부동액은 전기전도도가 낮으며 연료전지 냉각수 역시 전기전도도가 낮은데 더욱 낮아 무전도 냉각수라고 부르기도 한다.

#### ① 일반 부동액

엔진의 내각수에 혼합하여 동파 및 부식을 방지하고 끓는 점을 상승시키기 위한 목적으로 수돗물 또는 정제수와 함께 혼합하여 사용한다. 주요성분으로는 에틸렌글리콜 또는 프로필렌글리콜, 물, 부식방지 첨가제 등이며 혼합비율에 따라 낮은 온도에서 쉽게 얼지 않아 엔진 냉각수가 동결되지 않도록 한다.

일반 부동액이 색상은 최근까지는 녹색의 부동액이 많이 사용되었으나 이후 핑크색으로 대부분 변경되었다.

하이브리드 전기차에서는 엔진 냉각수와 전장부품의 냉각수가 모두 일반 부동액을 혼합하여 사용하고 있고, 배터리 전기차의 배터리 내부로 냉각수가 유입되지 않는 방식인 공랭식 배터리 또는 간접 수냉식이 적용된 차량에 사용되고 있다.

일반 부동액 혼합해 배터리 냉각수로 사용하는 배터리 전기차는 EV6와 아이오닉5 N과 같은 E-GMP 적용차량과 냉각수가 배터리로 전혀 유입되지 않는 초기형 아이오닉 EV가 있다.

### ② 저전도 냉각수

저전도 냉각수는 이름 그대로 전기전도성이 거의 없는 또는 전기전도도가 낮은 냉각수로 전기전도성이 낮은 특징 이외에도 다른 냉각수 또는 물과 절대 혼합해서 사용해서는 안된다는 점이다. 이는 냉각수 다독으로만 사용하여야 하며 만일 물이나 부동액 등이 혼합될 경우 전기전도도가 높아져 본연의 역할인 낮은 전기전도도를 파괴할 수 있어 반드시 단독으로 사용해야 한다.

저전도 냉각수도 에틸렌 글리콜 또는 프로필렌글리콜을 기반으로 제작하지만 동결이 쉽게 되지 않는 점이외에 가장 중요한 전기전도성이 낮다는 것이 특징으로 플러그 인 하이브리드 전기차나 배터리 전기차 중 고전압 배터리 내부로 냉각수가 유입되는 직접냉각방식의 차량에서 반드시 필요한 냉각수이다.

고전압 배터리 내부에서 부득이하게 냉각라인이 파손되거나 부식되어 냉각수가 누출되더라도 저전도 냉각수의 전기전도도가 낮아 더 큰 사고가 발생하지 않도록 저전도 냉각수를 적용하고 있고 이를 전기차 배터리 또는 전기차 전용 냉각수라는 이름으로 판매되고 있다.

### ③ 무전도 냉각수

무전도 냉각수는 연료전지에 사용하는 냉각수로 저전도 냉각수와 마찬가지로 단독으로 사용해야하며 물이나 다른 종류의 부동액과 혼합해서는 절대 안된다. 연료전지 냉각부동액이라고도 부르는 이 무전도 냉각수는 연료전지 스택 셀 사이를 다니며 냉각수가 셀의 열을 직접 흡수하는 형태로 전기전도도가 거의 없어야 한다.

만일 전기전도도가 일정이상 발생하면 연료전지 스택의 시스템이 셧 다운되며 절연이 파괴되었다는 경고등을 점등하게 된다.

〈특이사항〉

- 전기 전도도 : 5.7us/cm 이하(25℃)
- 전기 전도성은 온도 증가와 비례한다.
- 결빙방지 기능 : -30℃ 이하스택 냉각수의 보존 유효기간은 12개월
- 유효기간 후 전기 전도도가 변할 수 있음

- 일반 부동액과 절대 혼합 금지
- 스택 냉각수는 전기차 냉각수와 동일한 청색
- 부식방지 처리재가 달라 스택 냉각수를 전장 냉각수로 사용불가

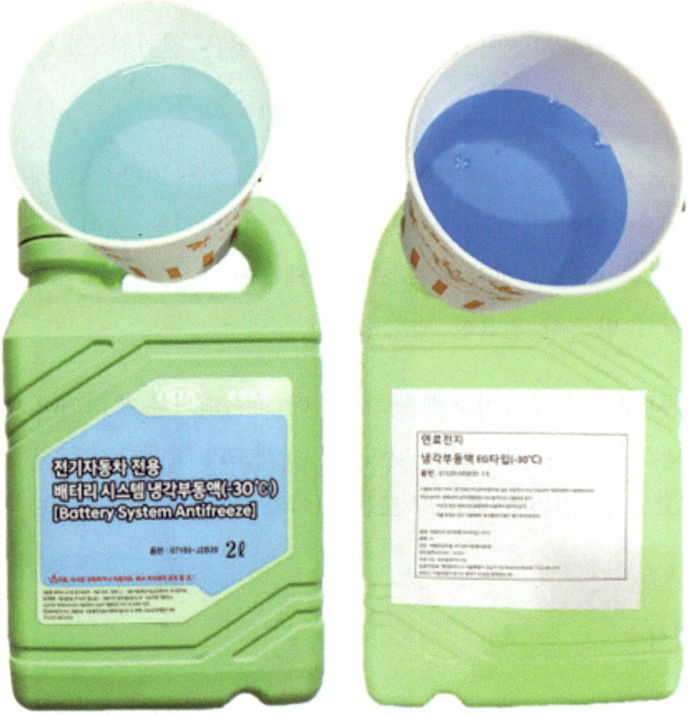


그림 1-50 저전도 냉각수와 무전도 냉각수

### (나) 배터리 팩 구성

전기차의 배터리의 구조는 기본적으로 거의 비슷하지만 직접냉각방식의 고전압 배터리의 경우 고전압 배터리 케이스 내부로 냉각수가 유입되기에 냉각을 위한 쿨핑 패드와 냉각수 호스 등이 포함된다.

고전압 배터리의 충·전과 방전을 제어하고 고전압 배터리의 전력을 단속하며 온도를 모니터링해 냉각수의 순환여부를 결정하는 배터리 제어기가 있는데, 하이브리드 전기차량의 고전압 배터리에 비해 배터리 전기차의 고전압 배터리는 용량 및 크기가 상당하기에 설치된 배터리 셀 및 모듈의 수량이 많아 배터리 제어기 하나로 모든 배터리 셀 및 모듈마다 설치된 온도센서의 정보를 직접확인하기 힘들어 배터리 모듈별로 셀의 전압과 모듈의

온도를 감시하는 CMU(Cell Monitoring Unit)를 모듈의 수량에 따라 설치하였다.

이 CMU가 배터리 모듈별로 정보를 수집하고 수집한 정보를 배터리 제어기로 보내는데 이렇게 CMU가 적용된 차량의 배터리 제어기를 BMU(Battery Monitoring Unit)으로 부르는데, 이는 배터리를 관리하는 시스템이라는 폭넓은 의미보다 배터리를 총괄해서 관리하는 제어기라는 의미로 BMU로 구분해서 부른다.

주로 현대기아 차량에서는 BMU와 CMU를 함께 사용하고 쉐보레 볼트의 경우 BMS 제어기를 두 개 적용해서 메인과 서브 제어기로 사용하기도 한다.

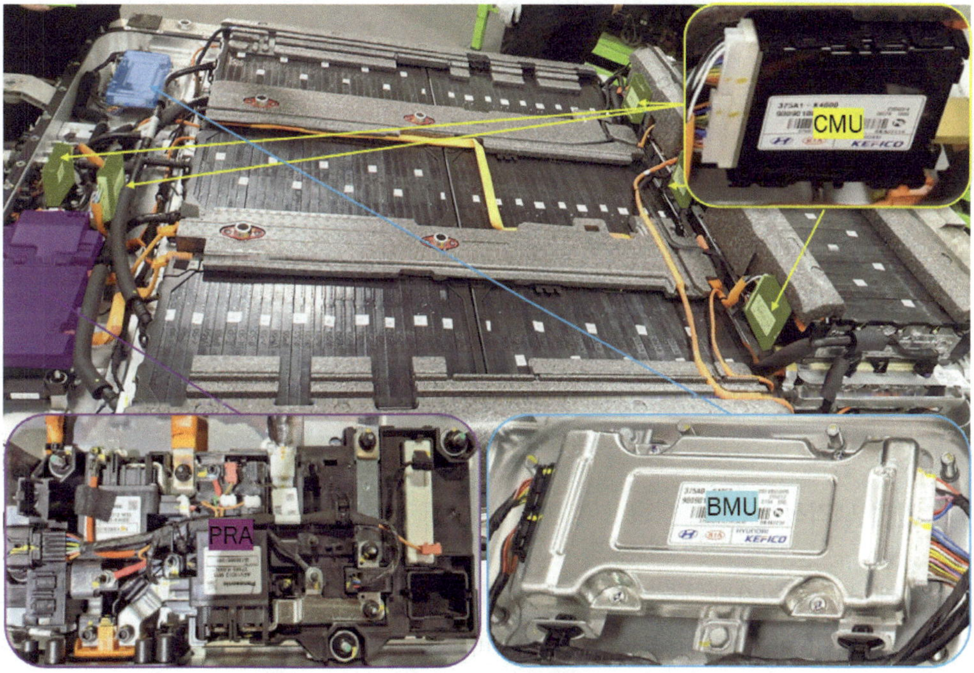


**그림 1-51 코나EV 고전압 배터리 내부 구성품**

- BMU : CMU로부터 배터리 셀의 전압과 모듈의 온도 등의 정보를 받아 배터리를 충방전하기위해 PRA를 구동시켜 배터리의 전력을 단속하고 배터리의 온도에 따라 배터리의 냉각 및 히팅을 위해 전동식 워터펌프와 히터 등을 구동하고 다른 제어기들과 정보를 공유
- CMU : 배터리 모듀별로 설치된 배터리 감시 장치로 배터리 셀별 전압과 모듈의 온도 정보를 배터리 BMU로 공유
- PRA : BMU의 구동 명령에 따라 고전압 배터리의 전력을 외부로 연결 또는 차단

하는 역할로 (+), (-) 메인 릴레이와 프리차지 저항과 릴레이, 전류센서가 함께 설치되어 있으며 초기 전력공급시 급격한 전류의 흐름을 방지하기 위해 프리차지 저항을 거친 전력을 프리차지 릴레이를 통해 우선 공급하고 일정시간이 지난 후 MCU의 캐퍼시터에 전력이 충전되면 (+)메인 릴레이가 작동하여 전력을 공급한다.

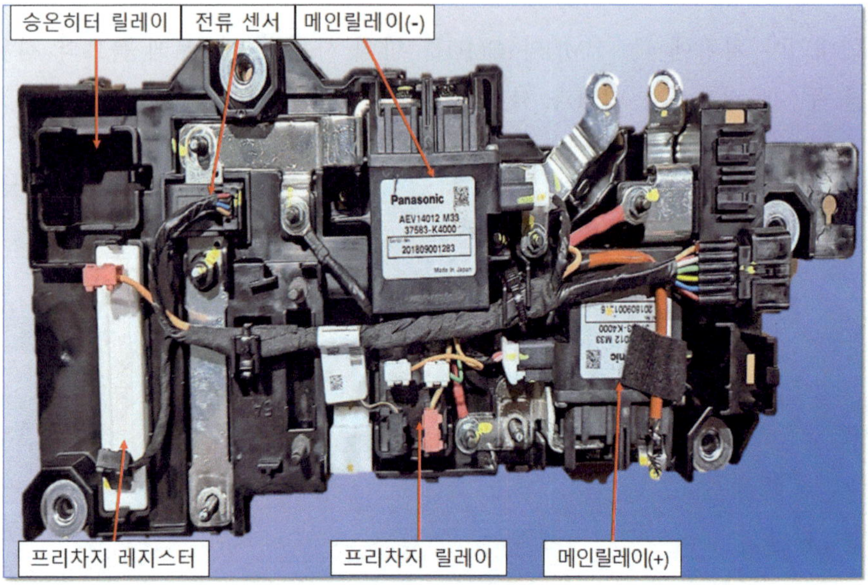


그림 1-52 코나EV PRA

## 나. 간접 냉각식

고전압 배터리의 냉각방식으로 고전압 배터리 케이스를 냉각하는 방식이 최근 배터리 전기차에 적용되고 고전압 배터리 케이스의 바닥면에 넓은 냉각라인이 설치된 쿨링 플래이트가 설치되어 고전압 배터리를 간접적으로 냉각하는 방식이 적용되었다.

이러한 쿨링 플래이트를 적용한 배터리 전기차가 독일 서부에 위치한 자동차 트랙인 뉘르브르크링을 빠른 속도로 주파하고도 배터리 온도에 여유가 있는 기술을 선보여 화재가 되었는데, 차량의 주행 내구성을 확보하기 위해 발열과 냉각의 균형을 적절히 조절하는 기술로 배터리의 발열은 전류와 배터리 저항의 곱으로 나타내며 회생 제동으로 충전시에도 발생한다.

이러한 열관리 기술은 결국 간접 냉각방식으로도 매우 높은 효율의 냉각이 가능하다는 것을 알 수 있는 것으로 특히 우리나라의 자동차회사인 현대자동차가 이러한 기술을 확보하였다는 것에 큰 의미가 있다고 하겠다.

아이오닉 5와 EV6 등에 적용된 현대자동차의 E-GMP의 고전압 배터리 쿨링 플레이트를 살펴보면 "그림 1-53"과 같은데 배터리 케이스 내부가 아닌 배터리 케이스 외부에 설치된 쿨링 플레이트로 냉각수가 유입되어 순환하고 배출되는 방식으로 배터리 냉각수가 배터리 케이스 내에 유입되지 않으므로 냉각수의 누출에 따른 위험이 전혀 없다.

### (가) 냉각수

초기 출시된 아이오닉5 차량의 경우 차량의 성능은 더욱 고성능으로 좋아졌지만 배터리 냉각수는 일반 부동액을 사용한다. 이는 EV6 차량에서 먼저 적용된 것으로 동일한 차량의 프레임인 E-GMP를 사용하지만 냉각수를 다르게 적용하였는데, 이는 코나EV 판매시절 배터리 화재문제가 이슈되어 많은 사람들의 이목을 끌게 된다.

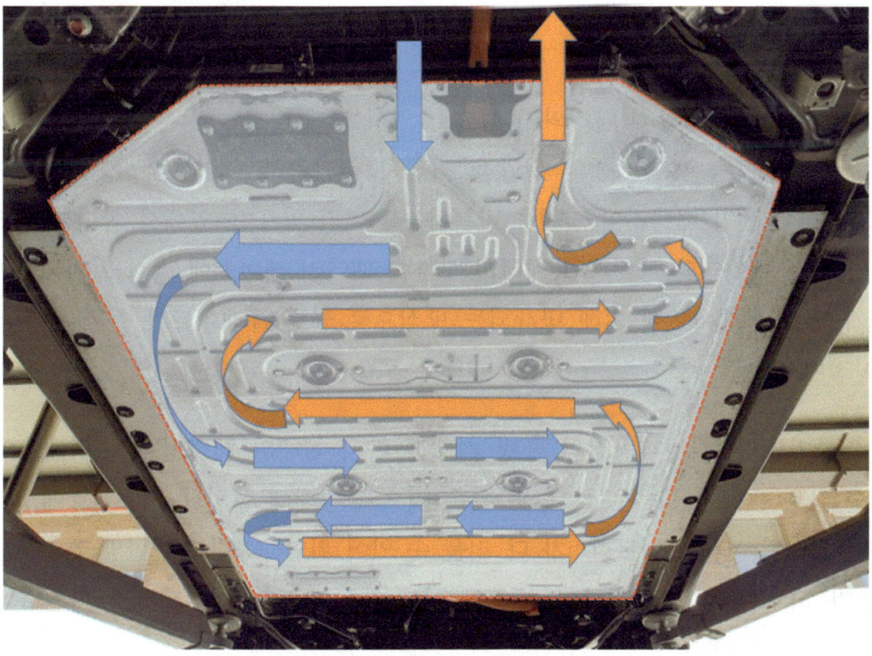

그림 1-53 고전압 배터리 쿨링 플레이트(아이오닉5 E-GMP)

결국 코나EV의 단종이라는 결론으로 맺어지면서 배터리 화재에 대한 이슈를 의식해 저전도 냉각수가 사용되지 않아도 되는 간접 냉각방식인 E-GMP 차량에 다소 불필요해 보이는 저전도 냉각수가 주입되었던 것이 이제는 **일반 냉각수가 적용**되었다.

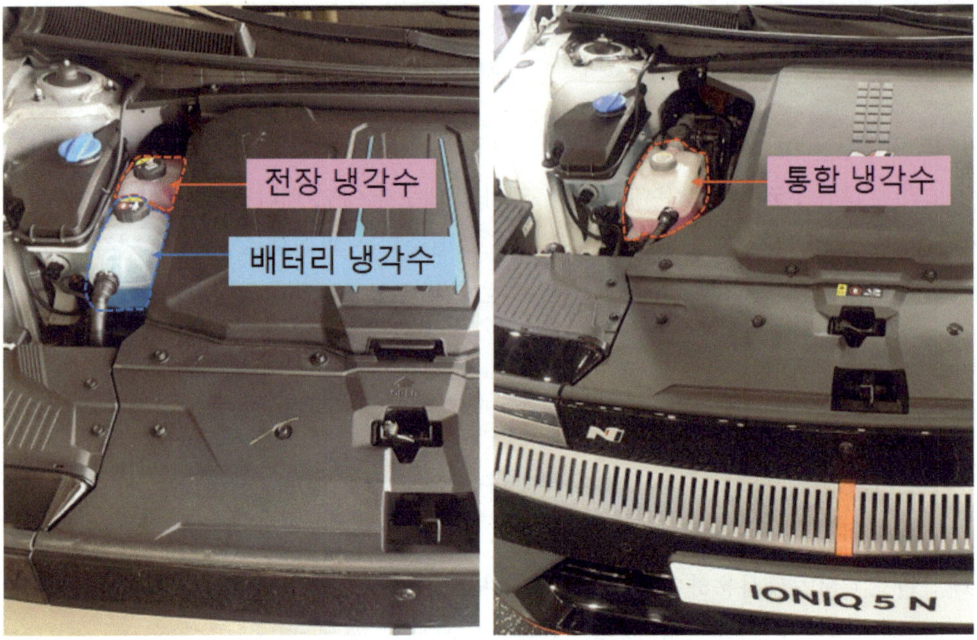


그림 1-54 아이오닉 5와 아이오닉 5N 차량의 냉각수

### (나) 배터리 팩 구성

간접 냉각방식의 고전압 배터리의 구성요소 역시 크게 다르지 않은데 배터리 제어기인 BMU와 배터리 모듈온도와 셀의 전압을 직접 모니터링하고 BMU와 정보를 공유하는 CMU, 그리고 고전압 배터리의 전력을 단속하는 PRA가 있으며, 앞에서 살펴본 직접 냉각방식의 고전압 배터리와 차이라면 배터리 모듈이 배터리 케이스에 직접 설치되고 배터리 케이스가 냉각 플레이트에 의해 냉각되는 방식으로 쿨링 플래이트가 설치된 것이 가장 큰 차이점이 된다.

앞에서 살펴본 간접 냉각방식의 쿨링 패드는 마치 침대위에 설치한 온수매트와 같은 형태이고 쿨링 플레이트는 온돌난방과 같은 것으로 침대에 설치한 온수매트에서 누수가 발생하면 침대위 이불과 매트리스가 다 젖을 수 있어 위험하다면 온돌난방의 경우 바닥난방 호스가 터져 누수가 발생하여 침대위 이불이나 매트리스가 젖기는 어렵다.

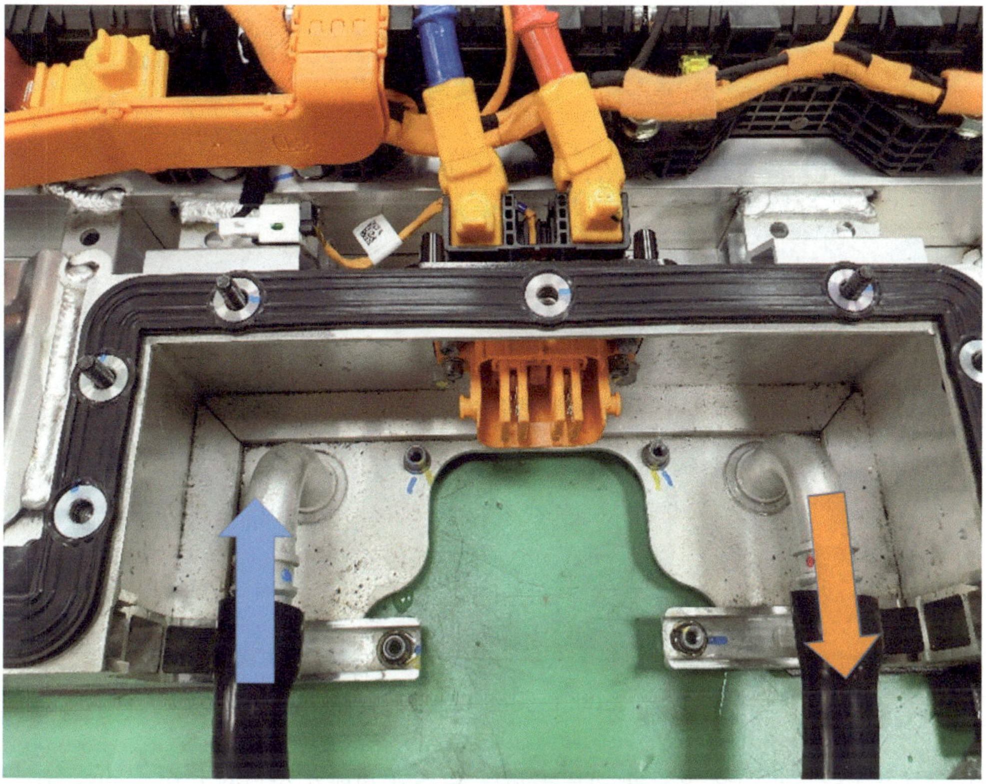

그림 1-55 E-GMP 냉각수 입 출구

이처럼 온돌난방과 같은 방식인 쿨링 플레이트가 적용된 고전압 배터리는 누수에 따른 절연파괴와 같은 위험이 거의 없어 절연냉각수가 아닌 일반 부동액을 물과 함께 혼합해서 사용해도 무방한 것이다.

"그림 1-55" 에서 보는 것과 같이 냉각수가 냉각호스로 연결되어 배터리 케이로 유입되면 배터리 케이스 내부가 아닌 배터리 케이스의 바닥에 설치된 쿨링 플레이트로 연결되어 냉각수가 공급되고 쿨링 플레이트의 유로에 따라 고전압 배터리 케이스의 전체면을 냉각하고 뜨거워진 냉각수는 다시 냉각라인을 따라 배출 된다.

차량을 리프팅해서 냉각라인을 따라 냉각수의 흐름을 따라가다 보면 마치 고전압 배터리 내부로 냉각수가 유입되는 것처럼 보여질 수 있지만 "그림 1-55" 처럼 배터리를 탈거한 상태에서 냉각수의 유로를 살펴보면 냉각수가 직각의 배관을 타고 배터리 케이스 아래로 향하고 있는 것을 확인할 수 있다.

**그림 1-56 E-GMP 구성**

또 "그림 1-53" 과 같은 유로가 외부로 바로 노출된 형태가 아니라 방열을 위한 패드가 부착되어 있는데 이 패드는 쿨링 플레이트의 열이 외부로부터 열전달이 잘이루어지지 않도록 하는데 그 이유는 배터리의 원활한 작동을 위해 배터리를 승온시키는 경우 냉각수가 배터리를 가열하기 위한 열을 외부로 뺏기지 않기 위함이고 또 이 패드는 차량의 하부에 부착된 고전압 배터리가 주행 중 요철 등으로부터 충격을 받을 경우 1차적으로 충격을 흡수하는 역할을 함께 한다.

대부분의 고전압 배터리가 가지고 있는 구성요소와 마찬가지로 간접 냉각방식인 E-GMP의 고전압 배터리 팩의 구성요소도 크게 다르지 않은데, "그림 1-56" 에서 보는 것과 같이 고전압 배터리 팩 내 배터리 모듈의 온도와 배터리 셀의 전압을 모니터링 하는 CMU가 배터리 모듈의 중앙에 설치되어 있으며 총 6개의 CMU가 설치된 것을 알 수 있다.

앞에서 살펴본 코나EV의 고전압 배터리 팩에서는 CMU가 5개 설치되어 있었지만 아이오닉 5의 고전압 배터리 팩에서는 6개가 설치된 이유는 배터리 모듈의 수량이 증가하였기에 CMU의 수량이 증가한 것으로 차량에 따라 배터리 모듈이 더욱 증가하면 그에 따라 CMU가 추가로 장착될 수 있다.

그림 1-57 E-GMP PRA

결국 BMS가 CMU의 정보를 받아 제어하기에 배터리 모듈의 수량이 많아진 것은 CMU로부터 받아야 하는 정보가 더 많아진 것일 뿐 제어를 위한 장치는 하나로 충분하다는 것이다.

그 외 PRA가 다소 간결해졌지만 동일한 작동원리로 BMU로부터 제어신호에 따라 작동하는 것은 같다.

## [4] 수소 전기차의 배터리

### (1) 전원 배터리

수소전기차의 배터리도 저전압 배터리와 고전압 배터리로 구분할 수 있는데 저전압 배터리는 다른 전기차들과 마찬가지로 차량의 각종 전장부품과 제어기에 전원을 공급하는 목적으로 사용한다.

우리나라의 대표적인 수소전기차는 승용차인 "넥쏘"와 대형트럭인 "엑시언트 FCEV" 그리고 대형 버스인 "일렉시티 FCEV"와 "유니버스 FCEV"가 있다. 기본적으로 “넥쏘” 차량의 연료전지 시스템을 모두 공용으로 사용하고 있고, 그에 따라 더 많은 전력이 필요한 “엑시언트 FCEV” 와 “일렉시티 FCEV” , “유니버스 FCEV” 는 “넥쏘” 차량의 연료전지 스택이 두 개가 설치되어 있어 출력은 두배로 높지만 작동전원은 12V를 사용하고 있다.

그래서 기본적인 전장부품은 24V를 사용하고 있어 별도의 컨버터를 통해 전장부품에는 24V를 공급하고 연료전지 제어기와 같은 시스템에는 12V를 전원으로 사용하고 있다. 이러한 특징을 이해하면 수소 전기차의 전원과 관련된 부분을 이해하고 정비하는데, 문제되지 않는다.

### (2) 구동 배터리

수소전기차에서 구동 배터리는 차량의 구동만을 목적으로 하는 것이 아니라 연료전지 스택에서 발생된 전력이 구동 모터에서 소비되지 못하고 남는 경우 고전압 배터리에 비축하고, 회생제동으로 구동모터에서 전력발생시 연료전지 스택에 전력을 저장할 수 없어 고전압 배터리에 저장한 후 전원 배터리의 충전 및 구동 모터에 전력을 공급하는 역할로 연료전지 스택의 서브 형태로 고전압 배터리가 적용되었다.

연료전지 스택에서 발생하는 직류전력의 전압은 약 400V 가까이 되고 구동 모터제어기인 인버터에 공급되는 전력도 직류 400V 이지만 구동 배터리인 고전압 배터리의 전압은 약 240V 정도 밖에 되지 않는다.

이는 고전압 배터리가 연료전지 스택의 서브 개념으로 굳이 많은 양의 배터리를 탑재하지 않아도 되기 때문에 마치 하이브리드 전기차에서 사용한 고전압 배터리가 엔진을 보조하기 위해 구동 모터를 작동한 것과 같이 수소 전기차에서도 고전압 배터리의 용량이 작은 것이다.

최근에 출시된 하이브리드 전기차에 12V 전원 배터리로 리튬 배터리가 적용되었지만 넥쏘차량은 첫 출시부터 리튬 배터리를 전원배터리로 적용되어 있어 고전압 배터리와 함께 트렁크 상단에 설치되어 BMS에 의해 관리되고 12V 전원 배터리 방전시 래치 릴레이가 작동해 배터리를 보호하고 리셋 버턴을 이용해 시동을 걸수 있는 것까지 모두 동일하다.

그림 1-58 일렉시티 FCEV 스택 룸

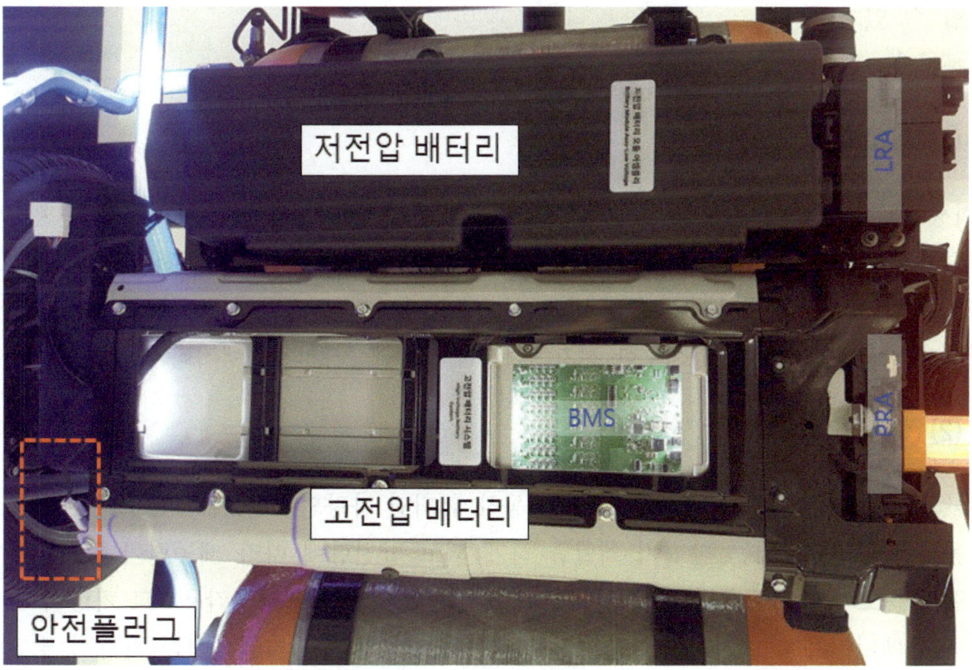


그림 1-59 넥쏘 배터리 구성

# 1.6 전기차의 브레이크

**학습목표**

- 전기차의 회생제동을 이해하고 설명할 수 있다.
- 전기차의 원 페달 드라이빙을 이해하고 설명할 수 있다.
- 전기차의 브레이크 장치를 이해하고 설명할 수 있다.
- 전기차의 AHB와 iBAU를 이해하고 설명할 수 있다.

## [1] 회생제동

전기자동차의 제동시스템 중 가장 중요한부분 중 하나가 회생제동 시스템(Regeneration Brake System)으로 전기자동차에서는 이 회생제동을 우선시 한다. 이는 에너지 효율을 높여 주행가능거리를 최대로 확보하기 위함인데 이러한 회생 제동에 의한 충전량은 차량의 속도에 따라 가감되며 가속 및 감속이 반복되는 시가지 주행시 가장 큰 연비효과를 누릴 수 있기
때문이다.

### (1) 개요

회생제동은 차량이 속도를 줄일 때 발생하는 운동 에너지를 전기에너지로 변환하여 회수하는 기능으로 하이브리드 전기차를 비론한 배터리 전기차와 수소전기차와 같은 모든 전기차는 회생제동기능을 통해 버려지는 운동에너지를 전기에너지 변환하여 고전압 배터리를 충전하고 이렇게 회수한 전기에너지를 이용해 차량의 주행거리를 늘릴 수 있다.

### (2) 작동원리

차량이 주행 중 속도를 줄이기 위해 제동하게 되면 차량의 바퀴가 구동모터를 역으로 구동하면서 구동모터는 발전기 역할을 하게 되고 발전량에 따라 제동력이 증가하면서 차량의 속도가 줄어들게 되는데 일반 차량에서는 브레이크의 마찰작용으로 차량이 달리던 운동에너지가 마찰에너지로 방출되면서 버려지지만 전기차들에서는 차량이 달리던 운동 에너지가 전기에너지로 변환되어 배터리에 저장하고 이렇게 저장된 에너지는 다시 차량의 주행에 사용하게 되어 에너지를 더욱 효율적으로 사용할 수 있다.

### (3) 회생제동의 장점

① 주행 거리 증가 : 회생제동을 통해 배터리를 충전하여 주행 거리를 늘릴 수 있습니다.
② 에너지 효율 향상 : 운동 에너지를 회수하여 에너지 효율을 향상시킬 수 있습니다.
③ 브레이크 마모 감소 : 회생제동을 사용하면 브레이크 사용량이 줄어들어 마모 감소
④ 환경 보호 : 에너지 효율향상으로 탄소 배출량 및 미세먼지 발생량 감소

### (4) 전기차 회생제동 특징

① 원 페달 드라이빙: 브레이크 페달을 밟지 않고 가속 페달만으로 속도 조절 가능
② 제동력 조절: 브레이크 페달과 회생제동 강도 조절 가능
③ 높은 회생 효율: 전자식 회생제동 사용으로 높은 효율 달성

### (5) 원 페달 드라이빙

원 페달 드라이빙은 가속 페달만 사용하여 차량의 속도를 조절하고 정지시키는 운진 방식으로 회생제동을 이용하여 브레이크 페달을 사용하지 않고 엑셀레이터 페달 하나만으로 차량의 속도를 조절을 가능하게 한다.

원 페달 드라이빙 작동 원리는 운전자가 가속 페달을 밟으면 구동모터가 작동하여 차량이 가속되는데, 가속 페달을 서서히 놓으면 구동모터의 속도가 줄어 들고 감속되면서 회생제동력이 발생하면서 이 회생제동력의 정도에 따라 차량의 속도가 줄어드는 정도가 커지고 엑셀레이터 페달을 완전히 놓으면 회생제동력이 최대가 되면서 차량이 정지하게 된다.

원 페달 드라이빙의 장점으로는 기존의 운전방식과 달리 브레이크 페달 사용 없이 속도를 조절할 수 있어 편리하고, 그에 따라 회생제동량이 많아져 이를 통해 고전압 배터리를 충전하는 전기에너지회수량이 증가하여 주행거리가 증가할 수 있다.

또 운동에너지를 더욱 많이 회수함으로써 에너지 효율이 향상되고, 브레이크 사용량이 현격히 감소하여 브레이크 패드의 마모가 감소해 브레이크 장치의 유지관리 비용이 절감된다.

모든 것이 좋은 점만 있을 수는 없듯 이 원 페달 드라이빙의 단점으로는 기존 차량의 운전습관에 익숙해져 있기기에 원 페달 기능을 숙달하는데, 다소 시간이 필요하기에 적응

시간이 필요하고 또 도로 상황에 따라 불편할 수 있는데 특히 빗길이나 미끄러운 도로에서는 주의가 필요하다.

원 페달 드라이빙이 익숙하지 않은 경우 급격한 속도 변화로 인해 동승자의 불편함이 발생할 수 있고 긴급한 상황에서 엑셀레이터 페달을 브레이크 페달로 오인해 급발진하는 일이 발생할 수 있는 가능성을 가지고 있어 충분히 숙지한 상태에서 이 기능을 사용해야 한다.

이러한 원 페달 드라이빙은 차량의 제조사에 따라 "i-페달", "e-페달" 등으로 부르기도 한다.

## [2] 전기차의 브레이크

### (1) 브레이크 장치의 개요

자동차 브레이크 장치는 운전자가 원하는 대로 차량 속도를 줄이거나 정지시키고, 정지 상태를 유지하는 역할을 수행하는 안전운전에 필수적인 요소이다.

- 감속 및 정지 : 운전자가 브레이크 페달을 밟으면 브레이크 장치가 작동하여 차량 속도를 줄이거나 정지시킨다.
- 정차 유지 : 정지된 차량이 움직이지 않도록 제동력을 유지한다.
- 방향 안정성 확보 : 제동 시 각 바퀴에 적절한 제동력을 분배하여 차량의 방향 안정성을 유지한다.

### (2) 브레이크 장치의 구성 요소

자동차 브레이크 장치는 크게 작동 방식에 따라 다음과 같이 분류된다.

① 기계식 브레이크 : 운전자의 발 또는 손에 힘을 이용하여 제동력을 발생시키는 방식으로 구조가 간단하지만 제동력 조절이 어렵고, 제동력이 크지 않아 현재는 주차 브레이크용을 제외하면 거의 사용되지 않는다.

② 유압식 브레이크 : 브레이크 오일을 매개체로 하여 운전자가 브레이크 페달을 밟는 힘을 증폭시켜 제동력을 발생시키는 방식으로 제동력 조절이 용이하고, 제동력을 크게 할 수 있어 대부분의 자동차에 사용되고 있다.

③ 유압식 브레이크의 주요 구성 요소

- 브레이크 페달 : 운전자가 밟아 제동력을 발생시키는 부품, 기계적 증대장치
- 마스터 실린더 : 운전자의 힘을 브레이크액의 압력으로 변환
- 브레이크 라인 : 마스터 실린더에서 각 바퀴의 브레이크 캘리퍼 또는 휠 실린더까지 브레이크액을 전달하는 파이프
- 휠 실린더 : 마스터 실린더로부터 브레이크액의 압력을 받아 브레이크 라이닝을 밀어 브레이크 드럼에  밀착시키는 장치
- 브레이크 캘리퍼 : 마스터 실린더로부터 브레이크액의 압력을 받아 브레이크 패드를 밀어 브레이크 디스크에 밀착시키는 장치
- 브레이크 패드 : 브레이크 캘리퍼의 압력을 받아 브레이크 디스크와 마찰되어 제동력을 발생시키는 부품
- 브레이크 디스크 : 브레이크 패드와 마찰되어 제동력을 만드는 부품
- 브레이크 라이닝 : 휠 실린더의 압력을 받아 브레이크 드럼과 마찰되어 제동력을 발생시기는 부품
- 브레이크 드럼 : 브레이크 라이닝과 마찰되어 재동력을 만드는 부품

### (3) 브레이크 장치의 작동 원리

유압식 브레이크의 작동 원리를 살펴보면, 운전자가 브레이크 페달을 밟으면 페달과 연결된  브레이크 마스터 실린더의 피스톤이 움직여 브레이크액의 압력을 높이고,  이렇게 발생된 높은 압력의 브레이크 액은 브레이크 라인을 통해 각 바퀴의 캘리퍼 또는 휠 실린더로 전달된다.

브레이크 액의 압력을 전달 받은 캘리퍼와 휠 실린더는 브레이크액의 압력에 의해 브레이크 패드와 브레이크 라이닝을 밀게 되고, 이때 브레이크 패드는 디스크에 밀착되어 마찰력을 발생시키고, 브레이크 라이닝은 브레이크 드럼에 밀착되어 마찰력이 발생한다. 이로 인해 차량이 움직이던 운동에너지가 마찰에너지로 버려지면서 차량의 속도가 감소한다.

운전자가 브레이크 페달을 놓으면 마스터 실린더의 피스톤이 원위치로 돌아가고, 브레이크 오일의 압력이 감소하여 브레이크 캘리퍼와 휠 실린더가 리턴되면서 브레이크 패드와 브레이크 라이닝이 각각 브레이크 디스크와 브레이크 드럼에서 멀어진다.

### (4) 브레이크 장치의 종류

브레이크 장치는 작동 방식 외에도 브레이크 패드와 마찰되는 부품의 형태에 따라 다음과 같이 분류된다.

① 디스크 브레이크

디스크와 브레이크 패드의 마찰력을 이용하여 제동력을 발생시키는 방식으로 제동력이 크고, 열 방출 효율이 높아 대부분의 자동차에 사용되고 있으며, 초기에는 전륜에만 적용되었으나 ABS와 같은 안전장치가 의무장착되면서 후륜에도 대부분 적용한고 있다.

② 드럼 브레이크

브레이크 드럼과 브레이크 라이닝(슈)의 마찰력을 이용하여 제동력을 발생시키는 방식으로 구조가 간단하고, 제작비용이 저렴하지만, 제동력이 디스크 브레이크에 비해 작고, 열 방출 효율이 낮아 적용차량이 줄어들고 있다.

그림 1-60 유압식 브레이크

### (5) 브레이크 장치의 유지 관리

안전 운전을 위해 브레이크 장치는 정기적으로 점검하고 유지 관리해야 하는데, 이는 기존의 내연기관 차량과 크게 다르지 않지만 전기차에서는 약간의 특징이 있다.

① 브레이크 패드

브레이크 패드는 마찰로 인해 점차 마모되므로, 정기적으로 마모 상태를 확인하고 교체해야 한다. 그러나 하이브리드 전기차를 비롯한 배터리 전기차와 수소전기차에서는 브레이크 패드의 마모가 쉽게 일어나지 않는 것을 알 수 있는데 이는 뒤에서 살펴볼 회생제동과 관련한 것으로 차량이 제동을 위해 유압만을 사용하지 않기 때문이다.

전기차들의 브레이크 패드는 차량의 구동축이 어느쪽인가에 따라 마모정도가 차이가 나는데, 구동 모터가 전륜에 설치된 코나EV나 니로EV 차량의 경우 전륜의 브레이크 패드 마모가 후륜의 브레이크 패드보다 마모가 상대적으로 적고, 아이오닉 5나 EV 6 차량 중 후륜구동 모델인 경우 후륜의 브레이크 패드 마모가 전륜의 브레이크 패드보다 마모가 상대적으로 적다.

결국 구동 모터의 위치에 따라 브레이크 패드의 마모가 더뎌지고 그만큼 **브레이크 패드의 마모가 잘 일어나지 않는다는 것**이다.

이는 브레이크장치에서 발생하는 분진의 발생이 그만큼 줄어드는 것으로 브레이크에서 발생하는 미세먼지와 초미세먼지가 줄어들어 브레이크 분진만으로 보면 내연기관차량에 비해 좀더 친환경적이라는 것이고 차량의 유지관리면에서는 브레이크 패드의 교환주기가 그만큼 길어져 **심한 경우 폐차시까지 브레이크 패드를 교환하지 않아도 된다**는 것이다.

② 브레이크액

브레이크액은 시간이 지남에 따라 성능이 저하되므로, 정기적으로 점검하고 교체해야 한다. 전기차들에서도 동일하게 적용되는데 브레이크의 잦은 사용 또는 가혹하게 사용하여도 내연기관차량의 브레이크액의 변화가 오는 것처럼 전기차들에서는 쉽게 변형되지않으나 시간이 지남에 따라 수분을 함유하는 등의 오염이 발생할 수 있어 전기차라도 정기적인 브레이크 액의 교환은 필요하다.

일부 전기차 중 **브레이크액이 다소 낮은 등급의 "DOT 3"가 적용된 차량도 있어**

안전을 위해서는 좀더 높은 등급의 브레이크액으로 교환하는 것도 좋은데 **대표적인 차량으로 테슬라 차량**들이 이에 해당한다.

## [2] 배력장치

자동차 브레이크 배력장치(Brake Booster)는 운전자가 브레이크 페달을 밟을 때 필요한 힘을 증폭시켜 더욱 안전하고 효율적인 제동을 가능하게 하는 장치로 크게 두 가지 유형으로 나눌 수 있다.

### (1) 진공 부스터

가솔린 또는 LPG 엔진 차량은 엔진의 흡입력을 이용하여 브레이크 장치에 사용할 진공을 형성하고 디젤엔진은 엔진의 흡입력으로 진공을 형성하기 어려워 별도의 기계식 진공펌프를 설치하여 진공을 형성한다. 그리고 포터EV 또는 벤츠 EQA 와 같은 배터리 전기차에서 기존의 진공부스터를 그대로 사용하기 위해 전동식 진공펌프를 설치한 차량도 있다.

운전자가 브레이크 페달을 밟는 힘을 브레이크 페달이 지렛대의 원리로 1차로 증가하면, 2차로 진공부스터가 그 힘을 더욱 증폭시켜 유압를 만드는 브레이크 마스터 실린더로 압력을 가하게 되는데 브레이크 페달은 기계적인 구조로 페달의 답력을 증폭하고, 이렇게 증폭된 힘을 추가로 진공부스터가 진공의 힘으로 더욱 증폭하여 유압을 발생하게 된다.

브레이크 장치는 엔진의 시동이 꺼진 상태에서도 2~3회 정도 답력이 유지되도록 되어 있어 법으로 규정하고 있어 진공을 이용하는 진공부스터가 설치된 차량은 시동이 꺼진 후에도 답력이 유지되도록 진공탱크와 체크밸브 등의 장치가 설치되어 있다.

엔진이 고성능화 되면 가솔린엔진에서도 흡기관에서 발생하는 진공도가 약해지는 경우가 발생할 수 있는데, 대표적인 것이 터보차저의 적용이다. 그래서 진공도가 부족해져 진공부스터에 가해지는 진공압력이 약해지는 것을 보완하기 위해 인텐시파이어(Intensifier)가 설치되어 있다.

인텐시파이어는 브레이크 부스터와 흡기 다기관 사이에 위치하며, 내부에 오리피스가 있어 브레이크 부스터 내 부압을 증압시킨다. 인텐시파이어 구조는 공기 공급원에 연결되는 에어 클리너 측의 in 입구와 부스터와 연결되는 흡입구, 엔진 측 서지탱크에 연결되는 배출구, in 입구와 배출구 사이에 형성되는 밴츄리부를 일체로, 흡입관과 브레이크 부스터 내부로의 역류를 방지하기 위한 체크 밸브로 구성되어 있다.

엔진의 시동이 걸리면 흡기 매니폴드의 부압으로 에어 필터로부터 유입되는 흡입공기와 함께 부스터 내의 부압이 발생된다. 이때 인텐시파이어를 통과하는 공기는 내부에 설치되어 있는 오리피스(Orifice)에 의해 압력은 낮아지고, 공기흐름 속도는 증대되어 엔진의 고부하  또는 터보차저의 과급시 진공부스터 진공도를 증대시켜 부족해질 수 있는 제동력을 확보할 수 있다.

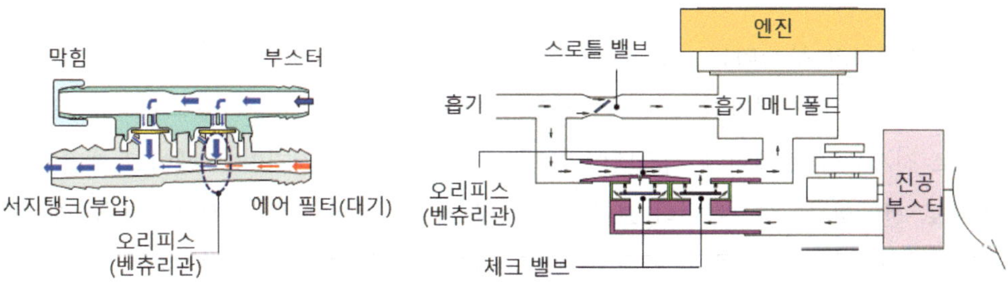


**그림 1-61 인텐시파이어 작동원리**

인텐시파이어는 베르누이 정리를 원리로 이용하는데, 베르누이의 정리는 유체의 속도에 따라 압력이 달라지는 현상으로 오리피스를 통과하는 공기는 관로가 좁아짐에 따라 압력이 낮아지고 속도가 빨라지는 원리를 적용한 장치이다.

### (2) 압축공기 부스터

압축공기식(compressed air type) 부스터는 압축공기와 대기압의 압력차를 이용하여 제동력을 증대시키는 장치로서 주로 대형 버스 및 트럭에 사용되고 있으며, 구성품으로는 공기 압축기와 공기탱크, 압력제어장치 등으로 구성되어 있다.

브레이크 페달을 밟으면 마스터실린더의 브레이크 오일이 하이드롤릭 실린더와 릴레이 밸브 피스톤에 작용하여 대기 밸브를 닫고 공기 밸브를 열어 동력 피스톤 뒤쪽에 공기가 유입됨과 동시에 반대쪽에 있는 공기는 대기 구멍으로 배출되고 동력 피스톤이 이동하여 하이드롤릭 피스톤을 밀어 배력 작용이 일어난다.

반대로 브레이크 페달을 놓으면 마스터실린더의 유압이 낮아지기 때문에 동력 피스톤의 리턴 스프링에 의해 제자리로 복귀된다. 이때 먼저 릴레이 밸브가 리턴 스프링에 의해 복귀되면서 공기 밸브를 닫고 대기 밸브를 열어 동력 피스톤 뒤쪽에 작용하였던 공기가 대기 중에 방출되어 동력 피스톤 양쪽에 대기압으로 평형이 되어 작동 전의 상태로 되돌아 가면서 배력작용은 해제된다.

이 방식은 전기차에 적용된 사례가 없어 여기까지만 알아보기로 한다.

### (3) 전자식 브레이크 부스터

전자식 브레이크 부스터는 "Sensotronic Brake Control" 줄여서 "SBC"라고 부르는 데 브레이크 장치를 전자식으로 작동하는 방식의 "Brake by Wire" 시스템으로 다른 표현으로 전자유압 브레이크 시스템이라고 도 한다. 이는 운전자가 브레이크 페달을 밟음을 힘으로 전달되는 것이 아니라 브레이크 페달에 설치된 센서로 운전자의 요구 제동력을 파악하고 제어기가 절절한 유압을 만들어 차량을 제동하는 것이다.

이는 운전자의 의지와 상관없이 브레이크 장치를 작동시킬 수 있는 시스템으로 차량 자세제어장치와 같이 바퀴의 편 제동 및 오토홀드와 같은 기능을 사용할 수 있으며 나아가 자율주행부분에서 긴급자동제동기능을 수행할 수 있다.

그림 1-62 W210 SBC

벤츠 E클래스 W210 차량에 적용되었으나 초기 모델에서 제동력이 감소하고 다양한 오류가 많이 발생하였다. 또한 페달의 작동횟수에 따른 소모성 주기가 설정되어있어 일정 시간 일정량 이상 브레이크 페달을 밟으면 SBC 제어기가 경고등을 표시하고 이후 차량운행이 되지 않는 세이프티 기능으로 인하여 많은 불편을 호소하기도 했다.

전기차의 브레이크는 회생제동기능이 추가되어 운전자의 요구제동력은 회생제동으로 발생하는 제동력을 제외한 유압제동력이 필요하고 이는 차량의 주행속도에 따라서 제동력을 다르게 해야한다. 그래서 운전자가 브레이크를 작동하여도 회생제동량에 따라 유압을 줄일 수 있는 전자식 브레이크 장치가 필요하고 이러한 작동을 회생제동 협동제어라고 한다.

제동력 배분은 유압 제동을 제어함으로써 배분되고, 전체 제동력(유압+회생)은 운전자가 요구하는 제동력이 된다. 고전압 배터리가 충분히 충전된 상태이거나 회생제동 시스템의 고장 등의 이유로 회생 제동이 되지 않으면, 운전자가 요구하는 전체 제동력은 유압 브레이크 시스템에 의해 공급된다.

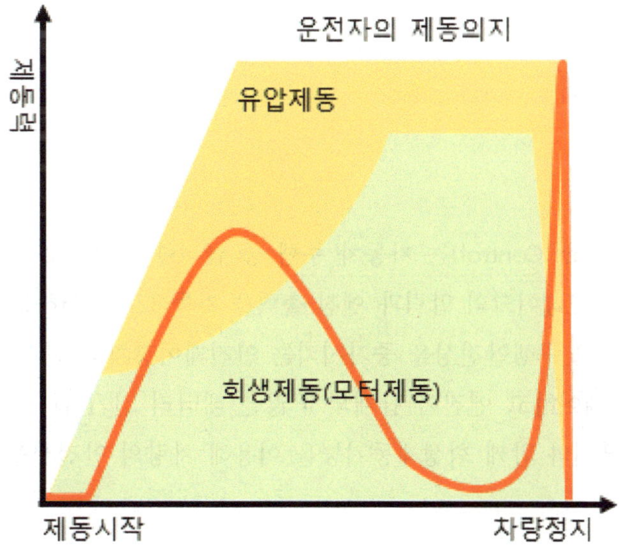


그림 1-63 회생제동 협동제어

회생제동의 강도에 따라 브레이크를 작동하지 않아도 차량의 속도가 확 줄어 버릴 수가 있는데 이로 인하여 뒤따르던 차량으로부터 추돌사고가 발생할 수 있어 이를 방지하기 위하여 회생제동시 브레이크를 밟지 않더라도 별도로 브레이크등을 점등시켜 뒤따르는 차량들에게 자차의 속도가 줄고 있다는 것을 알리는 기능을 포함한다.

이처럼 전기차에서는 회생제동기능을 함께 수행하기 위해 기존의 진공배력식 제동장치 대신 AHB(Adaptive Hydraulic Booster) 시스템과 iBU(Integrated Brake Unit) 시스템 등이 설치되어 차량 자세제어기능을 함께 수행한다.

### (4) 전자식 파킹 브레이크

EPB(Electronic Parking Brake)는 간단한 스위치 조작만으로 후륜 캘리퍼를 제어하여 주차제동을 할 수 있다. 또한 차량자세제어장치인 VDC와 연계하고, 신호대기 등으로 정차 시 자동 차량홀딩기능(AVH : Automatic Vehicle Hold)이 작동되어 차량밀림을 방지하며, 긴급한 상황에서 EPB 작동으로 제동안전성을 확보할 수 있도록 구성된 진보된 주차브레이크이다.

EPB는 배력장치로 구분할 수는 없지만 뒤에서 살펴볼 차량자세부분을 이해하기위해 여기서는 운전자의 조작력과 별개로 작동하는 부분의 이해를 위해 EPB의 개념만 간단히 알아본다.

## [4] 차량 자세제어

### (1) VDC

VDC(Vehicle Dynamic Control)는 자동차 주행 중 급격한 조작으로 인하여 차체가 노면에서 미끄러질 경우 브레이크의 압력과 엔진 출력을 자동으로 제어하는 장치로서, 차량의 쏠림 현상을 방지하고 주행안전성을 증가시키는 안전제어장치로 전기차에서는 구동모터의 출력을 추가고 제어하고 엔진이 탑재되지 않은 배터리 전기차나 수소전기차의 경우 구동모터의 출력 제어와 함께 회생제동기능을 이용해 차량의 안전서을 확보하는 시스템이다.

VDC는 차량의 의 사고를 예방하고 제동거리를 단축시키며 코너링향상과 같은 안전성을 향상시키고, 악천후 및 좋지 않은 도로상황에서 안전운전을 지원해 운전의 편의성을 증대시키며, 차량제어력을 향상시켜 궁극적으로 차량의 성능을 향상시큰 목적으로 사용된다.

VDC는 유압을 조절하는 HCU와 전자제어를 담당하는 ECU가 일체형으로 구성된 HECU와 조향각 센서, 휠 스피드 센서, 요 레이트 센서로 구성되어있다.

차량의 자세제어장치로 ABS(Anti-lock Brake System)를 가장 기본적으로 손 꼽을 수 있는데, ABS는 급제동 시 바퀴가 잠기는 것을 방지하는 시스템으로 제동력을 유지하면서 방향조절이 가능하게 하여 사고예방과 제동거리 단축 및 젖은 노면이나 눈길에서도 안전한 제동이 가능하게 하는 안전장치이다.

브레이크 장치에서 이 ABS를 시작으로 차량의 안전을 위한 장치가 변화하였는데, TCS (Traction Control System)는 차량 가속 시 바퀴가 미끄러지는 것을 방지하는 시스템으로 이 TCS가 추가되고 VDC 같은 차량자세제어장치가 ABS 기능을 포함해 차량을 더욱 안정적인 움직임이 가능하도록 기능이 확장되었다.

VDC는 지역별로 사용하는 명칭이 다소 차이가 있는데, 미국이나 캐나다 같은 북미권에서는 ESC(Electronic Stability Control)라는 명칭을 사용하고, 독일과 같은 유럽지역에서는 ESP (Electronic Stability Program)라는 명칭을 사용하지만 작동원리나 구성품은 동일하고 우리나라에서는 VDC를 기본적인 명칭으로 사용한다.

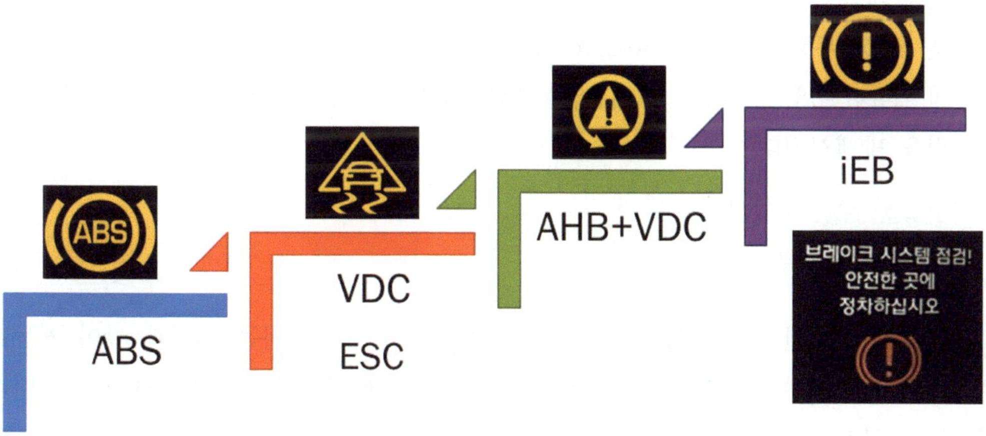


**그림 1-64 전기차 제동장치의 변천**

ABS와 VDC의 차이점을 간단하게 표현하면 ABS는 "Anti-lock" 이란 표현이 들어가는데, 이는 바퀴가 잠기지 않도록 브레이크의 유압을 해제하는 것이 ABS이고 VDC는 편제동과 같이 각 바퀴의 유압을 조절해 유압을 해제하는 기능을 넘어 별도의 유압을 가하여 차량을 안정적으로 움직이도록 하는 장치이다.

여기까지는 일반 내연기관 차량의 브레이크 장치의 제어장치이지만 전기차에는 이보다 더욱 많은 기능이 추가되었는데, 회생제동시 발생하는 구동모터의 제동력만큼 브레이크 장치에서 발생하는 제동력을 조절하여 실제 운전자가 요구하는 제동력은 같지만, 이때 발생하는 유압 브레이크의 양과 회생제동시 발생하는 제동력의 양을 합산한 제동력을 만들어 낸다.

이는 앞에서 살펴본 "그림1-63" 회생제동협동제어 부분을 보면 쉽게 이해할 수 있다.

### (2) AHB

전기차에서 진공부스터를 대신하여 유압을 증대시키는 장치로 AHB(Adaptive Hydraulic Booster)를 적용하는데, 전기차에서는 차량제동시 구동모터를 이용한 회생제동기능을 최대한 사용하도록 해 에너지 효율을 높이고 차량의 주행거리를 향상시켜야 한다.

그에 따라 회생제동력을 최대로 사용하기 위해서는 차량 제동시 기계식 유압장치의 작동을 줄이면서 회생제동력을 증대시키기 위해 유압을 별도 발생시키는 역할을 하는 장치로 전기차에서 진공부스터 대신에 적용한다.

이 진공 배력장치 대신 AHB를 적용한 시스템에서 iBAU(Integrated Brake Accumulation Unit)는 핵심 부품으로 PSU(Pressure Source Unit)에서 발생한 고압의 유압을 이용해 제동에 필요한 유압을 형성하고 이유압이 iBAU의제어에 의해 각 바퀴에 적절히 전달되어 제동력울 발생시킨다.

#### (가) PSU

고압의 유압을 만드는 장치로 진공배력장치로 유압을 증대하는 역학과 같이 제동시 유압을 약 180bar의 고압으로 발생시키고 내부 저장소에 저장해두고 iBAU의 신호에 따라 필요한 유압을 공급한다.

#### (나) iBAU

운전자의 제동의지에 따라 회생제동과 유압을 적절히 조절하고 구동모터 제어기인 MCU와 회생제동 협조제어를 통해 회생제동량에 따라 부족한 제동력을 유압으로 제어한고 운전자의 브레이크 페달작동에 따른 이질감을 줄이기위해 페달에 답력을 생성한다. 또 기존의 ABS와 TCS, VDC, HAC, AVH와 같은 다양한 기능을 함께 제공한다.

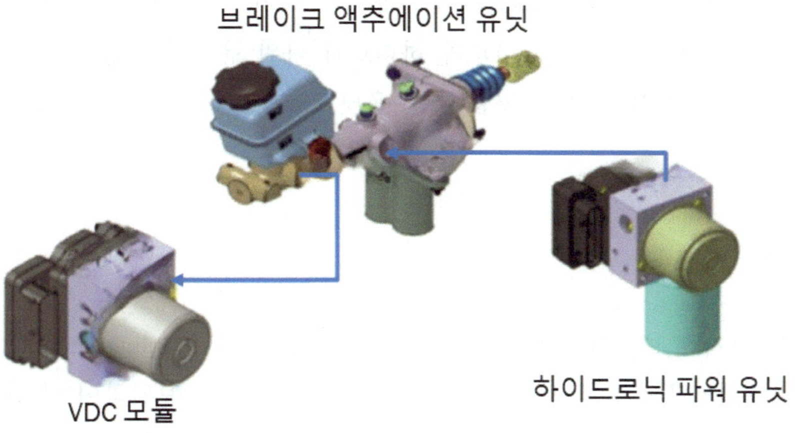


그림 1-65 YF 쏘나타 하이브리드 전기차의 AHB GEN 2 (출처 : 현대자동차 GSW)

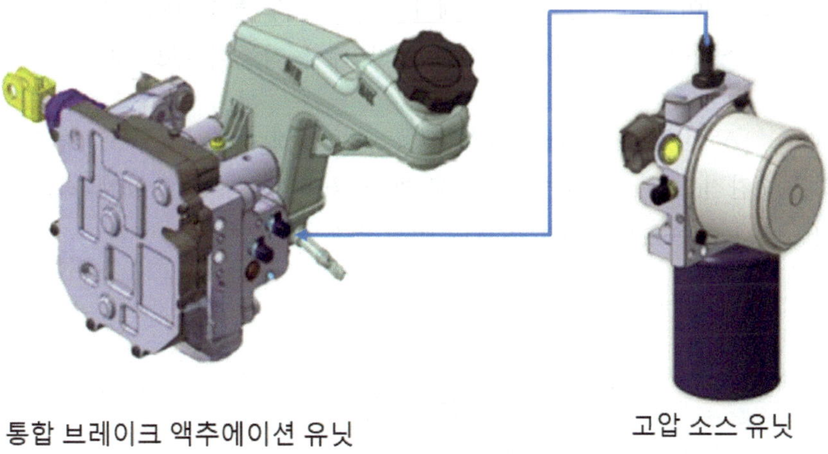


그림 1-66 아이이오닉 하이브리드 전기차의 AHB GEN 3
출처 : 현대자동차 GSW

초기형 AHB가 적용된 YF 쏘나타 하이브리드 전기차의 경우 "그림 1-65" 에서 보는 것과 같이 운전자의 제동의지를 받는 브레이크 액추에이션 유닛이 있고 부족한 유압을 더하거나 회생제동으로 인해 유압을 조절하는 하이드로닉 파워 유닛이 장착되어 있고 기존의 내연기관 차량과 마찬가지로 차량 자세제어장치인 VDC모듈이 각각 별개로 설치되어 있다.

초기형 AHB는 브레이크 답력이 약하게 느껴 운전자가 브레이크 페달을 밟는 힘이 작아도 페달이 깊게 내려가면서 급제동하는 경우가 많이 발생하였고 이러한 페달의 답력이 운전의 이질감을 느끼게 하였으나, 이후 통합형 브레이크 액추레이션 유닛인 iBU가 적용된 AHB 시스템에서는 iBU가 VDC와 하디로닉 파워 유닛의 역할을 동시에 수행하고 유압을 만드는 별도의 장치인 고압 소스 유닛 PSU를 이용해 고압의 유압을 공급받아 제어한다.

### (3) IEB

현존하는 마지막 브레이크 장치라고 부를 수 있는 "IEB"(Integrated Electric Brake), 통합형 브레이크 부스터는 기존 분리형 "AHB GEN 3"를 보완하여 더 가볍고 비용을 줄여 하나의 모듈로 구성된 시스템으로 기존 "AHB GEN 3"는 상시로 고압의 유압을 만들어두고 이 압력을 제동시에 공급하는 형태로 압력생성부인 "HSU"와 압력제어부인 "iBAU"가 구분되어 있었지만 "IEB"에서는 이를 모두 통합하여 하나로 만들어 두어 기존 분리형 시스템대비 압력제어 방식이 달라 페달 작동이 부드럽다.

기존 분리형 "AHB GEN 3"은 고압생성 및 충진 후에 공급하였지만 "iBAU"에서는 요구 압력을 순간적으로 생성하는 방식으로 제동 응답성능이 더욱 향상되고 승압속도는 초당 650bar에서 850bar/s로 빠르면서도 높아졌다.

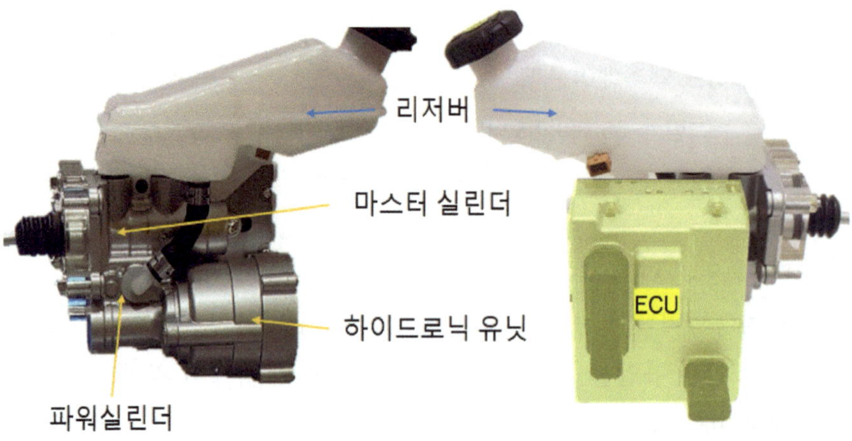


그림 1-67 통합형 브레이크 부스터 IEB

# 1.7 전기차의 냉·난방

**학습목표**

- 전기차의 냉방장치를 이해하고 설명할 수 있다.
- 전기차의 냉동오일을 이해하고 설명할 수 있다.
- 전기차의 PTC 난방을 이해하고 설명할 수 있다.
- 수소전기차의 난방장치를 이해하고 설명할 수 있다.

차량의 냉난방을 하나의 모듈로 제어하는데 이를 찰량 실내의 공기를 조화시키는 시스템 줄여서 공조시스템이라고 부르고 영어로는 "HVAC" 라고 하는데, 이는 "Heating", "Ventilation", "Air Conditioning" 의 각 앞 글자를 따 "HVAC" 라고 한다.

전기자동차에서 냉난방은 특별한 의미를 가지게 되는데 오히려 전기자동차에서는 사치라고 표현해도 될 만큼 중요한 것이 바로 주행가능거리에 치명적인 영향을 주기 때문이다.

우리나라의 경우 4계절이 분명한데 여름엔 에어컨이 필요하고 겨울엔 히터를 켜야 한다. 그래서 우리나라와 비슷한 환경에 있는 국가에서는 전기자동차를 사용함에 있어 큰 부담이 될 수 있는데 이는 많은 사람들이 가지고 있는 고정관념 때문일 것이다.

대부분의 사람들에게 물어보면 에어컨을 켜면 차가 기름을 많이 먹는다고 알듯 연비가 떨어진다는 것은 다들 아는 것인데 반대로 히터를 켜면 연비가 나빠진다고 하면 이해가 쉽게 되지 않는데 이는 엔진을 사용하는 자동차에 너무나도 익숙해져 있기 때문이다.

엔진을 사용하는 자동차에서 난방은 엔진에서 사용되고 버려지는 폐열을 이용하여 난방을 함으로써 별도의 에너지를 사용하지 않고 공짜로 난방을 하였기 때문으로 엔진의 도움없이 난방에 별도의 에너지를 사용하여 난방을 해야 하는 전기자동차에서 엄청난 부담이 될 수 밖에 없다.

난방에 대한 부담은 엔진이 없는 모든 자동차들의 부담으로 전기자동차 뿐만 아니라 연료전지 전기자동차 또한 마찬가지이며, 엔진이 장착되어 있지만 부담이 될 수 있는 것이 하이브리드 전기자동차가 된다.

난방에 대한 가장 큰 것이 전기자동차가 아닐까 싶은데 이유는 다른 종류의 자동차들은 자동차를 구동하는 에너지원을 충전하는데 있어 시간을 많이 소요하지 않지만 전기자동차의 경우 급속충전을 한다고 하더라고 제법 많은 시간이 소요되므로 부담이 클 수 밖에 없다.

냉방과 마찬가지로 난방에도 많은 에너지가 소모되는데 가정의 난방비를 생각해보면 쉽게 이해가 될 것이다. 모두 돈으로 비교하는 이유는 난방의 경우 난로를 사용하거나 보일러의 경우도 석유나 경유 또는 CNG, LPG 등으로 난방으로 사용할 수 있는 에너지원이 다양하기 때문에 결국 비용으로 비교해야 하는데, 일반적으로 냉방을 위해 사용한 전기요금보다 난방에 사용한 비용이 더욱 크기 때문이다.

전기자동차의 난방은 크게 전열기 즉 "PTC" 소자를 이용한 열을 얻는 방법과 최근에 출시되고 있는 전기자동차에 적용되어 있는 히트펌프 방식이 있다.

CRDI 엔진에서도 엔진에서 초기 시동시 상대적으로 부족한 열원을 보충하기 위하여 "PTC"를 이용하기에 그다지 낯설지는 않지만 히트펌프의 경우 전기자동차에 특화된 장치라고 할 수 있다.

또한 전기자동차에 에어컨 또한 특이한 부분이 있는데 바로 에어컨 콤프레셔의 구동을 별도의 전용 펌프를 이용하여 구동한다는 것이지만 그 외의 부분은 크게 차이가 없어 전동식 콤프레셔만 이해한다면 쉽게 접근할 수 있다.

여기서는 일반적인 내연기관차량에서 "HVAC" 와 다른 부분을 자세히 알아보기 위해 냉방장치와 난방장치로 구분해서 살펴보겠다.

## [1] 전기차의 냉방장치

냉방장치에 대한 이해를 위해서는 열과 열전달 그리고 온도와 습도 또 압력과 열량 등의 기초지식이 필요하다. 그러나 이러한 기초지식은 본서에서는 배제하고 냉방사이클과 전동식 에어컨 콤프레셔 위주로 살펴보겠다.

### (1) 냉방사이클

#### (가) TXV (Thermal expansion valve) type

**압축기 → 응축기 → 리시버드라이어 → 팽창밸브 → 증발기→ 압축기**

TXV방식의 냉방장치는 팽창밸브 방식이라고도 부르는 냉동사이클로 자동차에서는 냉동이 아닌 냉방으로 사용하기에 냉방사이클로 이해하면 되는데, 냉각라인의 구성품 중에서 특이 점이 팽창밸브에서 냉매의 교축작용이 이루어지며, 팽창밸브를 지나는 냉매의 압력이 급격히 저하되고 이때 발생하는 기압차로 인하여 냉매는 냉각이 되고, 이 냉매가 증발기(에바포레이터)를 통하여 블로워 모터를 통하여 공급된 공기와 열교환 작용을 통하여 냉방작용을 하며, 여기서 팽창밸브의 원리는 베르누이의 정의와 줄톰슨 효과를 이용한 방식이다.

또 리시버 드라이어는 고압 라인에 장착되어 냉매의 수분 및 불순물을 걸러주고 냉매의 맥동을 흡수하고 또한 듀얼 및 트리플 압력스위치가 장착되어 냉매 압력에 따라 압축기의 작동을 제어하도록 되어있다.

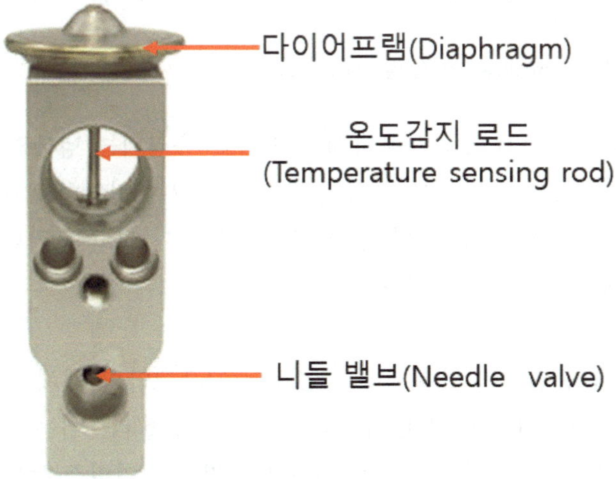


그림 1-68 평창밸브의 구조

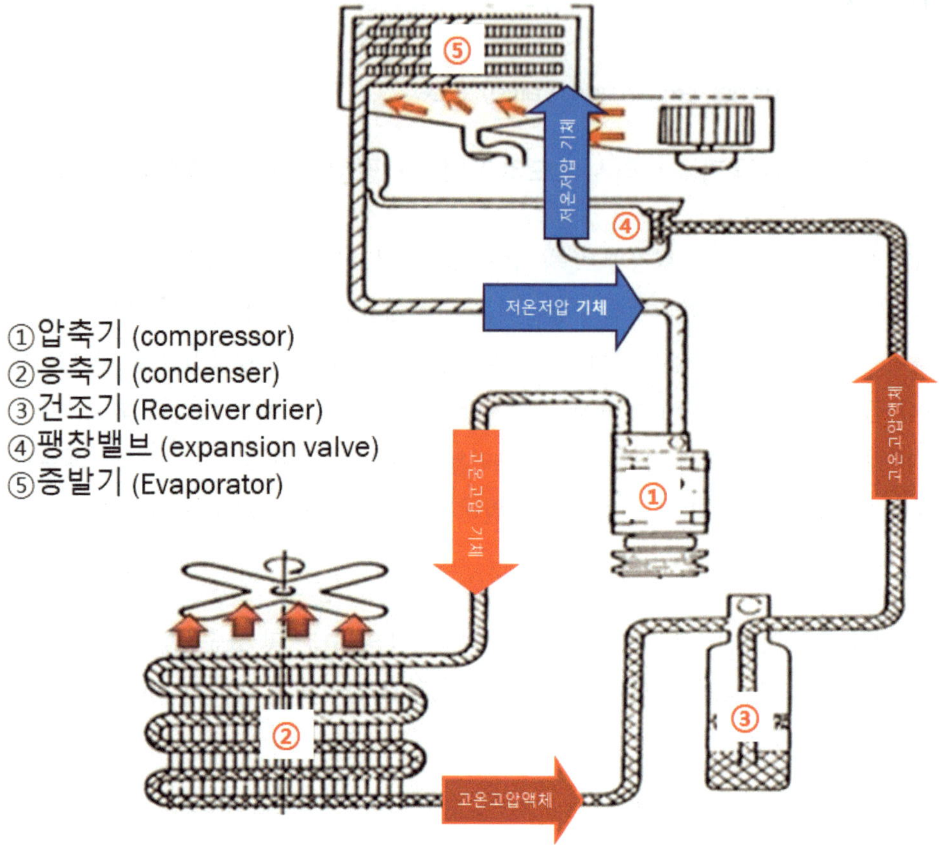


그림 1-69 팽창밸브 방식(TXV)의 냉동사이클

### (나) CCOT(Clutch cycling orifice tube)type

팽창밸브 대신 오리피스 튜브를 사용하여 증발기로 유입되는 냉매의 유량을 조절하는 냉방사이클인 CCOT, 오리피스 튜브 방식은 구조가 비교적 잔단하고 유지비용이 저렴한데 반해 냉방성능이 우수하다 단 냉방 성능 변동 가능성이 크고 오리피스로 인한 시스템 소음이 발생하는 단점을 가지고 있다.

오리피스 방식의 작동원리는 압축기에서 압축된 고온고압의 액체 냉매가 오리피스를 통하면서 저압으로 변화되는데 이때 기체와 액체가 공존한다. 이는 오리피스 튜븜만의 특징으로 팽창밸브를 지나는 냉매는 모두 기체화 되지만 오리피스 튜브를 지나는 냉매는 모두 기화하지 못한다. 그래서 오리피스 튜브방식이 효율이 조금 떨어진다고 볼 수 있는데, 이는 냉방사이클에서 나타나는 특징으로 이를 난방용으로 사용하는 히트펌프의 경우 오리피스 튜브 방식을 적용할 수 밖에 없다.

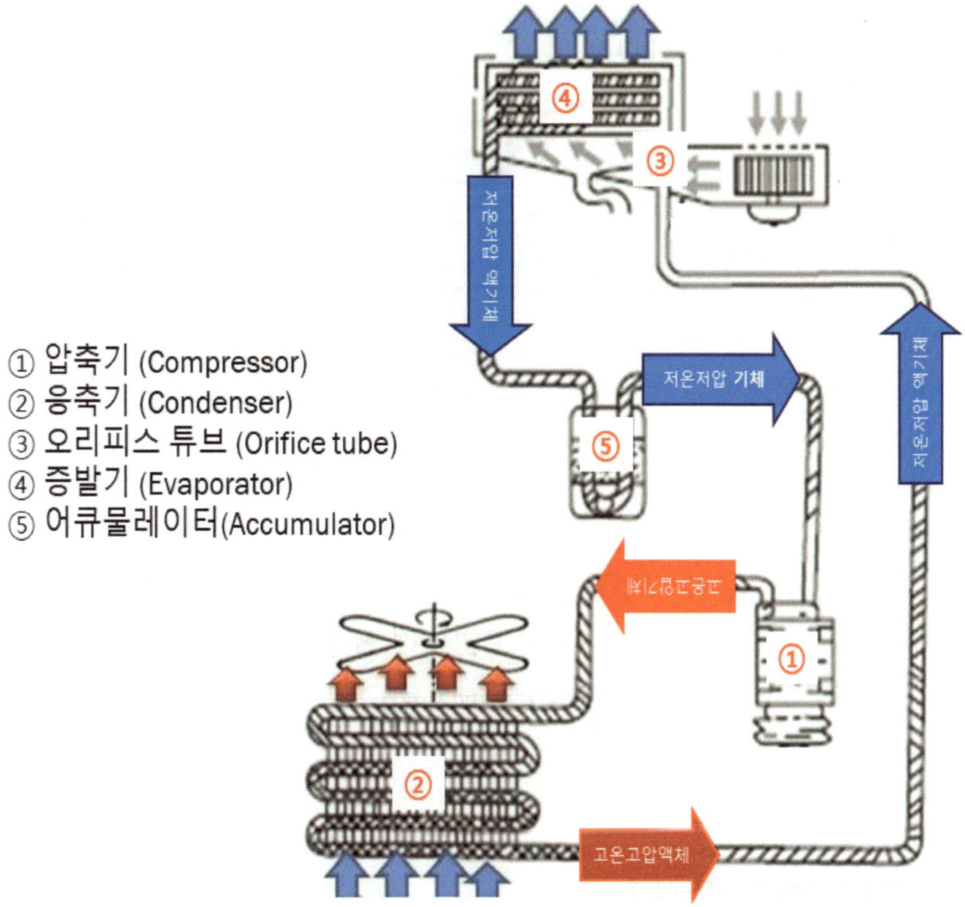


**그림 1-70 오리피스 방식의 냉동사이클**

오리피스라고도 불리는 앵글 형 팽창밸브(Angle type Expansion valve)는 그 형상이 블록 형과 달리 복잡한 형태를 가지고 있다. Expansion valve의 본체에는 다이어프램(Diaphragm)과 볼 밸브(Ball valve), 스프링, 감온통, 균압관 등으로 구성되어 있으며, 앵글 형은 다시 두 가지로 구분이 되는데, 그 형식은 내부 균압식과 외부 균압식으로 나뉘게 된다.

내연기관 차량의 경우 대략 "쏘나타3" 까지 에어컨 시스템에 오리피스 방식이 사용되고 이후 패창밸브 방식으로 변경되었으나 히트펌프가 적용된 전기차에서는 냉방라인에 팽창밸브와 오리피스 튜브가 동식에 설치되어 있다.

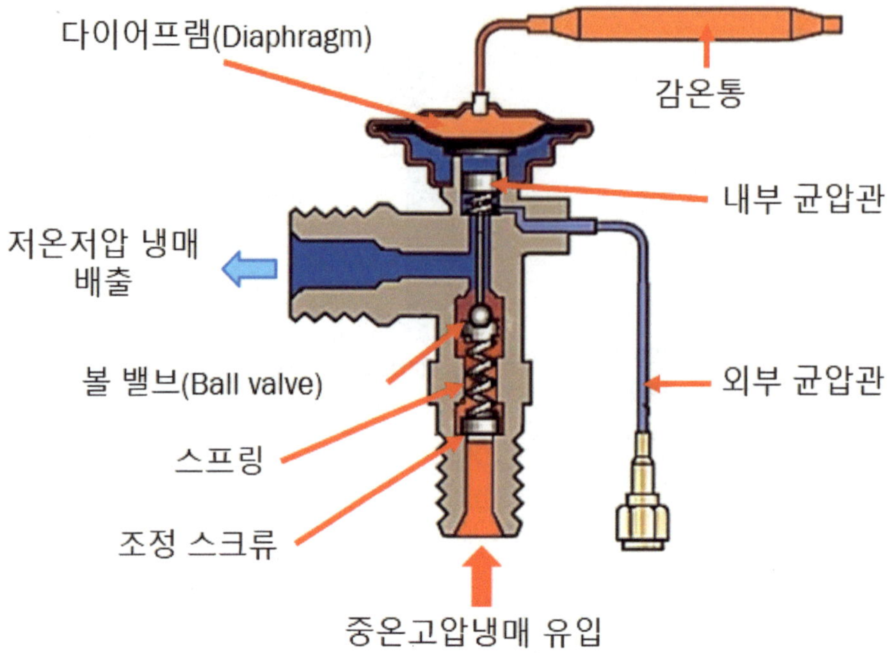


그림 1-71 오리피스 튜브 구조

### (2) 전동식 에어컨 콤프레셔

내연기관만을 동력원으로 사용하는 자동차에서는 앤진의 동력을 이용해 에어컨 콤프레셔를 작동하지만 하이브리드 전기차와 배터리 전기차 그리고 수소전기차는 엔진의 동력이 아닌 별도의 모터로 에어컨 콤프레셔를 구동시켜 냉방장치를 작동시킨다. 이점에 있어 특히 **하이브리드 전기차에 엔진이 탑재되어 있어도 에어컨 콤프레셔를 구동하는 것은 별도의 모터이다**.

에어컨 콤프레셔는 냉방장치의 냉매를 순환시키는 장치로 대부분의 전기차들이 고전압 배터리의 전력을 이용해 구동하여 냉매를 순환시키는데, 에어컨 콤프레셔 내부에 고전압 배터리의 직류전력을 교류전력으로 변환시키는 인버터가 설치되어 있고, 콤프레셔를 구동하는 모터부분이 냉매순환을 위한 펌프부분을 구동하는 형태로 모터는 효율을 높이기 위해 3상 교류모터가 적용되어 있다.

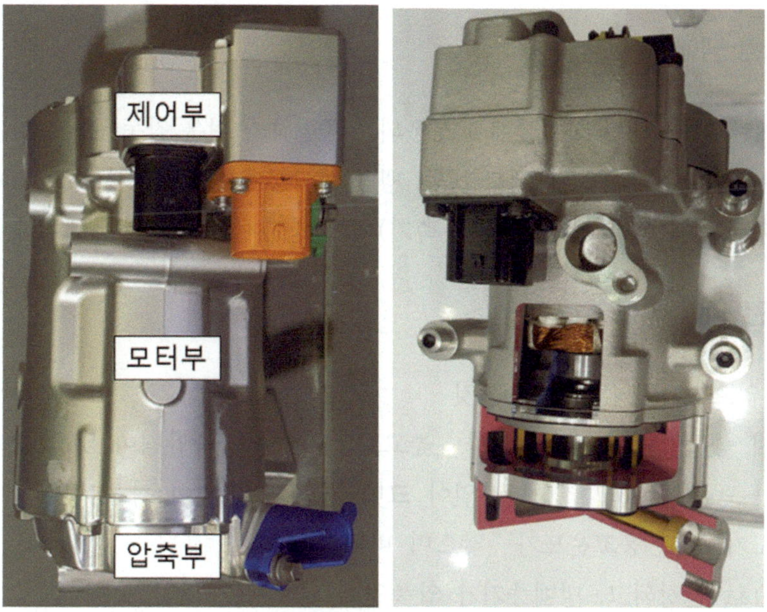


**그림 1-72 전동식 에어컨 콤프레셔의 구성**

### ① 압축부

구동 샤프트가 편심된 드라이빙 부싱에 동력을 전달하고, 선회스크롤이 편심 선회운동을 하여 고정스크롤과 순차적으로 냉매를 압축 후, 고정스크롤 중앙부에 위치한 토출구로 고압의 냉매를 토출한다.

### ② 모터부

스테이터에 생성된 자기장과 로터의 영구자석 자기장 사이에 발생하는 토크를 이용하여 샤프트에 회전동력을 전달한다

### ③ 제어부

차량에서 인가된 직류전원을 요구되는 가변전압 및 가변주파수의 교류전원으로 변환시켜 모터의 회전속도를 제어한다.

전동 콤프레셔에 사용되는 사양 중에서 히트 펌프를 사용하는 경우가 있는데 시스템의 적용여부에 따라 냉매의 양이 달라지는데 예를 들어 AE EV의 경우 히트 펌프가 적용되는 냉매의 양이 900g 이 들어가지만 히트 펌프가 적용되지 않은 차량의 일반 승용차와 비슷한 550g의 냉매가 사용이 되는 것으로 이는 냉매의 순환라인이 길어지면서 복잡한데 그에 따라서 냉매의 양도 많이 필요하게 된다.

### (3) 에어컨 냉매

자동차냉매란 냉동, 냉방 사이클에서 사용되는 증발하기 쉬운 작동유체로 저온부의 열을 빼앗아 고온부에 운반해주는 매체로 냉동, 냉방 사이클에서는 저온부(증발부)에서 증발할 때 주위로부터 흡수한 열을 고온부(응축기)에서 방출시키는 작동유체이다.

**※ 에어컨 냉매의 필요 조건**

① 독성이 없으며, 부식성이 없을 것
② 저온에서 증발압력이 대기압보다 높고, 상온에서 응축압력이 낮을 것
③ 소비되는 동력이 적고, 증발잠열이 크며, 액체의 비열이 작을 것
④ 임계온도가 높고 응고온도가 낮으며 비체적이 작을 것
⑤ 화학적으로 안정되고, 냉매증기가 압축열에 의해 분해되지 않을 것
⑥ 액상 및 기상의 점도는 낮고, 열전도도는 높을 것
⑦ 냉동유와 잘 혼합되고, 분리 또한 잘 되며 냉동유를 열화 시키지 않을 것
⑧ 전기 저항이 크고 절연파괴를 일으키지 않을 것
⑨ 가격이 저렴하고 운반과 구입이 용이 할 것
⑩ **오존층 파괴와 지구 온난화에 영향을 주지 않을 것**

#### (가) R-134a

"R-134a" 는 수소를 포함한 불화탄소계 냉매로 "R-12" 의 사용이 금지되며서 흔히 신 냉매라고 부르던 냉매로 구 냉매라 부르던 "R-12" 의 사용에 따른 지구 환경문제가 심각하게 거론되자 이에 대한 대체 물질로 탄생된 것이다. 하지만 이 또한 환경에 완전히 무해한 것은 아니기 때문에 대기로 방출시 지구 온난화에 영향을 주므로 사용에 주의해야 한다.

냉방사이클에 사용되는 물질은 구 냉매와 유사한 성질을 가져야 가장 좋은 냉매의 조건을 갖추게 되는데, 신 냉매는 오랜 연구 끝에 구 냉매에 수소를 첨가하여 오존과 반응해 생성되는 염소를 없애고 오존층을 파괴하지 않는 물질로 개발되었다.

"R-134a" 는 오존 파괴 지수 ODP(Ozone Depletion Potential)는 거의 없지만 지구

온난화 지수 GWP(Global Warming Potential)가 1,430으로 아주 높아 교토협약에 의해 규제 대상 냉매로 선정되어 2017년부터 단계적으로, 유럽 연합 (EU)에서 사용이 금지된 냉매로 2030년 후 부터는 사용이 불가능 하다.

### (나) R-1234yf

"R-1234yf" 냉매는 교토 협약에 의해 지구 온난화 지수가 높은 "HFC" 도 추가로 규제되면서 "R-134a" 의 대체로 개발된 냉매이다. "R-1234yf" 약 가연성(A2L Level)이며, 냉동유로 광유(Mineral Oil) 계열과는 적합하지 않아 "PAG" 계열의 오일을 사용한다.

냉장고용이나 자동차 에어컨용으로 사용되나 현재 생산량이 적어 고가이나, 오존층 파괴지수 "ODP" 가 없고, 지구온난화지수 "GWP" 가 "4" 이하로 매우 낮아 환경친화적이긴 하나 독성에 관한 안전은 아직 검증되지 않았다.

2017년부터 "R-134a" 의 사용이 금지되고, 대체 냉매가스로 주목 받고 있는 'HFO-R1234yf' 는 현재 대부분의 자동차용 에어컨 냉매가스로 널리 사용되고 있는데, 자동차 제조사 및 부품공급업체에서는 새로운 대체 냉매 개발 및 표준화가 논의 되던 중 미국의 듀폰과 하니웰사가 개발한 "HFO-R1234yf" 가 새로운 대체 냉매로 각광받고 있디.

"HFO-R1234yf" 는 지구온난화 지수가 "4" 에 불과하며 GM이 세계 최초로 양산차에 적용을 하였는데 이미 전세계적으로 대부분의 자동차에 사용되고 있다. 한국지엠에서도 2017년1월 부터 생산되는 스파크, 아베오, 트랙스 등의 차량에 적용을 하여 생산하고 있다.

### (다) 냉동오일

냉동오일은 압축기의 윤활 및 마찰을 감소시키고 냉매와 함께 순환하여 시스템 내부 부품에서 발생된 이물질을 이송시켜 리시버 드라이어에 포함된 필터로 여과되도록하는 역할로 압축기 내부 부품의 부식방지와 냉매 회전효율을 향상시키는 목적으로 주입되어 있다.

### (가) 냉동오일 종류

① POE (Polyolester Oil)

가장 일반적으로 사용되는 냉동오일로 "HFC" 계 냉매에 사용

- 장점: 높은 안정성, 윤활성 및 냉각성, 대부분의 냉매와 호환
- 단점: 습기에 취약, 가격 비쌈

② PAG (Polyalkylene Glycol)

POE 대체 냉동오일로 주로 R-134a 자동차 에어컨 시스템에 사용되는 합성오일

- 장점: 습기에 강함, POE보다 저렴
- 단점: 일부 냉매와 호환되지 않음

③ PVE (Polyvinyl Ether)

POE 오일의 대안으로 사용되는 합성오일특수 냉매에 사용되는 냉동오일

- 장점: 특정 냉매와 높은 호환성
- 단점: 다른 냉동오일과 호환되지 않음

### (나) 전기차의 냉동오일

전기차량에 사용하는 냉동오일은 절연성능이 높음 "PVE" 오일을 사용하여야 하며 일반 "PAG" 오일이나 "POE" 오일과도 혼합되어서는 안된다. 이는 윤활성에 문제가 아니라 누유 또는 누액으로 인하여 고전압의 전력을 사용하는 전기차의 에어컨 콤프레셔에서 누전이 발생할 수 있기 때문에 전기절연 냉동오일을 사용해야 한다.

특히 "PAG" 오일은 콤프려셔의 압축과정에 수분이 발새할 수 있어 하이브리드 전기차와 배터리 전기차 그리고 수소전기차에 사용하는 고전압 전력으로 구동되는 전동식 에어컨 콤프레셔의 인버터로 수분이 유입되어 절연파괴를 일으킬 수 있어 수분이 발생되지 않는 절연오일을 사용해야 한다.

그래서 **전기차의 냉동오일은 냉매의 차이점 만큼 냉동오을 별도로 사용해야 한다는 것이 가장 중요한 부분이 되겠다.**

## [2] 전기차의 난방장치

전기차의 난방은 냉방에 비해 중요한 부분으로 엔진만 탑재된 내연기관 차량에서는 엔진에서 발생하는 부수적인 에너지원인 열을 이용해 난방을 함으로써 비교적 간단한 구조를 가지고 있었지만 열원이 부족한 전기차들에서 특히 배터리 전기차에서는 많은 에너지를 소모하는 장치로 겨울철 배터리 효율저하로 짧아진 주행거리에 난방을 위해 배터리의 전력을 사용함으로써 더욱 주행거리가 짧아질 수 있다.

### (1) 엔진

전기차들 중 유일하게 엔진이 탑재된 차량은 하이브리드 전기차로 일반 내연기관 차량의 난방방식인 히터코어가 적용되어 있다. 그러나 내연기관 차량에서는 엔진의 가동시간이 충분하기에 엔진의 냉각수를 이용한 난방이 가능하지만 하이브리드 전기차에서는 차량 운행 중 엔진의 회전이 멈추고 이 때 난방을 위한 냉각수가 히터코어로 유입되지 않아 차가운 바람이 토출될 수 있다.

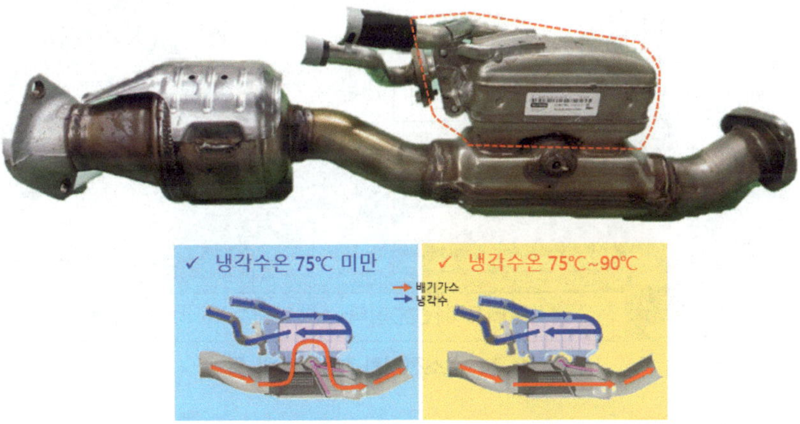


**그림 1-73 하이브리드 전기차의 배기열 회수 장치**

그래서 엔진이 정지된 상태에서도 냉각수를 실내 히터코어로 공급할 수 있는 전동식 워터펌프를 추가하여 실내난방을 위해 구동하고 또 엔진의 냉각수가 빠르게 가열될 수 있도록 "그림 1-73" 과 같이 배기열 회수장치를 설치하여 엔진에서 배출되는 배기가스가 냉각수를 추가로 가열해 엔진의 워밍업을 빠르게 하여 연비를 향상시키고 이렇게 데워진 냉각수를 이용해 난방에도 사용한다.

하이브리드 전기차에 적용된 배기열 회수장치는 냉각수의 온도가 75℃ 미만일 때 엔진의 배기가스가 냉각수 통로로 보내져 뜨거운 배기가스의 열이 차가운 냉각수를 가열할 수 있도록 배기열 회수장치에 설치된 밸브가 배기통로를 변경하고 냉각수 온도가 75~90℃인 경우 배기개스가 냉각수 통로로 들어오지 못하고 바로 배기관으로 배출되도록 왁스밸브 형태의 바이패스 밸브가 열리게 되며, 90℃이상이 되면 완전개방 되는 방식으로 작동한다.

### (2) 연료전지

수소전기차의 난방장치는 내연기관 차량의 히터코어 방식과 동일한 방식의 난방시스템을 적용하고 있지만 사용하는 열원은 엔진이 아닌 연료전지 스택으로 연료전지 스택에서 발생하는 열을 냉각시키는 스택 냉각수를 실내 히터코어로 보내 난방을 한다.

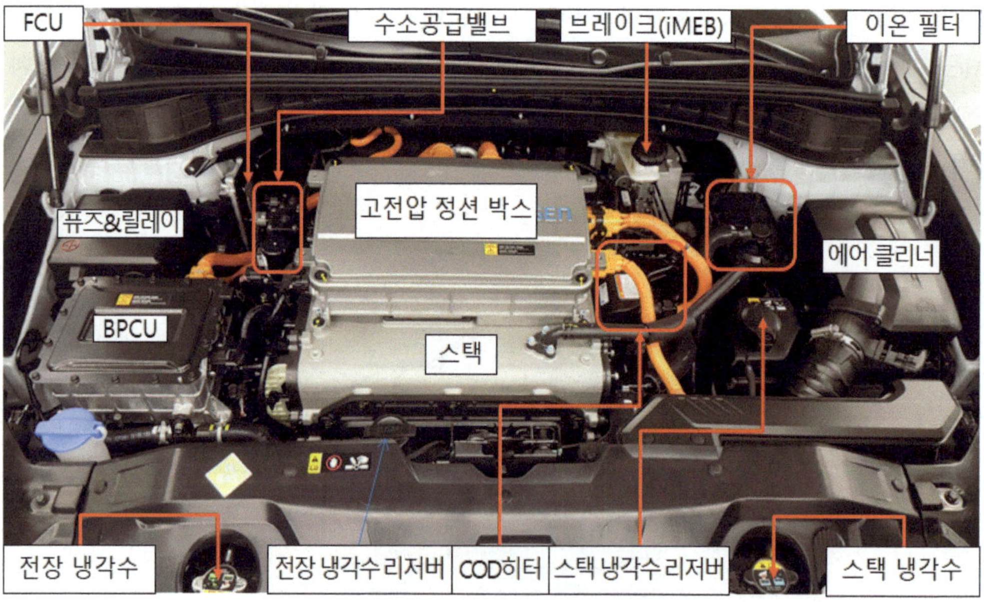


그림 1-74 수소전기차 넥쏘 스택 룸

### (3) PTC 히터

"PTC" 히터는 "PTC" (Positive Temperature Coefficient) 소재를 사용하는 히터로 "PTC"의 온도가 상승할수록 저항이 증가하는 세라믹 소재를 활용한 난방 장치이다. 차량에 따라 차이가 있으나 주로 열원이 부족한 차량의 난방용으로 적용되었다.

### (가) 적용차량

내연기관 차량에서는 주로 커먼레일 디젤엔진이 탑재된 차량에서 초기 시동시 엔진에서 발생되는 열이 부족해 난방 보조용도로 사용되는데 차량의 전원전압인 12V를 사용하는 "PTC" 히터가 적용되어 있다.

하이브리드 전기차와 배터리 전기차와 수소전기차와 같은 전기차들에도 "PTC" 히터가 적용되어 있는데, 하이브리드 전기차는 내연기관 차량과 같이 12V 전력을 사용하는 "PTC" 히터가 적용되어 있고 배터리 전기차와 수소전기차에는 고전압 배터리의 전력을 직접사용하는 "PTC" 히터가 적용되어 있다.

### (나) 작동원리

"PTC" 소재는 온도가 높아질수록 전류 흐름을 제한하여 과열을 방지하며, 안정적인 난방 성능을 유지할 수 있다. "PTC" 히터에 전력이 공급되면 "PTC" 소재가 가열되고, 가열된 "PTC" 히터로 블로워가 송풍하면 주변 공기를 데워 실내로 배출한다. 또 외부 온도 변회에 따라 자동으로 선력 조절 기능을 갖추고 있어 에너지 효율성이 높다.

#### ① 전기차 "PTC" 히터의 장점

- 안전성이 높다. 과열 위험이 낮아 화재 발생 가능성이 낮다.
- 효율성이 높다. 외부 온도 변화에 따라 전력 조절 기능으로 에너지 효율성이 높다.
- 신속한 작동. 빠른 가열 속도로 쾌적한 실내 온도를 유지
- 소형화. 공간 활용도가 높아 차량 내 설치에 용이
- 친환경. 유해 물질 배출 없이 친환경적인 난방 방식이다.

#### ② 전기차 "PTC" 히터의 단점

- 다른 난방 방식에 비해 가격이 비싸다.
- 배터리 소모과다. 높은 전력 소비로 배터리 사용량 증가로 주행 거리가 감소한다.
- 극저온에서 효율 저하. 영하의 온도 환경에서는 난방 성능이 부족할 수 있다.

그림 1-75 레이EV에 적용된 PTC 히터

### (4) 히트 펌프

히트 펌프방식은 냉방을 위해 사용되던 냉매의 흐름을 전환하여 냉방, 난방이 가능하게 하는 시스템으로 난방 시 전기에너지의 소모를 최소화하여 전기자동차의 주행거리를 향상시키기 위함이다. 즉 PTC가 소모하는 전력이 더 많아 이와 같은 방법으로 난방을 하게 된다.

#### (가) 히트 펌프 난방

① 실외 콘덴서 - 액체 상태의 냉매를 증발시켜 저온저압의 가스 냉매로 만듬.
② 3상 솔레노이드 밸브 #2 - 히트 펌프 작동 시 냉매의 방향을 칠러로 방향전환.
③ 칠러 - 저온 저압 가스 냉매를 모터의 폐열을 이용하여 2차 열교환 진행.
④ 어큐뮬레이터 - 콤프레셔로 기체 냉매만 유입될 수 있게 냉매의 기체/ 액체를 분리.
⑤ 전동 컴프레서 - 전동 모터로 구동 되어지며 저온 저압 가스 냉매를 고온 고압 가스로

만들어 실내 콘덴서로 보냄.

⑥ 실내 콘덴서 - 고온 고압 가스 냉매를 응축 시켜 고온 고압의 액상 냉매로 만듬.

⑦ 2상 솔레노이드 밸브#1 - 냉매를 급속 팽창시켜 저온 저압 액상 냉매로 변환.

⑧ 2상 솔레노이드 밸브#2 - 난방 시 제습모드를 사용할 경우 냉매를 에바퍼레이터로 보냄.

⑨ 3상 솔레노이드 밸브#1 - 실외 컨덴서에 착상이 감지되면 냉매를 칠러로 바이패스.

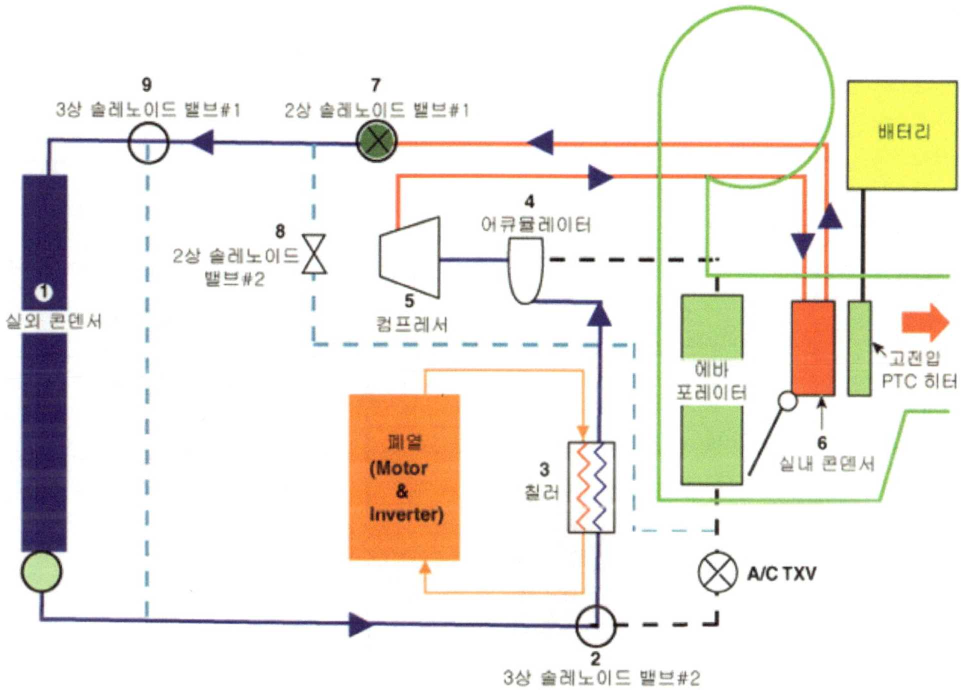


그림 1-76 히트펌프 난방 개요(출처 : 현대자동차 GSW)

### (나) 히트 펌프 냉방

① 실외 콘덴서 - 고온 고압가스 냉매를 응축시켜 고온 고압의 액상 냉매로 만듬.

② 3상 솔레노이드 밸브 #2 - 에어컨 작동 시 냉매의 방향을 팽창밸브 쪽으로 흐르게 만듦.

③ 팽창밸브 - 냉매를 급속 팽창시켜 저온 저압 기체로 변환.

④ 에바포레이터 - 안개 상태의 냉매가 기체로 변하는 동안 블로어 팬의 작동으로 에바포레이터 핀을 통과하는 공기 중의 열 흡수.

⑤ 어큐뮬레이터 - 콤프레서로 기체 냉매만 유입될 수 있도록 냉매의 기체와 액체를 분리.
⑥ 전동식 콤프레서 - 전기 모터로 구동되어 저온 저압가스 냉매를 고온 고압가스로 만들어 실내 컨덴서로 송출.
⑦ 실내 컨덴서 - 고온 고압 가스 냉매를 응축 시켜 고온 고압의 액상 냉매로 만듬.
⑧ 2상 솔레노이드 밸브 #1 - 에어컨 작동 시 팽창시키지 않고 순환하게 만듬.
⑨ 2상 솔레노이드 밸브 #2 – 에바포레이터로 냉매 유입을 막음.
⑩ 3상 솔레노이드 밸브 #1 - 실외 컨덴서로 냉매를 순환하게 만듬.

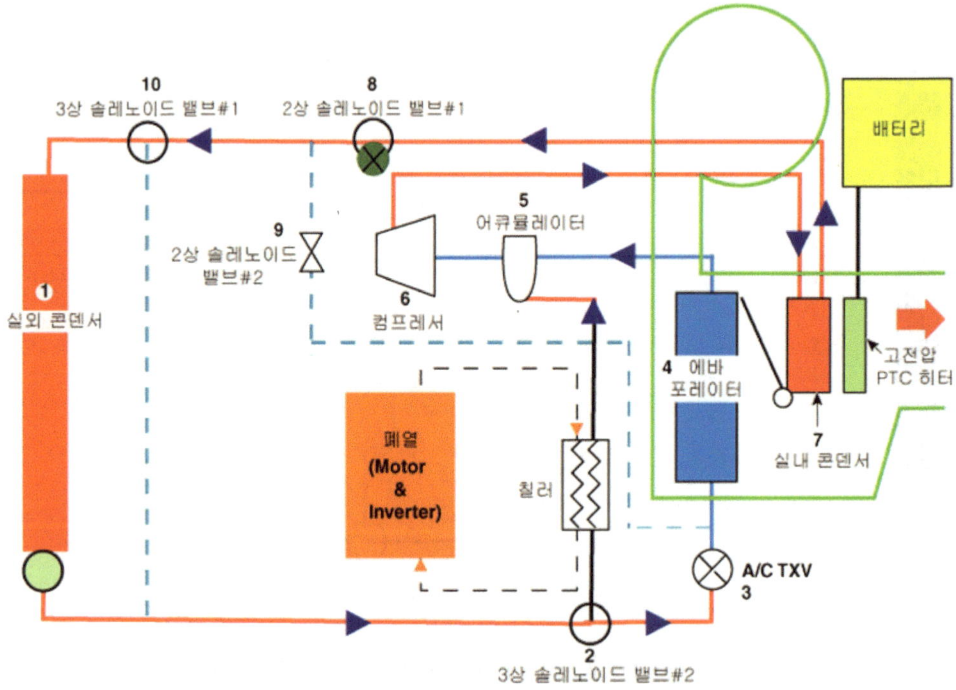


그림 1-77 히트펌프 냉방 개요(출처 : 현대자동차 GSW)

**※ 히트펌프의 작동영역은 -20℃~15℃로 해당영역 외 외기 온도에서는 고전압 PTC를 활용하여 난방을 한다.**

특이한 점이 하나가 더 있는데 실외에 장착된 콘덴서로 내장형 수냉식콘덴서로 에어컨 냉매를 추가로 냉각하여 냉매 온도 및 압력을 저감하는데, 엔진을 사용하는 자동차와 다르게 전기자동차에서 발생되는 상대적으로 봤을 때 미미하다고 할 수 있으며 그에 따라 모터와 인버터, OBC에서 발생되는 모든 열을 합하여도 그렇게 뜨겁다고 할 수는 없다.

그로 인하여 상대적으로 냉매의 온도가 더욱 높아질 수 있는데 이를 수냉식 콘덴서를 사용하여 1차 냉각을 함으로써 냉방 효율을 높이게 되는데 이는 냉방성능을 개선함으로써 전기에너지의 사용을 줄여 주행가능거리를 조금이라도 확보하겠다는 의지로 보이는데 냉방 시에는 냉매가 실외 콘덴서로 방열하고 난방 시에는 냉매가 실외 콘덴서로 부터 흡열하게 되어 냉난방 효율을 높이게 된다.

## 생각해보기

**1.1** 전기차의 정의에 대하여 설명하시오.

**1.2** 하이브리드 전기차에 대하여 간단히 설명하시오.

(1) 구성품

(2) 동력원

**1.3** 플러그 인 하이브리드 전기차에 대하여 간단히 설명하시오.

(1) 구성품

(2) 동력원

**1.4** 배터리 전기차에 대하여 간단히 설명하시오.

(1) 구성품

(2) 동력원

**1.5** 수소연료전지 전기차에 대하여 간단히 설명하시오.

(1) 구성품

(2) 동력원

**1.6** 전기차 중 배터리 용량의 순서대로 나열하고 이유를 설명하시오.

(1) 순서

(2) 이유

**1.7** 회생제동 시스템에 대하여 설명하시오.

**1.8** 전기차 중 배터리 용량의 순서대로 나열하고 이유를 설명하시오.

(1) 순서

(2) 이유

**1.9** 하이브리드 전기차의 배터리에 대하여 설명하시오.

(1) 저전압 배터리와 고전압 배터리 종류

(2) 저전압 배터리와 고전압 배터리 특징

**1.10** 배터리 전기차의 배터리에 대하여 설명하시오.

(1) 저전압 배터리와 고전압 배터리 종류

(2) 저전압 배터리와 고전압 배터리 특징

CHAPTER 02

# 전기차의 소모품 관리

## 2.1 전기차 엔진

**학습목표**

- 전기차 엔진오일 규격을 이해하고 교환할 수 있다.
- 전기차 엔진 플러싱을 교환할 수 있다.
- 전기차 냉각수를 이해하고 교환할 수 있다.
- 전기차 구동벨트를 교환할 수 있다.

### [1] 전기차의 엔진오일

엔진이 탑재된 전기차는 하이브리드 전기차와 플러그 인 하이브리드 전기차가 있다. 이 하이브리드 전기차와 플러그 인 하이브리드 전기차의 엔진은 일반 내연기관 차량과 달리 엔진을 사용하는 회전수 영역이 다르고 그에 따라 출력이 다르다 그래서 자동차 제조사에서는 해당 엔진에 적합한 엔진오일의 규격을 정하고 있다.

동일한 엔진이라도 내연기관 차량용으로 사용되는 엔진과 하이브리드 전기차량용으로 사용됨에 따라 엔진의 사용 영역대 즉 사용하는 엔진회전수가 다르고 엔진의 부하정도가 다르기에 엔진오일의 점도를 다르게 사용하고 있다.

#### (1) 엔진오일 등급

##### 1) SAE 분류

윤활유는 미국 자동차기술인협회(SAE: Society of Automotive engineers)에서 제정하여 사용하고 있는 SAE 분류와 미국 석유 협회(API: American Petroleum Institute)가 제정한 서비스 분류가 있다.

SAE 분류는 윤활유의 점도에 따라서 구분한 것으로 SAE 숫자가 클수록 점도가 높다. "W" 가 있는 것은 겨울철용 윤활유로서 18℃(0°F)에서 측정된 점도이며, "W" 가 없는 것은 100℃(210°F)에서 측정한 것을 표기한다.

일반적으로 "5W30" 이라 표기된 엔진오일은 동절기와 하절기 모두 사용이 가능한 오일로 사계절용으로 사용하기 위해 사용되는 엔진오일이다.

가솔린엔진을 "SI엔진" 이라 하고 디젤엔진을 "CI엔진" 이라 하는데, "SI엔진" 은 "Spark Ignition" 의 약자이고, "CI엔진" 은 "Compression Ignition" 의 약자로 각 앞글자를 따와서 "S" 로 시작되는 오일을 가솔린용, "C" 로 시작되는 오일이 된다.

**표 2-1 "API" SI 엔진용 오일의 분류**

| 분류 | 내 용 |
|---|---|
| SA | - 첨가제가 전혀 사용되지 않는 순 광물성 윤활유 |
| SB | - 약간의 첨가제가 첨부된 오일,<br>- 1930년대부터 사용했던 오일로 부식방지제 산화방지제 첨부 |
| SC | - 첨가제가 첨부된 오일로 1964년부터 1967년 까지 사용<br>- 고온 퇴적물과 저온 침전물 발생방지, 마모와 산화, 부식방지제 첨부 |
| SD | - 첨가제가 첨부된 오일로 1968년부터 1971년 까지 사용<br>- 고온퇴적물과 저온침전물 발생방지, 마모와 산화, 부식방지제 첨부 |
| SE | - 1972년부터 1979년까지 사용된 오일<br>- 고온 퇴적물과 저온 침전물 발생방지, 마모와 산화, 부식방지제 첨부, SD급보다 더욱 강화 |
| SF | - 1980년부터 1988년까지 사용된 오일<br>- 고온 퇴적물과 저온 침전물 발생방지, 마모와 산화, 부식방지제 첨부, SE급보다 더욱 강화 |
| SG | - 1989년부터 1994년까지 사용된 오일<br>- 고온 퇴적물과 저온 침전물 발생방지, 마모와 산화, 부식방지제 첨부 SF급보다 더욱 강화<br>- 이 시점 부터 자동차제작사에서 오일을 지정하기 시작 |
| SH | - 1994년부터 1996년까지 사용되었으며 사용된 오일<br>- 고온 퇴적물과 저온 침전물 발생방지, 마모와 산화, 부식방지제를 첨부<br>- SG급 오일의 증발성과 전단안정성, 기포방지제, 청정분산제 등 추가 |
| SJ | 1997년부터 사용된 엔진오일로 SH급 이상의 오일이다. |

※이 후 현재까지 SL, SM, SN, SN+급 까지 시중에 유통되고 있다.

디젤엔진의 경우 API 규격으로 CA, CB, CC, CD, CE, CF... 등급이 있으나, CRDI엔진의 보급에 따라 유럽규격을 따르고 있다.

## 2) ACEA 분류

ACEA(Association des Constructeurs Europeens d'Automobiles)는 유럽자동차 공업협회를 줄인 것으로 ACEA 등급은 크게 "A", "B", "C", "E"로 나눴으나 "A"와 "B" 등급은 통합되어 사용되고 있다.

**A: 가솔린 기관용**
**B: 승용디젤 기관용**
**C: 촉매 융화적 오일**
**E: 고 부하 운행 디젤기관(대형화물차량)**

- A1/B1 규격은 안정된 오일 품질 수준을 유지, 긴 오일 교환 주기, 고온/저점도 오일/높은 전단 응력의 점도(xW/20SAE 점도에서 2.6mPa·s의 전단 응력을 보여주며, 다른 SAE점도에서는 (2.9~ 3.5)mPa·s의 전단 응력을 보여줌), 가솔린 엔진과 라이트 밴 디젤엔진(경 디젤차들, RV, SUV 등)에 제시된 스펙으로 일반적인 승용차나 경제적인 주행에 적합

- A3/B3 규격은 안정된 오일 품질 수준을 유지, 고성능 가솔린엔진과 라이트 밴 디젤엔진에 적용되는 스펙으로 긴 오일 교환주기와 교환시기 연장, 저점도 오일과 엔진 제조사들에 의해 엄격한 운행 조건에 요구되는 엔진에 제시된 스펙으로 고성능 자동차/스포츠 차량과 일반적인 RV, SUV에 적합

- A3/B4 규격은 고성능 가솔린 엔진과 직접 분사방식(CRDI) 디젤엔진에 맞는 오일 스펙으로 A3/B3보다 낮은 범위를 위한 오일 스펙

- A5/B5 규격은 긴 오일 교환주기로 고온에서도 낮은 마찰/저점도 오일/낮은 전단응력(HTHS, High temperature /High shearrate viscosity, 2.9~3.5)mPa·s인 점도를 가진 가솔린 엔진과 라이트 디젤엔진에게 적합한 엔진오일이다.

표 2-2 "ACEA" 디젤엔진 오일 분류

| 등급 | 내 용 |
|---|---|
| C1 | 저 점도 저 마찰 성능이 요구 되도록 설계된 고성능 엔진 + DPF와TWC의 성능 수명연장 + 연료절감 |
| C2 | 일반엔진오일 성능+DPF와 TWC 성능 수명연장+연료절감실현 |
| C3 | 일반엔진오일 성능 + DPF와 TWC 성능 수명 연장 |
| C4 | 저 점도 저 마찰 성능이 요구 되도록 설계된 고성능 엔진 + DPF와 TWC 수명연장 |

## (2) 엔진오일 교환

### 1) 엔진오일 규격

하이브리드 전기차의 누우엔진과 내연기관 차량의 누우엔진이 적용된 현대자동차의 DN8 쏘나타를 비교해보면 동일한 엔진이지만 엔진오일의 점도가 다르다는 것을 알 수 있다.

"표 2-3" 은 하이브리드 전기차량 별 엔진오일의 특징을 정리한 것으로 우리나라에 주로 판매된 차량을 기준으로 차량제조사별로 엔진형식별 요구 등급과 엔진오일의 양을 정리하였는데 수입차량의 경우 요구엔진오일 등급에 대한 정보가 부족해 엔진오일 점도와 교환시 엔진오일 양을 표시하였다.

그림 2-1 하이브리드 전기차의 엔진

**표 2-3 하이브리드 전기차량 별 엔진오일 규격**

| 제조사 | 차량명 | 엔진 | 오일 등급 | 오일점도 | 오일량($l$) |
|---|---|---|---|---|---|
| 현대 기아 | DN8 쏘나타 하이브리드<br>DL3 K5 하이브리드 | 누우-III<br>2.0 | API LATEST SN+ | 0W16 | - 전체:5.2<br>- 팬: 4.0<br>- 교환: 4.3 |
| | <u>DN8 쏘나타 가솔린 &<br>LPG</u> | 누우-III<br>2.0 | API SN+<br>LATEST/ILSACLATEST<br>ACEA C5 | 0W20 | - 전체: 5.0<br>- 팬: 3.8<br>- 교환: 4.1 |
| | LF 쏘나타 하이브리드<br>JF K5 하이브리드 | 누우<br>2.0 | API SM<br>ILSAC GF4<br>ACEA A3 | 5W20 | - 전체: 4.6<br>- 팬: 3.8<br>- 교환: 4.1 |
| | GN7 그랜져 하이브리드 | 감마-III<br>1.6T | API SN+ | 0W20 | - 전체: 5.0<br>- 팬: 4.4<br>- 교환: 4.8 |
| | HG 그랜져 하이브리드 | 세타-II<br>2.4 | API SM<br>ILSAC GF4<br>ACEA C5 | 5W20<br><u>레벨게이지<br>색상에 따라<br>구분</u> | - 전체: 5.5(황)<br>- 팬: 3.8(황)<br>- 교환: 4.1(황)<br>**- 전체: 6.1(적)<br>- 팬: 4.6(적)<br>- 교환: 5.0(적)** |
| | CN7 아반떼 하이브리드 | 카파<br>1.6 | API SN<br>ACEA C5 | 0W20 | - 전체: 5.0<br>- 팬: 4.4<br>- 교환: 4.8 |
| | 아이오닉 하이브리드<br>DE 니로 하이브리드 | 카파<br>1.6 | API SN<br>ACEA C5 | 0W20 | - 전체: 4.1<br>- 팬: 3.4<br>- 교환: 3.8 |
| 렉서스 | ES300H(2019) | 2.5 4-cyl<br>A25A-FXS B | - | 0W16 | - 교환: 5.5 |
| | ES300H(2014) | 2.5 4-cyl<br>2AR-FXE | - | 0W20 | - 교환: 5.2 |
| | LS500H(2019) | 3.5L 6-cyl<br>8GR-FXS 5 | - | 0W20 | - 교환: 8.1 |
| | LS600H(2015) | 5.0L 8-cyl<br>2UR-FSE 9 | - | 0W20 | - 교환: 10.8 |
| | LS500H(2019) | 3.5L 6-cyl<br>8GR-FXS 5 | - | 0W20 | - 교환: 8.1 |
| 도요타 | 프리우스(2019 4세대) | 1.8L 4-cyl<br>2ZR-FXE J | | 0W16 | - 교환: 5.0 |
| | 프리우스(2015 3세대) | 1.8L 4-cyl<br>2ZR-FXE 8 | - | 0W20 | - 교환: 5.0 |
| | XV70 캠리 | 2.5L 4-cyl<br>A25A-FXS 2 | - | 0W16 | - 교환: 5.5 |
| | 뉴 캠리(2015) | 2.5L 4-cyl<br>2AR-FE 6 | - | 0W20 | - 교환: 5.0 |
| BMW | 740E XDRIVE(G11) | 2.0L 4 -cyl<br>B48A20M0 | Turbo | 0W20 | - 교환: 6.3 |
| | 530E G30 | 2.0L 4-cyl<br>B48A20BM | Turbo | 0W20 | - 교환: 6.4 |
| | 5시리즈 F10<br>액티브 하이브리드 | 3.0L 6-cyl<br>N55B30A 2 | Turbo | 0W30 | - 교환: 7.8 |
| | I8 (2015) | 1.5L 3-cyl<br>B38T 3 | - | 0W20 | - 교환: 4.8 |

“표 2-3” 의 엔진오일량이나 규격이 차량의 년식에 따라 다소 차이가 있을 수 있으니 본 표에서는 엔진에 따라 또는 동일한 엔진이라도 차량의 형식이나 년식에 따라 차이가 있다는 것을 이해하는 용도로 사용하고 차량의 엔진오일 교환시 적절한 용량으로 주입해야 한다.

## [2] 엔진 플러싱

하이브리드 전기차의 엔진오일을 교환하면서 엔진오일 라인의 플러싱을 실행할 수 있는데 하드타입의 하이브리드 전기차량에서는 차량의 시동을 걸어도 엔진이 구동되지 않을 수 있어  강제시동모드로 엔진을 구동해 엔진플러싱을 실시하면 된다.

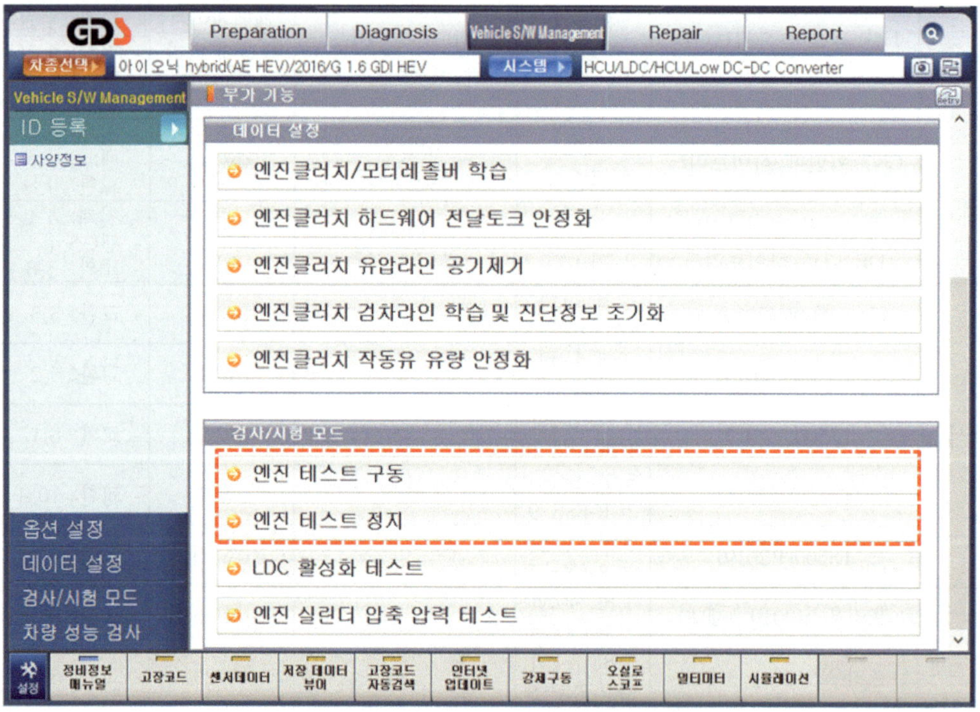


**그림 2-2 스캔툴 진단기를 이용한 엔진 강제시동 1**

“그림 2-2” 에서  “그림 2-5” 은 스캔툴 진단기를 이용해 하이브리드 전기차량의 최상위 제어기인 HPCU의 부가기능에서 강제구동모드 중 엔진 테스트 구동 기능을 이용해 차량의 엔진을 시동하는 방식으로 이 방법외 수동으로 차량을 조작해 시동을 걸 수 있다.

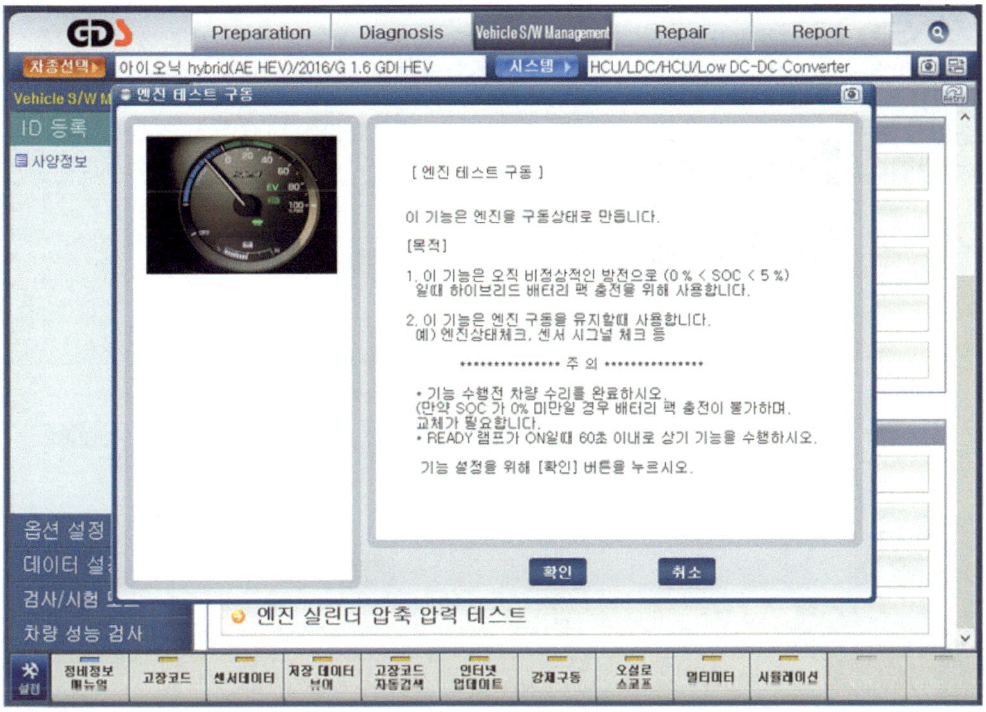


그림 2-3 스캔툴 진단기를 이용한 엔진 강제시동 2

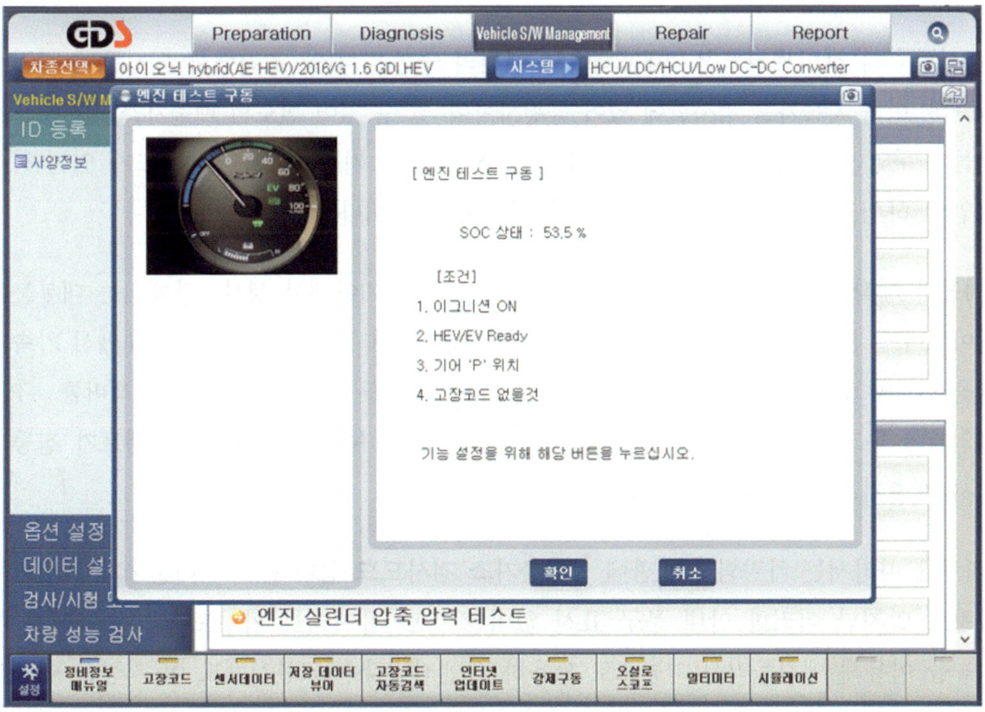


그림 2-4 스캔툴 진단기를 이용한 엔진 강제시동 3

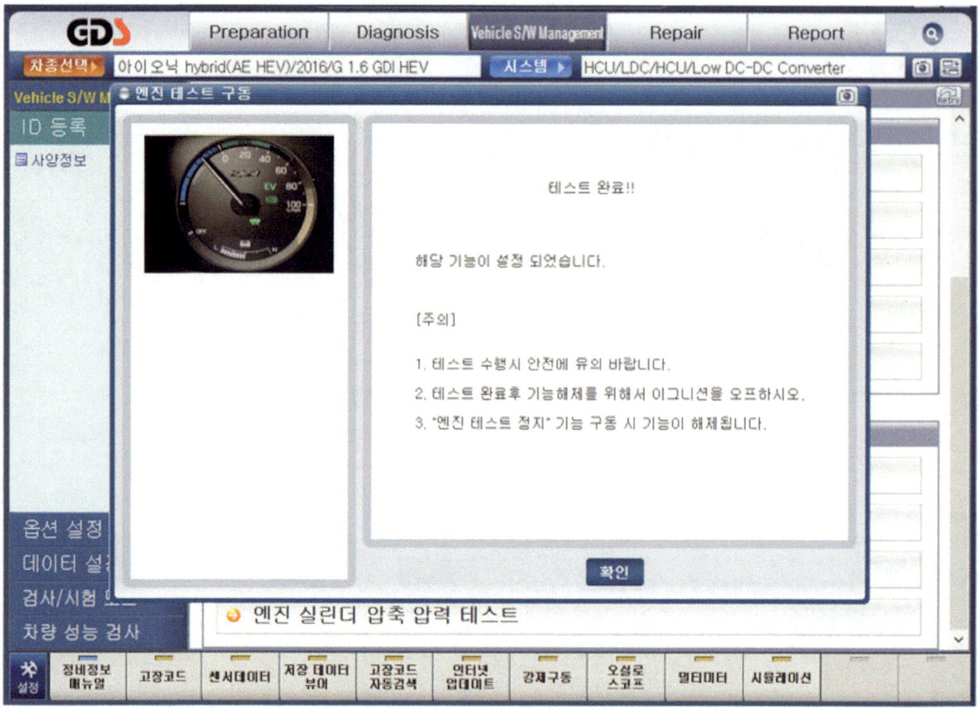


그림 2-5 스캔툴 진단기를 이용한 엔진 강제시동 4

하드타입의 하이브리드전기자동차에서 엔진의 구동은 해당 조건에서만 시동이 걸리게 되는데, 이는 자동차를 검사함에 있어 불편사항이 될 수 있어 별도의 배출가스 검사모드를 만들어 두었는데, 이는 소프트 타입에는 존재하지 않는 기능으로 전기차모드가 있는 하드 타입의 하이브리드 전기차에는 반드시 필요한 기능이다.

자동차 제작사마다 작동방법이 다를 수 있지만 현대 기아에서 생산·판매되는 대부분의 하이브리드 전기차량의 경우 기어레버는 "P" 레인지에 두고 "IG on" 상태에서 가속페달을 2회 밟고 기어레버를 "N" 위치로 하고 가속페달을 다시 2회 밟고 기어레버를 "P" 레인지에 두고 가속페달을 2회 밟고 "STAR" 버턴을 누르면 "Ready" 램프가 점등되면서 배출가스 검사모드로 진입하게 된다.

차량에 따라서는 차량의 계기판에 **"배출가스 검사모드 입니다."** 안내문구가 표시되는 차량도 있지만 이러한 안내 문구 표시 없이 시동만 유지되는 차량도 있다. 그래서 이 기능을 이용해 엔진플러싱 기능으로 활용하고 엔진냉각수 교환시에도 이 기능을 이용해 엔진을 워밍업 시켜 에어빼기 작업을 하면 되겠다.

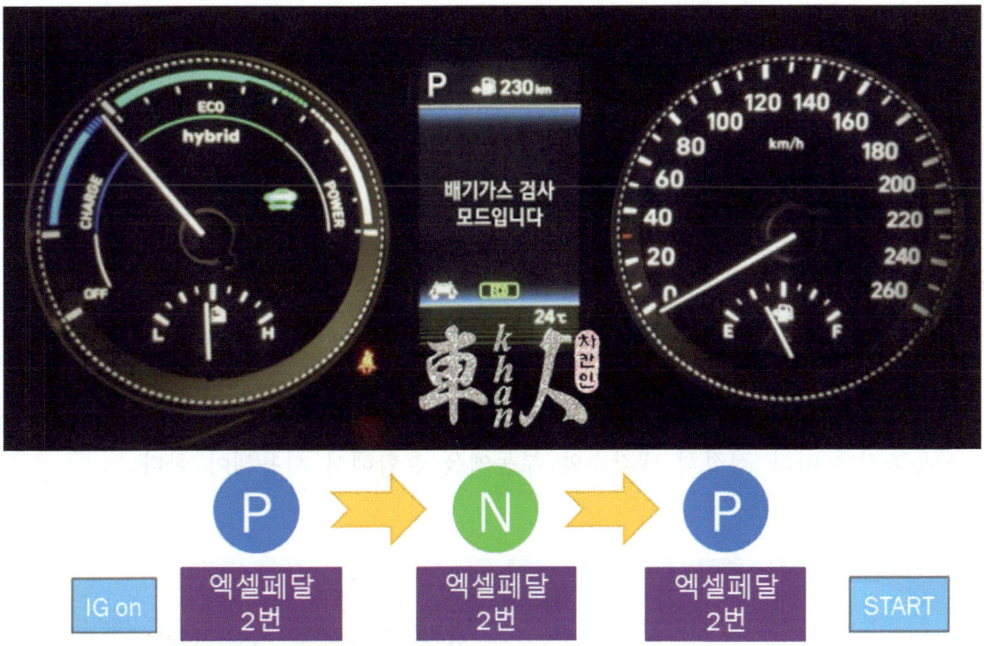


그림 2-6 HEV 엔진 강제구동

하이브리드 전기차량의 엔진을 강제시동방법에 대한 영상을 우측 큐알코드를 이용해 확인하고 평소 몸에 익혀두고고 사용하면 유용하다.

강제시동 영상

엔진플러싱 작업을 마치고 플러싱 오일을 배출할 경우 차량의 시동스위치를 OFF 시키면 스캔툴을 이용해 엔진의 시동을 건 경우와 강제시동 시에도 엔진의 시동이 모두 꺼지기 때문에 엔진의 시동을 끌 때는 그냥 차량의 시동버턴을 이용해 시동을 끄면 되겠다.

### [3] 냉각수

하이브리드 전기차의 엔진 냉각수는 엔진에서 발생된 열을 적절하게 관리하기 위해 사용하는 것으로 일반 내연기관 차량에 적용된 냉각수와 동일하다. 그러나 하이브리드 전기차의 전장부품의 냉각을 위한 냉각수가 함께 적용되어 있어 구분이 필요하다.

## (1) 기능

엔진에서 발생하는 열을 흡수하여 엔진의 온도를 적절하게 유지하고 엔진 내부 부품에 녹이 발생하지 않도록 하며, 겨울철 기온이 낮아져도 냉각수가 얼지 않도록 부동액을 혼합해 사용한다.

## (2) 부동액

부동액은 냉각수와 혼합해 사용하는 것으로 냉각수와의 혼합 비율에 따라 농도가 진해지면 얼지 않는 온도가 낮아지지만 과도하게 농도가 진해지면 냉각효율이 떨어지기에 차량의 사용조건에 따라 적절히 냉각수와 부동액을 혼합해서 사용해야 한다.

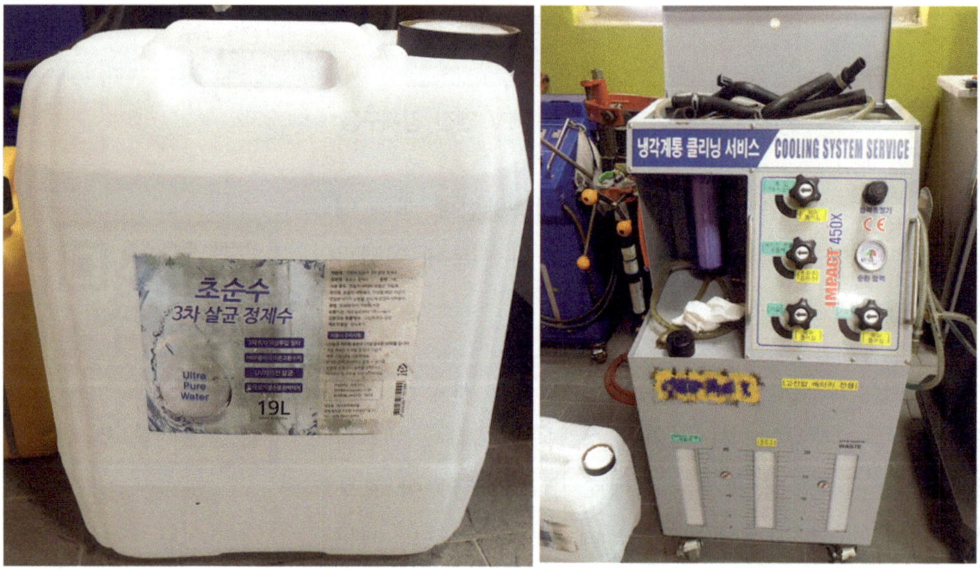


**그림 2-7 정제수와 냉각장치 세척장비**

부동액을 교환하는 경우 부동액과 정제수 즉 증류수를 혼합해서 사용할 것을 강조하는데 이는 수돗물을 사용하는 경우 수돗물에 포함된 석회 등으로 인해 엔진과 냉각장치 등에 손상을 줄 수 있어 냉각수 교환시 부동액과 정제수를 사용하는 것을 권장한다.

그림 2-8 니로 HEV 엔진냉각수와 전장 냉각수

그림 2-9 누우엔진의 엔진 전동식 워터펌프

## [4] 구동벨트

구동벨트는 파워스티어링 오일펌프와 워터펌프 그리고 에어컨 콤프레셔와 발전기 등을 구동하기 위한 형태로 설치되었으나 파워스티어링이 전동식으로 변경되면서 파워스티어링 오일펌프와 벨트가 삭제되었다.

전기차에서는 에어컨 콤프레셔가 전동식으로 변경되면서 구동벨트에 연결되지 않고 워터펌프도 엔진에 따라서는 전동식 워터펌프가 적용되어 구동벨트와 연결된 장치는 하이브리드 스타터 & 제네레이터인 "HSG" 만이 연결되어 있기도 하다.

차량에 따라 차이가 있으나 HSG 구동 벨트의 교환 주기는 가혹조건에서 **24개월 또는 매 4,5000km** 마다 교환하게 되어있다. 그래서 정기적으로 교환해야 하는데 벨트에서 소음이 발생하거나 벨트가 갈라지기 전에 교환해야 한다.

현대 기아에서 출시된 하이브리드 전기차량 중 누우엔진이 적용된 차량의 HSG 구동벨트를 교환하기 위해서는 별도의 특수공구를 준비하고 에어공구나 전동공구가 아닌 수동 라쳇핸들로 천천히 조이면서 장력을 해제하고 교환해야 한다.

하이브리드 전기차의 구동벨트 교환시 가장 중요한 것은 차량의 시동을 정비사가 직접 OFF 됨을 확인하고 작업에 임해야 하는데 만일 전기차의 시동은 레디 상태로 엔진이 꺼져 있다고해서 자칫 차량의 시동이 꺼진 것으로 오해해 구동벨트를 교환하기 위해 정비사가 손이 벨트에 닿으면 치명적인 안전사고가 발생할 수 있다.

**하이브리드 전기차의 엔진오일 교환 또는 구동벨트 교환 시 반드시 정비사가 직접 차량의 시동을 OFF 하고 차량의 키는 별도로 보관하고 차량 작업해야 한다.**

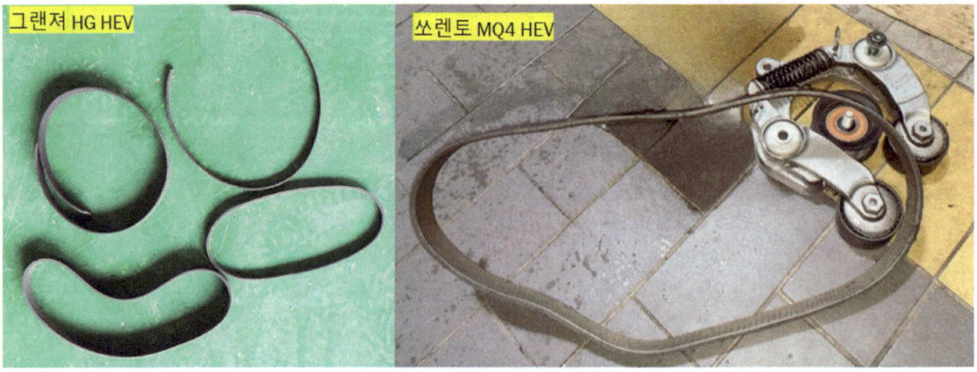


그림 2-10 차량별 구동벨트

그림 2-11 누우엔진의 구동벨트 형상 및 텐셔너 압축 공구

## 2.2 전기차 전력부품

> **학습목표**
>
> - 전기차 전장 냉각수 규격을 이해하고 교환할 수 있다.
> - 전기차 배터리 냉각수 규격을 이해하고 교환할 수 있다.
> - 수소전기차 냉각수를 이해하고 교환할 수 있다.

### [1] 냉각수

하이브리드 전기차와 배터리 전기차 수소전기차와 같은 모든 전기차는 구동모터의 제어를 위해 인버터를 사용하고 있는데 이 인버터는 차량의 구동을 위해 구동배터리의 직류전력을 교류전력으로 변환해 구동모터에 인가하는데 구동모터의 부하에 따라 인버터에서 발생하는 전력부하가 커져 직류전력을 교류전력으로 변환하면서 열이 발생하게 된다.

이 인버터에서 발생하는 열은 하이브리드 전기차와 수소전기차의 경우 독립적인 냉각수 라인을 가지고 냉각하고 배터리 전기차의 경우 독립적인 라인을 가지거나 구동 배터리 냉각수와 함께 냉각수를 사용하기도 한다.

그림 2-12 그랜져 IG 하이브리드 전기차의 냉각수

그림 2-13 볼보 XC90 플러그 인 하이브리드 전기차의 배터리 냉각수

그림 2-14 배터리 전기차 아이오닉 5의 냉각수(上)와 GV 60의 냉각수

하이브리드 전기차량의 경우 전장 냉각수 교환시 엔진냉각수와 함께 교환하는 것을 추천하며 대부분의 하이브리드 전기차량은 일반부동액과 증류수 또는 정제수를 혼합해 사용하지만 플러그인 하이브리드 전기차량의 경우 별도의 전장 냉각수와 배터리 냉각수가 함께 사용되는 차량도 있다.

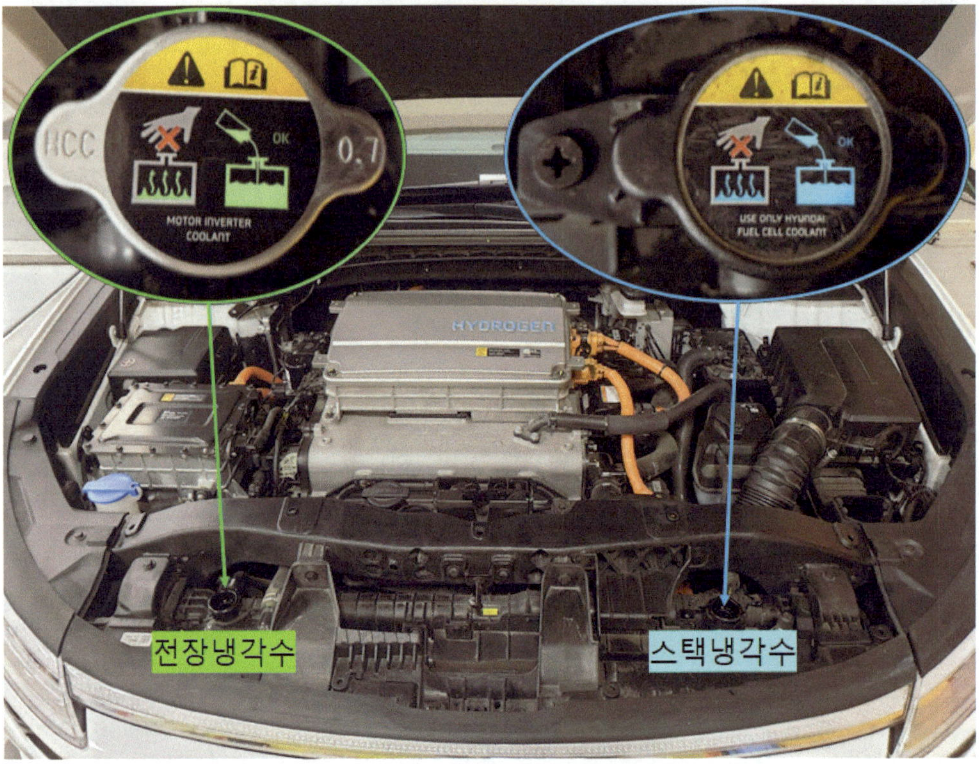


**그림 2-15 수소전기차 넥쏘의 냉각수**

전기차의 냉각수는 대부분 일반부동액을 혼합한 냉각수와 저전도 냉각수와 무전도 냉각수로 총 3가지의 냉각수가 사용된다. 이는 배터리 내부로 냉각수가 유입되어 냉각되는 플러그 인 하이브리드 전기차와 배터리 전기차에는 저전도 냉각수가 사용되는데, “그림 2-16” 에서 보는 것과 같이 “전기자동차 전용 배터리 시스템 냉각부동액” 으로 표시되어 있다.

또 수소전기차에 사용하는 냉각수로 전장 냉각수는 일반부동액을 혼합한 냉각수가 사용되지만 연료전지 스택의 냉각수는 별도로 무전도 냉각수가 적용되어 사용되며 “연료전지 냉각부동액” 으로 표시되어 있어 혼용해서 사용하면 않된다.

그림 2-16 전기차의 냉각수 종류

그림 2-17 전기차의 배터리 시스템 냉각부동액

"그림 2-17" 은 배터리 전기차의 배터리 시스템 냉각부동액의 주의사항으로 내용은

배터리 시스템 냉각부동액(−30° C) −50% 희석액(BSC−2)

사용법(DIRECTION) :
본 배터리 시스템 냉각부동액은 반드시 차종별 냉각수 사양을 확인 후 사용.
어린이의 손에 닿지 않는 곳에 보관할 것.

주의(NOTE) ;
배터리 시스템 냉각수는 제품 농도 그대로 사용해야 한다.
수도수 또는 정제수를 추가 혼합하여 사용하지 않아야 한다.
개봉 후에는 전부 사용하며, 재사용하지 말고 폐기하여야 한다.

1. 색명: 청색
2. 차량주입 후 사용기간: 3년 또는 60,000 km
3. 사용법(direction): 제품 농도 그대로 사용(물과 혼용사용 금지)
4. 유효기간: 제조일로 부터 2년
5. 어는점: –30° C
6. 사용 시주의사항
1) 독성이 있으므로 먹어서는 안된다. 먹었을 경우 토해내고 의사의 처방을 받아야 한다.
2) 뚜껑을 막고 서늘하고 그늘진 장소에 보관해야 한다.
3) 배터리 시스템 냉각수는 제품 농도 그대로 사용해야하며, 추가로 수도수 또는 정제수와 혼합하여 사용하지 않아야 한다.
4) 개봉 후에는 전부 사용하며, 재사용하지 말고 폐기하여야 한다.
7. 취급상 주의사항
1) 지정된 배터리 시스템 냉각수로 교체하고, 교체 시 외부 이물질이 들어가지 않도록 한다.
2) 일반부동액 또는 수도수와 혼합하여 사용하지 말아야 한다. 혼용 사용 시 본 제품의 기능이 저하되어 치명적 영향의 원인이 된다.
3) 저장기간은 제조일로부터 2년이며 개봉 즉시 사용해야 한다.
4) 문제 발생 시는 정확한 원인 규명을 위해 제품을 보존하고, 신속하게 구입한 곳에 연락한다.

전기차 배터리 시스템 냉각 부동액에서 가장 중요한 점이 수도수나 정제수를 혼합하지 않아야 하고, 사용기간도 3년 60,000km로 사용기간이 정해져 있으며, 유효기간 즉 저장기간이 제조일로부터 2년 이기에 해당 시간이 도래하면 차량에 사용할 수 없다.

그래서 자동차 부품대리점에서 배터리 시스템 냉각부동액을 주문한 경우 최근 2년 이내의 제품인지 확인하고 차량에 주입해야 한다.

전기차들의 특징에 따라 냉각수가 다르게 적용되기에 각각의 냉각수를 혼합해서 사용해서는 안되며, 특히 수소전기차의 연료전지 스택 냉각수는 수분이 함유될 경우 절연이 파괴되어 차량제어기에서 경고등을 점등시킨다.

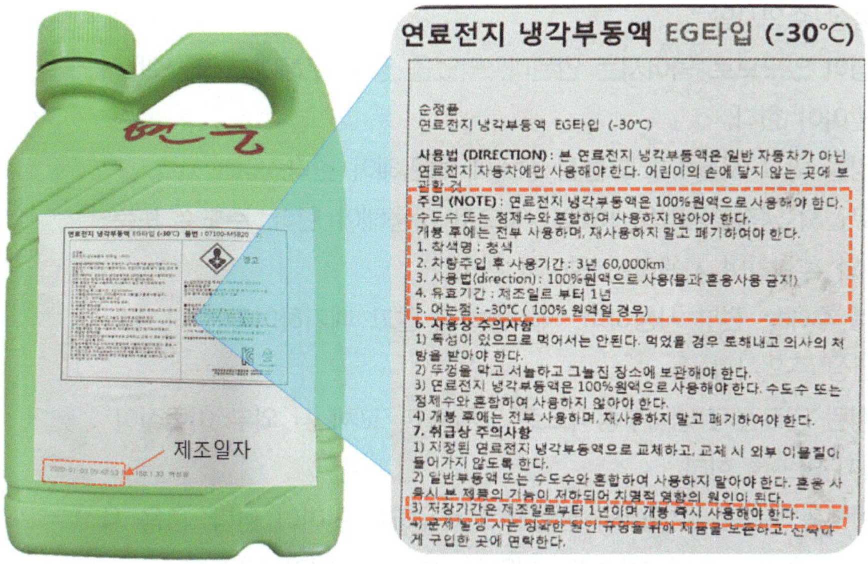


**그림 2-18 수소전기차의 연료전지 스택 냉각부동액**

"그림 2-18" 은 수소전기차의 연료전지 스택 냉각부동액으로 뒷면의 내용을 살펴보면

연료전지 냉각부동액 EG타입 (–30° C)
순정품

연료전지 냉각부등 액 EG타입 (–30° C)
사용법 (DIRECTION) : 본 연료전지 냉각부등액은 일반 자동차가 아닌
연료전지 자동차에만 사용해야한다. 어린이의 손에 닿지 않는 곳에보
관할 것.

주의 (NOTE) : 연료전지 냉각부동액은 100%원액으로 사용해야 한다.
수도수 또는 정제수와 혼합하여 사용하지 않아야 한다.
개봉 후에는 전부 사용하며, 재사용하지 말고 폐기하여야 한다.

1. 착색명 : 청색
2. 차량주입 후 사용기간 ; 3년 60,000km
3. 사용법(direction) : 100%원액으로 사용(물과혼용사용 금지)
4. 유효기간 : 제조일로 부터 1년
5. 어는점 : –30° C ( 100% 원액일 경우)

6. 사용상 주의사항
1) 독성이 있으므로 먹어서는 안된다. 먹었을 경우 토해내고 의사의 처방을 받아야 한다.
2) 뚜껑을 막고 서늘하고 그늘진 장소에 보관해야 한다.
3) 연료전지 냉각부동액은 100%원액으로 사용해야 한다. 수도수 또는 정제수와 혼합하여 사용하지 않아야 한다.
4) 개봉 후에는 전부 사용하며, 재사용하지 말고 폐기하여야 한다.
7. 취급상 주의사항
1) 지정된 연료전지 냉각부등액으로 교체하고, 교체 시 외부 이물질이 들어가지 않도록 한다.
2) 일반부동액 또는 수도수와 혼합하여 사용하지 말아야 한다. 혼용 사용시 본 제품의 기능이 저하되어 치명적 영향의 원인이 된다.
3) 저장기간은 제조일로부터 1년이며 개봉 즉시 사용해야 한다.
4) 문제 발생 시는 정확한 원인 규명을 위해 제품을 보존하고, 신속하게 구입한 곳에 연락한다.

연료전지 스택 냉각부동액도 배터리 시스템 냉각부동액과 마찬가지로 가장 중요한 점이 수도수나 정제수를 혼합하지 않아야하고, 사용기간도 3년 60,000km로 사용기간은 동일하지만 유효기간 즉 저장기간이 제조일로부터 1년으로 배터리 시스템 냉각수보다 짧다. 그래서 해당 시간이 도래하면 차량에 사용할 수 없다.

연료전지 스택 냉각부동액도 자동차 부품대리점에서 주문해서 부품이 도착하면 최근 2년 이내의 제품인지 확인하고 차량에 주입해야 한다.

**전기차 배터리 관련해 냉각유로에 저전도 냉각수인 배터리 냉각수에서 이물질이 발생하여 냉각수가 부족한 것으로 오진단되어 "냉각수 부족 경고등"이 점등하여 자동차 제작사에서 자발적으로 무상수리 일명 "사전점검", "캠패인" 이 실시되었다.**

당시 무상수리기간은 2022년 2월 18일부터 2023년 8월 17일까지로 차량이 출시된지 10개월이 되지 않은 차량의 경우 단순 냉각수만 교환하고 차량출시 10개월 이상된 차량은 냉각수 라인 세척 및 냉각수를 교환하는 형태로 서비스센터에서 실시하였다.

표 2-4 전기차량별 냉각수 무상수리

| 제조사 | 차량명 | 대상 | 비고 |
|---|---|---|---|
| 현대 | OS EV(코나 EV) | 2020.09.01. ~ 2021.10.01. | 배터리 전기차 |
| | AE EV(아이오닉EV) | 2019.05.03. ~ 2021.03.26. | 배터리 전기차 |
| | HR EV(포터 EV) | 2019.05.02. ~ 2020.10.23. | 배터리 전기차 |
| | TM HEV (싼타페HEV | 2019.09.17. ~ 2021.09.10. | 하이브리드 전기차 |
| | NX4 HEV (투싼HEV) | 2021.06.01. ~ 2021.09.18. | 하이브리드 전기차 |
| 기아 | DE EV(니로 EV) | 2019.05.20. ~ 2021.10.04. | 배터리 전기차 |
| | SK3 EV(쏘울 EV) | 2019.01.30. ~ 2020.11.18. | 배터리 전기차 |
| | PU EV(봉고3 EV) | 2020.01.15. ~ 2021.10.28. | 배터리 전기차 |

"표 2-4" 에서 보는 것과 같이 대상 기간에 생산된 차량에 사용된 냉각부동액에서 이물질이 발생하는 문제가 발생한 것으로 파악되는데, 결국 이 기간에 생산된 냉각부동액에서는 이물질이 발생할 수 있다는 것으로 결론이 난다.

그래서

**2021년 10월 28일 이전에 생산된 냉각수부동액은 절대로 사용해서는 안된다.**

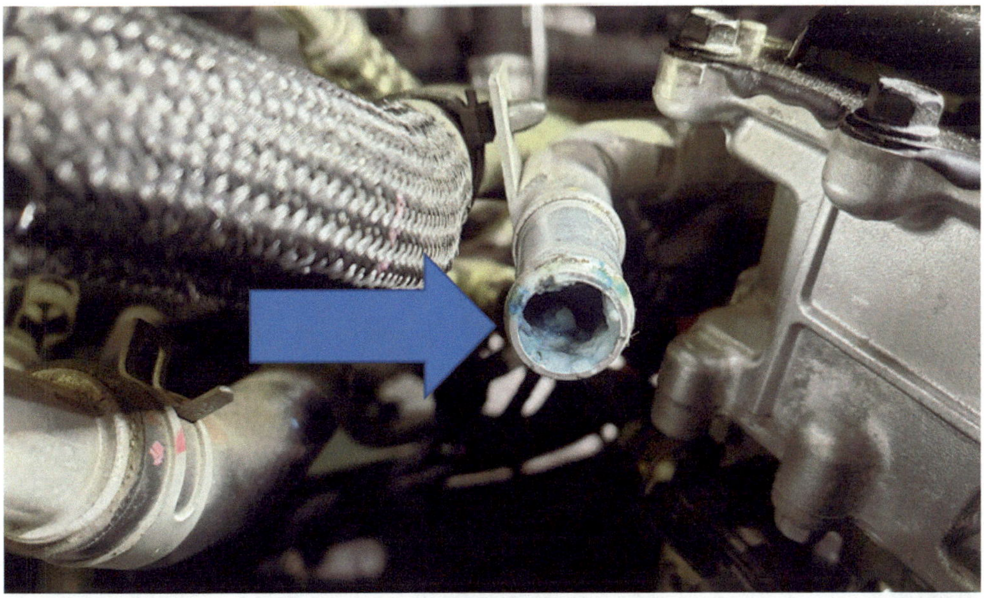

그림 2-19 냉각라인에 발생된 이물

그림 2-20 냉각라인에 부착된 이물과 필터링된 이물

그림 2-21 썩션 방식의 교환과 가압방식의 교환

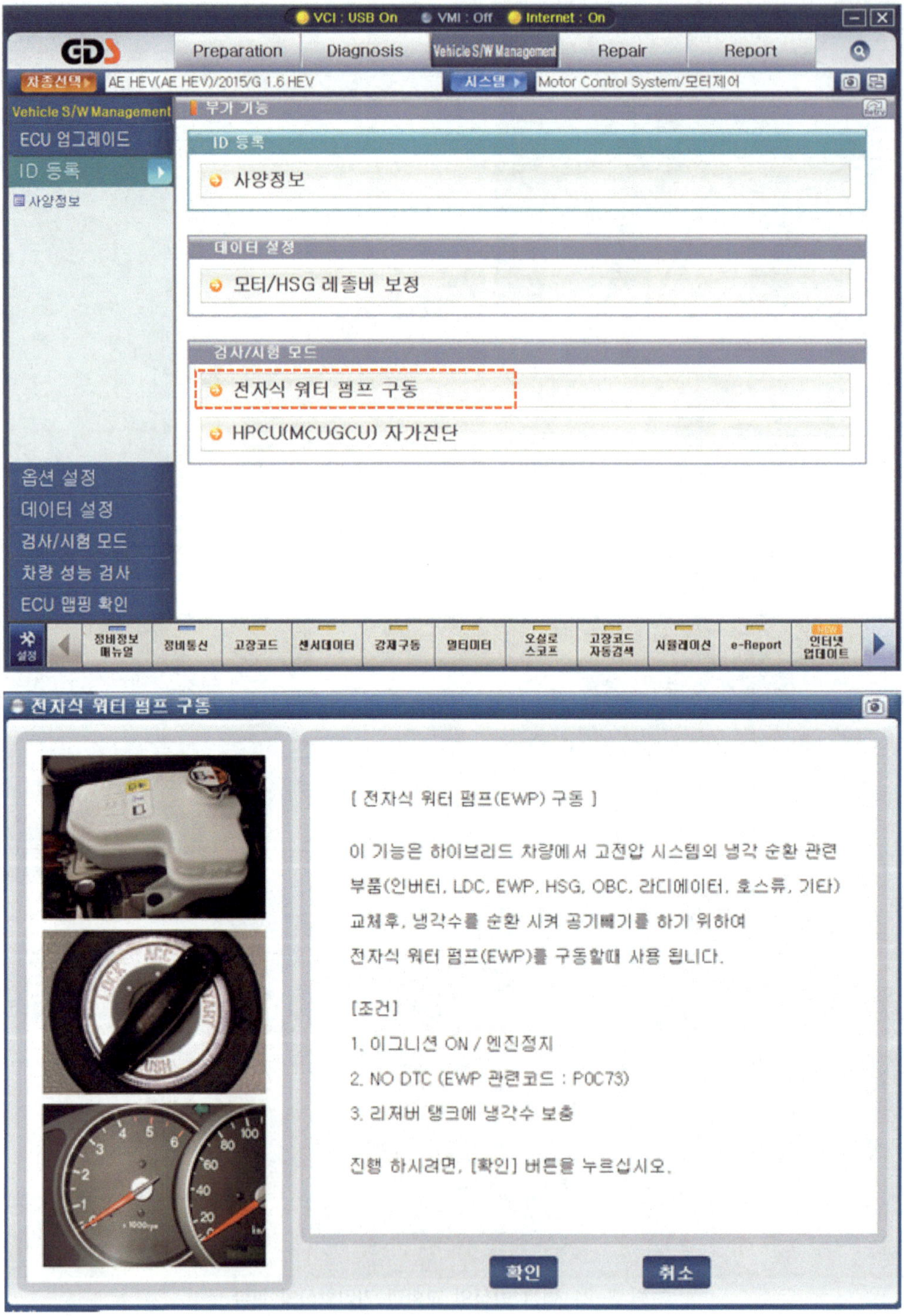


그림 2-22 냉각수 공기빼기 EWP 강제구동

그림 2-23 냉각수 관련 경고문구

## [2] 이온 필터

연료전지를 스택을 사용하는 수소전기차에는 연료전지 내 냉각수가 유입되어 냉각되므로 연료전지의 절연상태를 유지하기 위해 무전도 냉각수인 연료전지 스택 냉각부동액이 사용된다.

이 연료전지 스택 냉각부동액은 일반적인 사용기간이 3년 60,000km 이지만 차량의 사용에 따라 그 기간이 짧아지는데 이는 최근 유행하는 차박이 대표적인 예로 차량의 운행을 위해 시동을 걸어 차량이 움직이는 상태가 아니라 차량의 시동이 걸린상태에서 차량의 내부에서 휴식을 취하면서 연료전지 스택의 사용시간이 늘어난다.

그에 따라 연료전지 스택 냉각부동액의 수명이 줄어들어 일반적인 사용기간인 3년 60,000km보다 짧은 기간에도 교환을 요구하는 경고등이 점등된다.

그림 2-24 주행거리 6만km 넥쏘 차량의 경고등

"그림 2-24" 은 수소전기차인 넥쏘 차량에서 주행거리가 60,000km를 초과하여 **"연료전지 냉각수 및 필터를 점검하십시오"**라는 경고등이 점등된 모습으로 이 경고등이 점등한 경우 연료전지 스택 냉각부동액과 이온필터를 교환해야 한다.

그리고 이온필터와 연료전지 스택 냉각부동액을 교환하고 교환주기 초기화 기능으로 초기화를 실시하는데, 이는 주행거리를 기반으로 산출하는 마일리지를 초기화하는 것이다.

그림 2-25 넥차 수소전기차의 이온필터

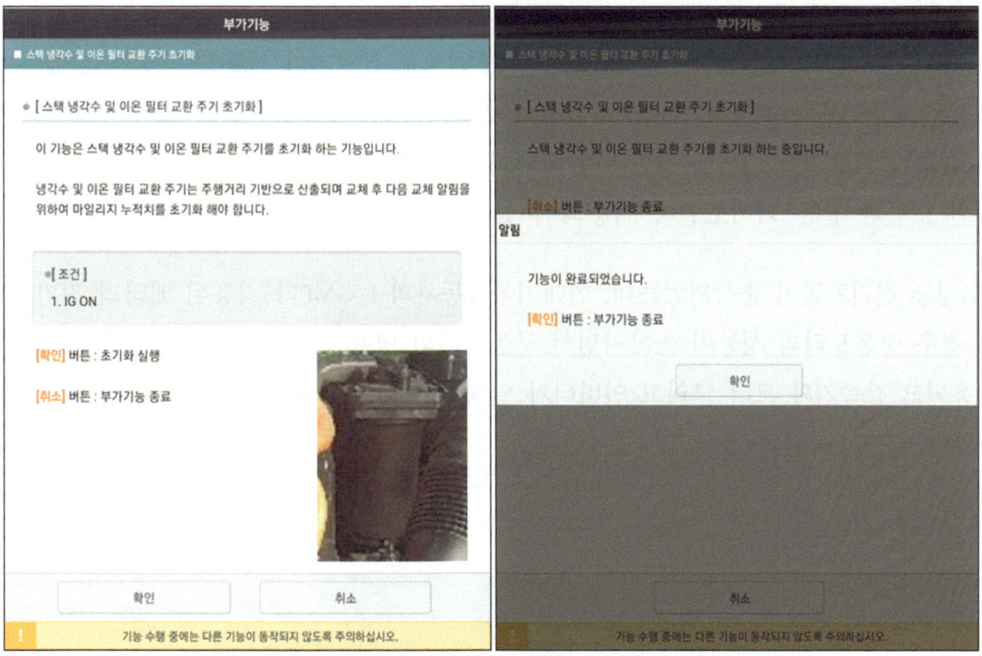


그림 2-26 스택 냉각수 및 이온필터 교환주기 초기화

# 2.3 전기차 변속기 & 감속기

**학습목표**

- 전기차 변속기오일을 교환할 수 있다.
- 전기차 감속기오일을 교환할 수 있다.
- 전기차 구동모 & 감속기 오일을 교환할 수 있다.

## [1] 변속기 오일

전기차 중 하이브리드 전기차와 플러그인 하이브리드 전기차에는 자동변속기 또는 DCT가 적용되어있어 일반 내연기관차량과 같은 형태로 오일을 교환하면 된다.

## [2] 구동모터 & 감속기 오일

전기차 중 배터리 전기차와 수소전기차에는 대부분 감속기가 적용되어 있는데, 감속기 오일은 내연기관을 사용하는 자동차에서의 변속기(Transmission) 오일 크게 다르지 않은데 감속기가 분리형으로 된 일반적인 배터리 전기차와 수소전기차에는 수동변속기에 적용된 오일과 같은 기어오일이 적용되어 있다.

고성능 전기차들이 출시되었는데, 현대기아자동차의 E-GMP가 적용된 배터리 전기차량의 경우 구동모터의 성능이 높아지면서 구동모터의 냉각 및 윤활을 위해 감속기 오일이 적용되고 감속기와 모터 그리고 인버터가 일체형이 되면서 자동변속기의 오일을 이용해 유압라인으로 펌핑해 윤활 및 냉각한다.

그림 2-27 배출된 감속기 오일과 새 감속기 오일

그림 2-28 구동모터 & 감속기 오일 및 감속기 오일

■ 가혹 조건

●: 교체, ○: 점검, 조정, 보충, 청소 또는 필요시 교체

| 점검항목 | 점검 방법 | 점검 주기 | 운행 조건 |
|---|---|---|---|
| 브레이크 디스크 및 패드 | ○ | 상태에 따라 수시 점검 | 2, 4, 5, 6, 7, 8, 9, 10 |
| 로워암 볼 조인트 청소 | ○ | 상태에 따라 수시 점검 | 2, 3, 4, 5, 9 |
| 드라이브 샤프트와 부트 | ○ | 상태에 따라 수시 점검 | 2, 3, 4, 5, 6, 7, 8, 9, 10 |
| 감속기 오일 | ● | 매 120,000 km 교환 | 1, 3, 4, 5, 6 |

※ 다음과 같은 가혹 조건하에서 차량을 사용했을 경우에는 정기 점검주기를 좀더 앞당겨 자주 점검, 교체해주십시오.

1. 짧은 거리를 반복해서 주행
2. 모래, 먼지가 많은 지역을 주행
3. 32°C 이상의 온도에서 교통체증이 심한 곳을 50%이상 주행
4. 잦은 험로(모랫길, 자갈길, 눈길, 비포장도로) 주행
5. 산길, 오르막길, 내리막길 주행
6. 경찰차, 택시, 상용차, 견인차 등으로 사용
7. 잦은 고속 주행 및 급가감속
8. 정지와 출발의 잦은 반복
9. 소금, 부식 물질 위 또는 한랭 지역 주행
10. 견인용, 캠핑용으로 사용 또는 지붕 위 짐칸 탑재

그림 2-29 감속기오일 교환주기
(출처: 현대자동차 아이오닉 5 사용설명서)

# 2.4 전기차 클러치 & 브레이크

**학습목표**

- 전기차 엔진클러치를 교환할 수 있다.
- 전기차 엔진클러치 오일을 교환할 수 있다.
- 전기차 브레이크 패드를 교환할 수 있다.
- 전기차 브레이크 라인의 공기빼기 작업을 할 수 있다.

## [1] 엔진 클러치

하드타입의 하이브리드전기자동차는 위와 같은 동력전달을 하기 위하여 엔진과 모터사이에클러치가 장착되어 있는데, 이 클러치의 작동에 따라 동력전달 경로가 달라지게 된다.

### (1) 건식 엔진클러치와 클러치 오일

하이브리드 전기차 또는 플러그인 하이브리드 전기차에 적용된 변속기가 DCT인 차량에 적용된 건식클러치는 수동변속기의 클러치와 같은 형태로 일정시간 사용하면 교환해야 하는 소모품이다.

건식 엔진클러치는 "그림 2-30" 과 같은 형태로 수동변속기에 적용된 싱글 클러치와 형상이 같다. 그리고 클러치의 작동을 위한 클러치 리저버 탱크가 있어 정기적으로 교환해야한다.

엔진클러치 교환 후 "그림 2-31" 과 같이 HCU의 부가기능에서 엔진클러치 및 모터레졸버 학습을 우선실시하고 엔진클러치 오일을 교환한 경우 "그림 2-32와 같이 엔진클러치 유압라인 공기빼기" 기능으로 엔진클러치 유압라인 공기빼기 작업을 실시해 엔진클러치 유압라인에 공기를 제거한다.

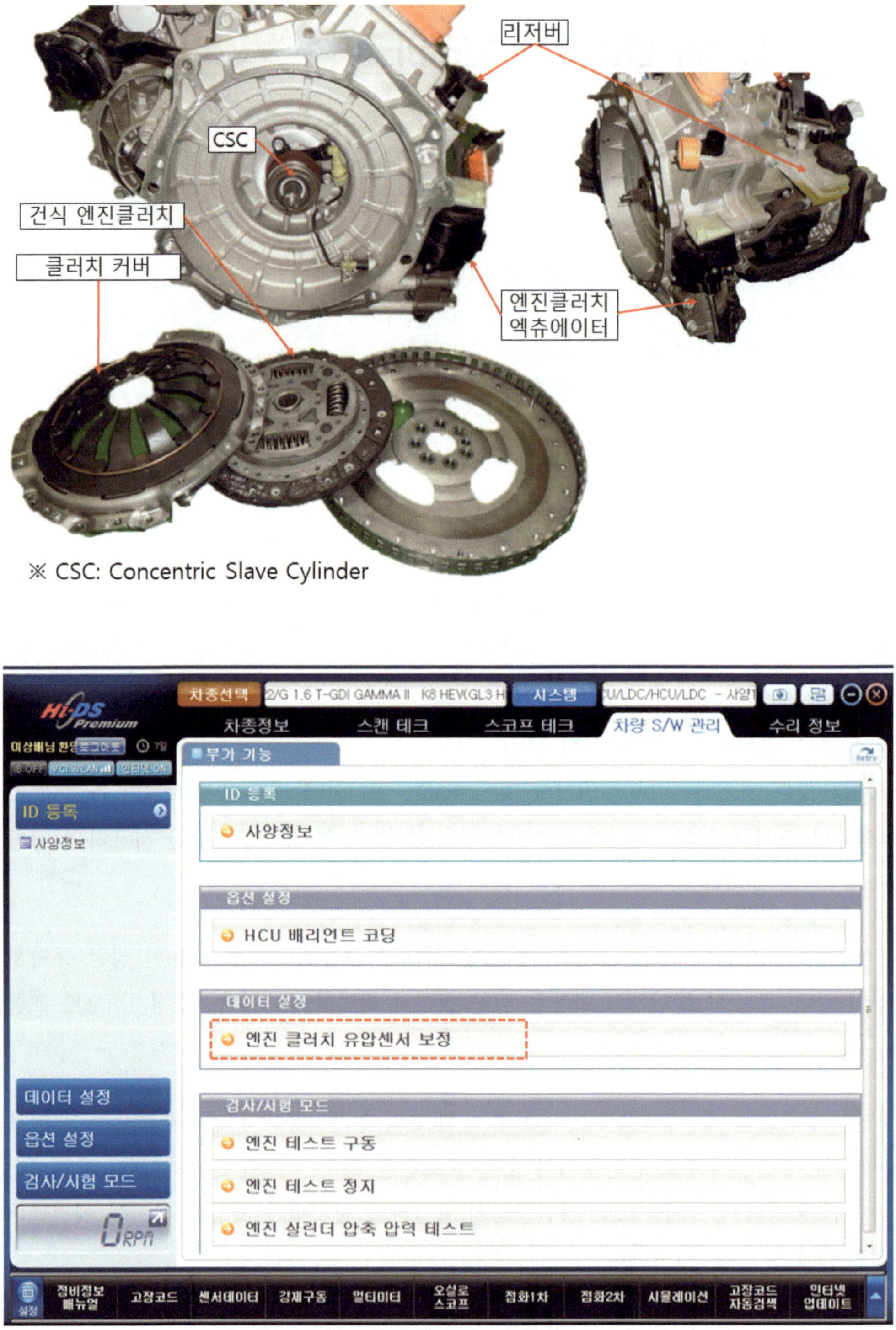


그림 2-30 아이오닉 하이브리드 전기차의 엔진 클러치와 유압보정

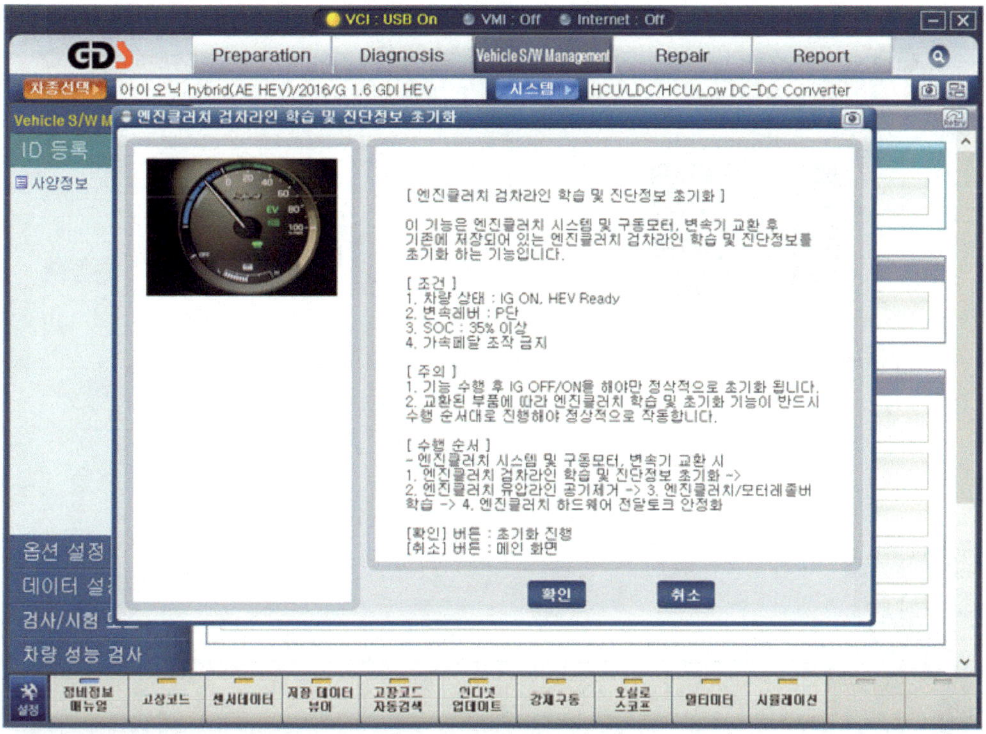


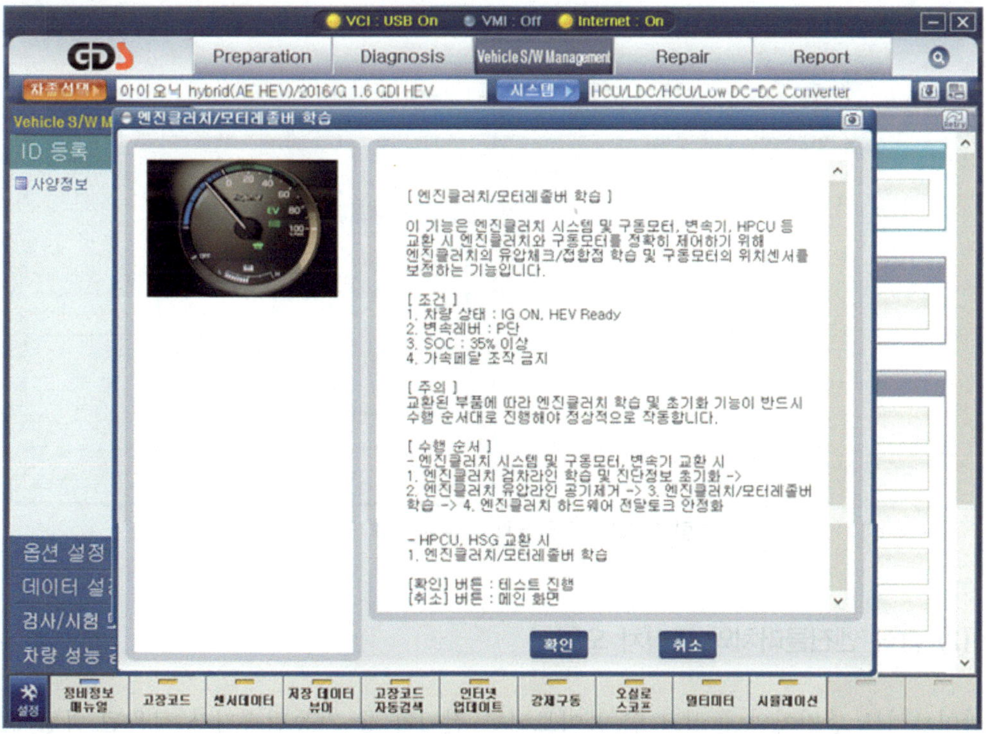


그림 2-31 엔진클러치 구동모터 레졸버 학습

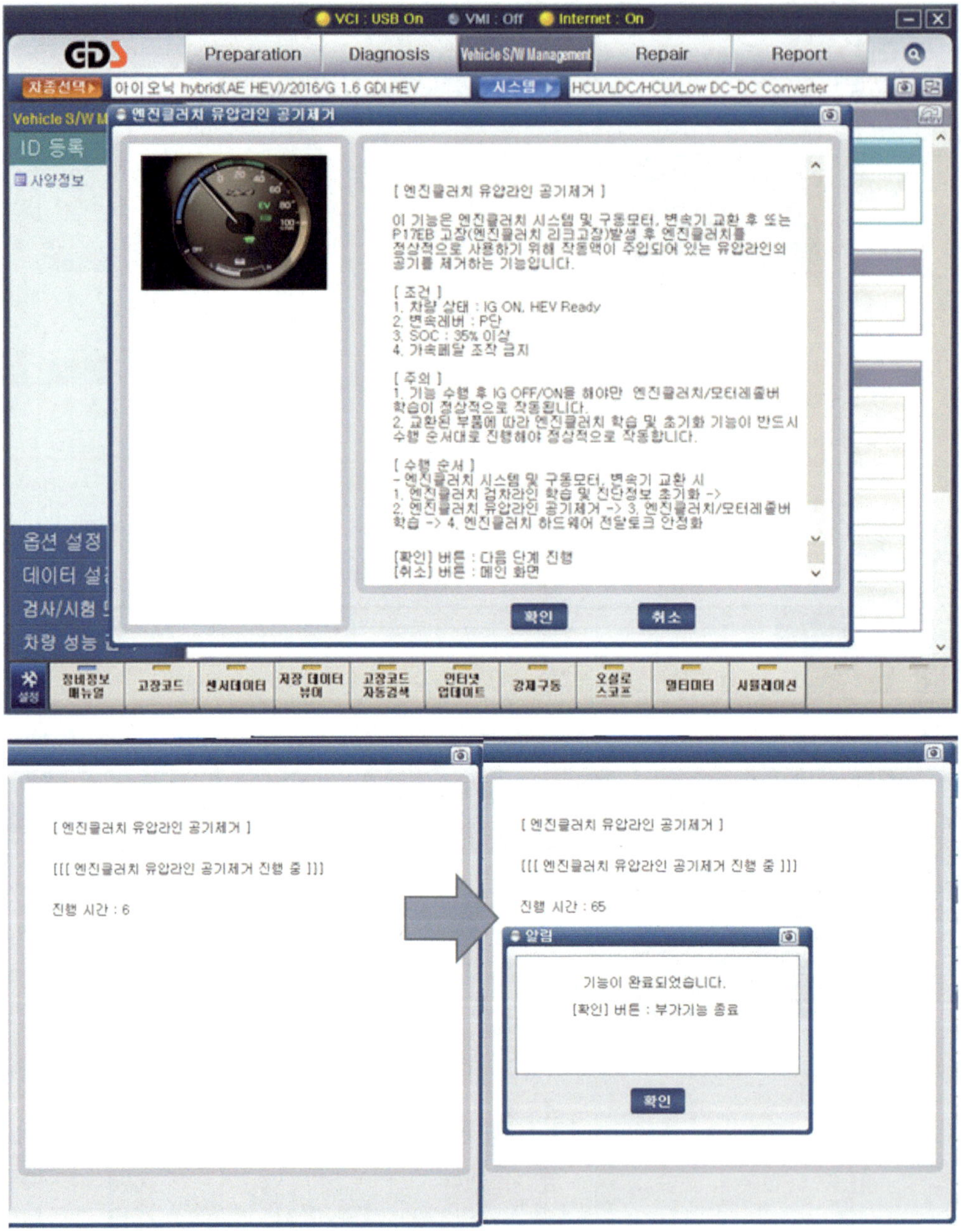


그림 2-32 엔진클러치 오일교환 후 공기빼기

### (2) 습식 엔진클러치와 클러치 오일

하이브리드 전기차와 플러그 인 하이브리드 전기차 중 자동변속기가 적용된 차량에는 습식클러치가 설치되어 있는데 이는 자동변속기에서 사용하는 습식 다판클러치와 같은 형태의 클러치가 설치되어 있어 일반적으로 단순교환이 어렵고 자동변속기의 클러치가 엔진클러치와 마모되는 시점이 유사하기에 엔진클러치가 마모되면 자동변속기의 오버홀도 함께 진행하는 것이 바람직하다.

그림 2-33 습식엔진클러치와 구동모터

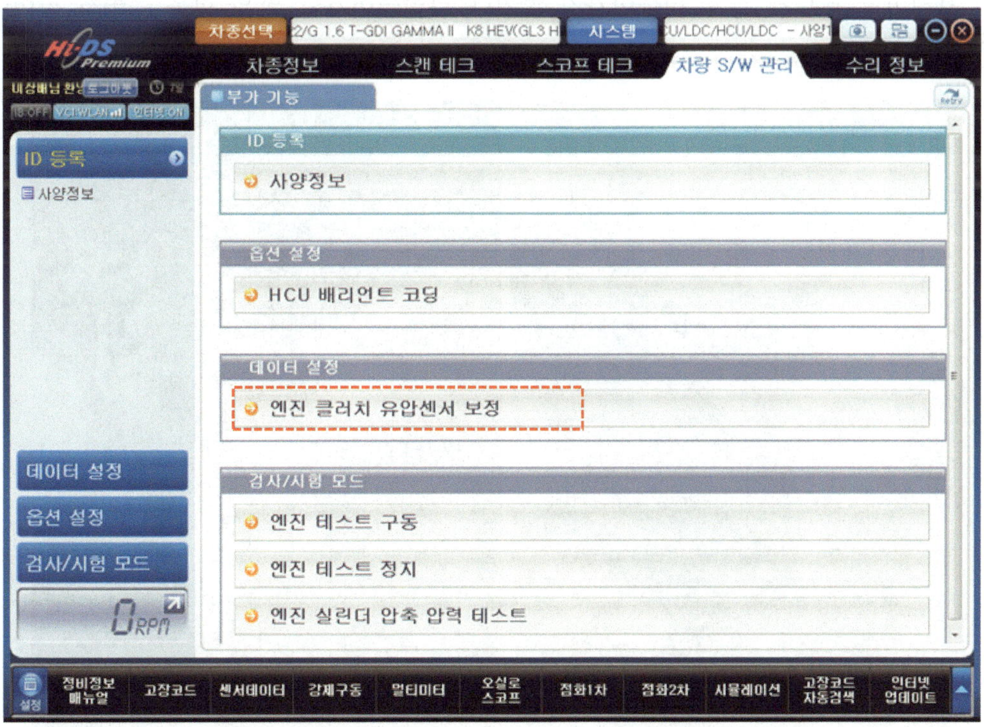

그림 2-34 K8 엔진 클러치 유압센서 보정

## [2] 브레이크 패드와 브레이크 액

전기차의 브레이크는 대부분 전자식 브레이크 장치가 적용되어 있고 그에 따라 브레이크 장치가 기존의 내연기관 차량과 차이가 있다.

**전기차들의 브레이크 장치는 기본적인 잔압형성을 위해 유압이 일정량 이상 걸려있어 브레이크 관련된 작업시 반드시 배터리 마이너스를 탈거하고 작업해야 한다.**

### (1) 브레이크 패드

하이브리드 전기차와 배터리 전기차 그리고 수소전기차들 대부분이 전자식 브레이크 장치인 iEB가 설치되어 있어 진공장치가 없고 전자식으로 유압을 보조하는 역할을 한다.

그에 따라 기본적인 잔압의 형성으로 인하여 브레이크 패드를 교환 하는 경우 일반 내연기관 차량에서는 단순히 시동만 OFf 한 상태에서 브레이크 패드를 밀어 넣어서 교환 작업이 가능하다. 하지만 전자식 브레이크 장치가 설치되 전기차들은 기존 잔압으로 인하여 브레이크 패드가 잘 밀려들어가지 않거나 밀려들어가도 많은 힘을 주어서 밀어야 한다.

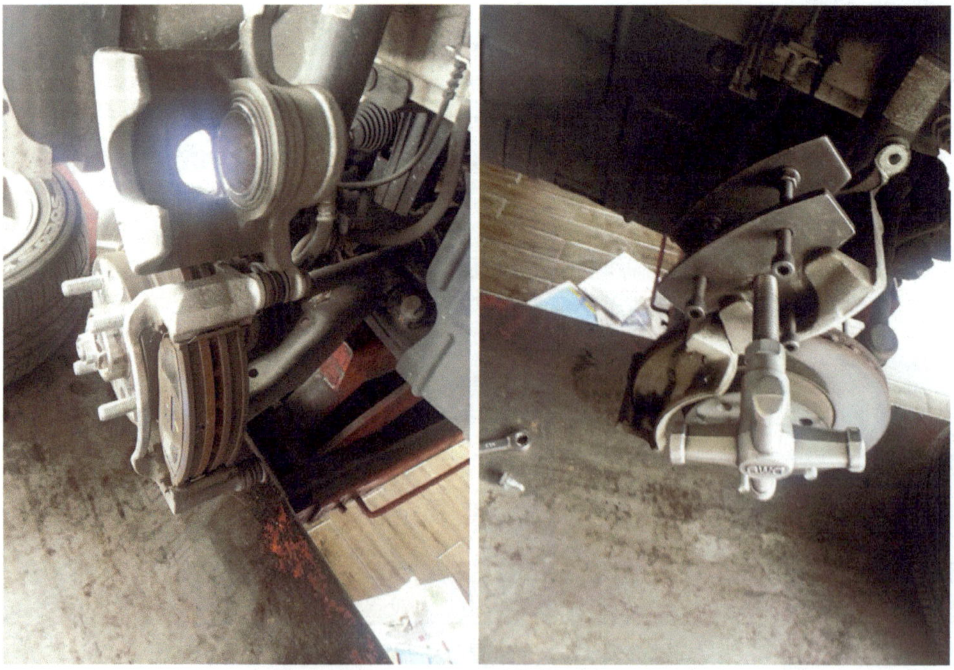

그림 2-35 배터리 (-) 단차 탈거 후 브레이크 캘리퍼 밀어 넣기

그래서 브레이크 패드를 교환할 때 배터리 마이너스 단자를 탈착하거나 iEB 모듈의 전원 커넥터를 탈거해 브레이크 라인에 잔압을 해제한 상태에서 브레이크 패드를 밀어 교환하면 손쉽게 브레이크 패드를 교환할 수 있다.

### (2) 브레이크 액

하이브리드 전기차 및 배터리 전기차와 수소전기차 모두 유압식 브레이크 장치를 사용하고 있기에 일정시점이 지나면 브레이크 액을 교환해야 한다. 차량에 따라 차이가 있을 수 있지만 대부분의 전기차들이 전자식 브레이크 방식을 적용하고 있어 브레이크 액 라인에 잔압이 설정되어 있고 그 잔압을 해제하지 않은 상태에서 브레이크 액을 교환하면 빠진 잔압 만큼 브레이크 패달의 답력이 낮아져 페달이 큰 저항없이 푹 내려간다.

브레이크 액 교환시 반드시 배터리 마이너스 단자를 탈거하거나 iBAU 유닛의 커넥터를 탈거해 브레이크 라인에 잔압을 해재한 상태에서 교환해야 한다.

그림 2-36 브레이크 액 교환 및 공기빼기

□ 친환경차에 적용중인 통합 브레이크 모듈 IBAU의 공기빼기 작업 방법

IBAU는 저압유로, 고압유로, 페달시뮬레이터 유로로 총 3개 유로로 구성되어 있어 3개 유로를 순차적으로 공기빼기 하여야 한다.

만약 3개 유로 중 누락된 유로가 있을 경우 소음현상이 재발생할 가능성이 있으므로 반드시 순차적으로 진행해야 한다.

– 먼저 1단계인 저압유로(리저버 → PSU) 및 페달시뮬레이터 유로 공기빼기

IBAU의 커넥터를 분리하고 브레이크 액 주입기 또는 브레이크 액 교환기를 차량에 연결한 후 IBAU의 공기빼기를 실시한 후 캘리퍼의 공기빼기 실시

첫 번째로 IBAU의 커넥터를 분리하거나  차량 배터리의 마이너스 단자를 탈거하여도 되나 전원 12V 배터리인 저전압 배터리가 리튬이온 배터리가 적용된 하이브리드 전기차량 일부와 넥쏘 수소전기차의 경우 전원 배터리의 마이너스 단자를 탈거하기가 힘들어 IBAU 커넥터를 분리하시는 것이 좋다.

리저버 캡을 열고 브레이크 액 주입기 또는 또는 브레이크 액 교환기 연결, 이때에 IBAU 내부에 이물질이 들어가지 않도록 리저버의 필터는 제거하지 않는다.

브레이크 액 주입기 또는 브레이크 액 교환기에 브레이크 액을 충분히 보충한 후 주입기를 연결 후 압력을 3~ 4bar로 가압

준비를 끝내면

먼저 IBAU 상단 스크류를 30초간 열어 브레이크 액을 배출한 후 잠근다. 이때 스크류는 $\frac{1}{4}$ 정도만 열어야 하는데, 너무 많이 열면 공기가 역으로 들어갈 수 있기 때문이다.

시스템 내 잔존해 있는 공기를 배출하기 위해서 주 작업자는 IBAU 상단 스크류를 열고 보조 작업자는 페달을 강하고 빠르면서 깊게 10회에서 20회 정도 밟아 브레이크 액을 추가 배출시키고 잠근다.

공기 빼기는 페달 작업이 필요하여 반드시 2명이 작업을 진행하고 상단이 끝나면 하단 스크류도 상단스크류와 동일하게 작업한다.

스크류를 30초간 열어 브레이크 액을 배출 후 잠그는데 상단 스크류와 동일하게 하단 스크류도 시스템 내 잔존해 있는 공기를 배출하기 위해 주 작업자는 스크류를 열고 보조

작업자는 페달을 강하고 빠르면서 깊게 밟아 브레이크 액을 추가 배출시키고 잠근다.

이 작업은 반드시 상단과 하단을 따로 모두 진행해야 한다.

IBAU쪽을 완료하시고 캘리퍼에서 공기빼기 작업을 실시하는데 캘리퍼는 4개 모두 진행하되 순서는 뒤에 오른쪽부터 시작하여 뒤에 왼쪽, 앞측의 오른쪽, 앞측의 왼쪽의 순서로 진행한다.

먼저 한측의 캘리퍼 스크류를 30초간 열어 브레이크 액을 배출 후 잠그고 시스템 내 잔존 공기 배출을 위하여 주 작업자는 캘리퍼 스크류를 열고 보조 작업자는 강하고 빠르며 깊게 페달을 밟아 브레이크 액을 추가로 배출시키고 잠근다.

캘리퍼의 스크류도 마찬가지로 $\frac{1}{4}$만 열어야 하며, 순서대로 모두 동일한 방법으로 공기 빼기를 진행한다.

그림 2-37 iBAU(iEB)

– 2단계 고압유로 공기빼기 작업(PSU → 캘리퍼)

2단계를 진행하기 위해서 앞에서 탈착한 iBAU의 커넥터를 장착하거나 배터리 마이너스 단자를 장착한다. 고압유로의 공기빼기는 차량의 공기빼기 모드를 통해서 진행하기 때문에 iBAU를 작동해야 한다.

차량의 공기빼기 모드를 진입하기 위해서는 시동을 켠 상태에서 ESC OFF 스위치를 5초 이상 누르고 브레이크 페달을 풀 스트로크로 10회 연속 밟는다. 이후 시동을 껐다가 켠 다음 ABS 경고등과 VDC OFF 경고등, 브레이크 경고등 이 3개의 경고등이 점등되면 정상적으로 공기빼기모드에 진입한 것으로 만일 3개 모두 점등되지 않을 경우에는 다시 실시한다.

그림 2-38 공기빼기 모드 진입시 경고등 점등

공기빼기 모드 진입은 30초 이내에 실행되는데, 공기빼기 모드에 진입하면 캘리퍼의 공기빼기를 진행한다. 캘리퍼의 스크류를 3초간 열고 닫는 것을 10회 이상 반복하셔야 하며, 보조 작업자는 작업자가 스크류를 열고 닫을 때 페달을 짧게 밟고 놓는 것을 반복한다.

브레이크 스트로크 기준 30에서 50mm 정도 밟고 놓는 것을 반복하며,
추가로 차량의 뒤측 캘리퍼가 MOC 타입일 경우 캘리퍼 하우징 부위를 고무망치로 가볍게 타격한 후 스크류를 열고 닫아야 하며 이때의 보조작업자는 "EPB" 스위치를 "ON", "OFF" 반복하면서 브레이크 페달을 밟고 놓으면서 각 바퀴별로 공기빼기를 실시한다.

공기빼기가 모두 완료되면 시동을 끄거나 "ESC OFF" 스위치를 누르면 공기빼기 모드가 해제된다.

- 3단계 강제순환 모드 및 작동상태 확인

설치한 브레이크 액 주입기 또는 브레이크 액 교환기를 탈거하고, 시동을 켠 후 진단기를 연결해 강제순환 모드를 실시한다.(약 20분 가량 소요)

강제순환 모드를 실시할 때 소요되는 시간으로 인해 차량 배터리가 방전될 수 있기에 시동을 켜고 작업하거나 파워서플라이를 이용해 12V 전원 배터리가 방전되지 않도록 조치한 후 작업한다.

**스캔툴을 이용해 "제동제어 → 부가기능 → 강제순환"** 순으로 진입해 구동하고, 강제순환 모드가 완료되면 공기 빼기 작업이 마무리된다.

공기 빼기 작업이 완료 후 **시운전 시에 브레이크 페달의 스폰지감이나 제동응답이 늦을 경우에는 공기 빼기가 잘못되었을 가능성이 높으니 처음부터 재실시하고 소음만 재발생되는 경우는 3단계 강제 순환 모드를 재실시 하면 된다.**

그림 2-39 HCU 공기빼기

그림 2-40 HCU 공기빼기 2

## 생각해보기

**2.1** 하이브리드 전기차 엔진의 엔진오일과 내연기관 차량의 엔진오일에 대하여 설명하시오.

(1) 내연기관 엔진오일의 특징

(2) 하이브리드 전기차 엔진오일의 특징

**2.2** 하이브리드 전기차의 엔진강제시동에 대하여 설명하시오.

(1) 엔진강제시동의 용도

(2) 엔진강제시동 방법

**2.3** 하이브리드 전기차 엔진 구동벨트에 대하여 설명하시오.

**2.4** 전기차의 냉각수에 대하여 설명하시오.

(1) 하이브리드 전기차의 냉각수 종류

(2) 배터리 전기차의 냉각수 종류

(3) 수소연료전지 전기차의 냉각수 종류

**2.5** 배터리 전기차의 배터리 시스템 냉각부동액에 대하여 설명하시오.

(1) 특징 및 주의사항

(2) 사용기간 및 저장기간

**2.6** 수소연료전지 전기차의 연료전지 스택 냉각부동액에 대하여 설명하시오.

(1) 특징 및 주의사항

(2) 사용기간 및 저장기간

**2.7** 배터리 전기차의 감속기 오일에 대하여 설명하시오.

**2.8** 전기차의 브레이크 패드 교환 작업시 주의사항에 대하여 설명하시오.

**2.9** 전기차의 브레이크 액 교환시 주의사항에 대하여 설명하시오.

**2.10** 전기차의 브레이크 라인 공기빼기기 모드진입시 점등하는 경고등에 대하여 설명하시오.

CHAPTER 03

# 전기차의 고장진단

## 3.1 전기차의 엔진

**학습목표**

- 전기차 엔진 크랭킹 고장을 진단하고 수리할 수 있다.
- 전기차 엔진 과열 고장을 진단하고 수리할 수 있다.
- 전기차 엔진 부조 고장을 진단하고 수리할 수 있다.

### [1] 엔진 크랭킹 불량

하이브리드 전기차량은 엔진을 참재한 전기차로 엔진에 발생한 고장진단은 기존의 내연기관이 탑재된 차량과 크게 다르지 않지만 엔진의 크랭킹이 되지 않는 고장은 기존의 내연기관 차량과 다르다.

내연기관 차량의 엔진의 크랭킹은 스타트 모터가 엔진을 구동해 시동을 걸지만 하이브리드 전기차의 경우 HSG(Hybrid Starter Generator)가 엔진을 구동해 시동을 걸기에 HSG에 고장이 발생하거나 HSG 구동벨트가 느슨하거나 손상된 경우 엔진 크랭킹이 되지 않는다.

하이브리드 전기차의 HSG는 이름 그대로 시동모터이면서 발전기이다. 그래서 엔진의 시동 과 전력생산 이 두 가지 주요 기능을 수행하는 핵심 부품으로 기존 내연기관 차량의 스타터 모터와 발전기를 하나로 통합하여 효율성을 향상시키고 엔진 시동 및 전력 회수를 가능하게 한다.

HSG는 고전압 배터리로부터 전력을 공급받아 엔진을 시동하는데, 기존 스타터 모터에 비해 조용하고 부드러운 시동이 가능하다.

이 HSG의 원리를 이해하면 관련된 고장을 쉽게 추측할 수 있다.

① **구동 배터리(고전압 배터리)가 방전되면 HSG는 엔진을 시동할 수 없다.**
② HSG 내부 인버터에 고장이 발생하면 엔진을 시동할 수 없다.
③ 구동벨트가 늘어나거나 손상되면 엔진을 시동할 수 없다.
④ 구동벨트 텐셔너가 손상되면 엔진을 시동할 수 없다.

HSG의 주요 구성 요소

- 스테이터: 고정된 자석으로 구성된 부품이며, 회전자의 회전을 통해 전력생성
- 회전자: 전기자석으로 구성된 부품이며, 스테이터 내부에서 회전하면서 전력 생성 및 소비
- 컨트롤러: HSG의 작동을 제어, 엔진 시동, 전력 회수, 배터리 충전 등 관리
- 냉각 시스템: HSG 작동 시 발생하는 열을 방출

## 하이브리드 전기차의 엔진 크랭킹은 HSG에 책임이 있다.

그림 3-1 하이브리드 전기차 HSG 교환

그림 3-2 구동벨트 텐셔너 불량으로 엔진시동시 불꽃 발생

그림 3-3 YF 쏘나타 하이브리드 전기차의 구동벨트 교환

## [2] 엔진 과열

엔진과열은 일반 내연기관이 탑재된 차량 뿐아니라 하이브리드 전기차량에서 나타나는 현상으로 과거 쏘나타 2, 3 차량에서는 엔진의 온도 즉 서머스탯의 전개 온도가 약 80~90℃ 정도가 냉각수의 온도였으나 이후에 출시된 차량에 탑재된 차량들에서는 서머스택의 전개온도가 훨씬 높은 100℃부근에서 열리고 냉각팬의 작동온도도 상향되어 있어있다.

엔진의 작동온도가 높아지고 엔진의 실린더 블록이 차량무게 감량을 위해 알루미늄으로 제작되면서 자칫 조금이라도 엔진관리가 소홀해지면 엔진이 쉽게 과열된다.

그림 3-4 하이브리드 전기차의 엔진과열 경고등 MQ4 HEV

기존 내연기관이 탑재된 차량에서는 엔진의 냉각을 위한 냉각수의 순환을 구동벨트로 연결된 워터펌프가 수행하였지만 하이브리드 전기차에서는 난방을 위해 실내 히터코어로 냉각수를 공급하기위해 별도의 전동식 워터펌프를 사용하거나 기존의 기계식 워터펌프 대신 전동식 워터 펌프만을 적용하기도 한다.

엔진에 따라서는 기계식 서머스탯을 삭제하거나 전자식 서머스탯을 함께 적용한 엔진도 있는데 관련된 고장이 발생하면서 엔진이 과열되어 엔진의 헤드나 실린더 블록까지 손상이 발생하기도 한다.

하이브리드 전기차의 엔진 냉각수는 일반 부동액을 혼합해서 주입하면되고 엔진과열이 발생할 경우 냉각수의 누수를 점검하고 수리하면 된다.

그림 3-5 하이브리드 전기차의 전동식 워터펌프와 서머스탯 LF HEV

## ○ 통합 유량 제어 밸브(ITM : Integrated Flow control Module)

현대 · 기아자동차에서 생산한 하이브리드 전기차 중 "감마 Ⅲ T-GDI" 엔진이 탑재된 하이브리드 전기차량에 적용된 통합 유량 제어 밸브(ITM)은 냉각수의 온도에 따라 냉각수 유량을 제어하는 장치로 초기 시동시 통합 유량 제어 밸브(ITM)는 냉각수의 유로를 엔진으로만 흐르도록 조절하여 엔진의 빠른 워밍업을 통해 엔진의 효율을 높여 연비향상을 돕는다.

또 냉각수의 온도가 적정온도로 올라가게 되면 통합 유량 제어 밸브(ITM)는 라디에이터와 히터코어로 냉각수를 순환하도록 밸브를 열어주게 되는데 기존의 서머스탯의 역할과 같지만 서머스택은 냉각수의 온도에 따라 라디에이터로 보내는 냉각수를 단속하는 역할만을 하였다.

통합 유량 제어 밸브(ITM)는 서머스탯의 단순한 작동을 넘어 히터코어로 공급되는 냉각수와 엔진오일 쿨러로 공급되는 냉각수를 각각 단속하면서 라디에이터로 보내는 냉각수까지 단속하여 엔진의 효율과 냉난방장치의 효율 등을 향상시킨다.

기존의 서머스탯의 작동이 불량하면 엔진이 쉽게 과열되고 운전자는 이를 엔진온도 게이지로만 파악할 수 있어 자칫 빨리 온도게이지를 확인하지 못하고 조치가 늦어지면 엔진이 손상되었지만, 통합 유량 제어 밸브(ITM)가 적용되면서 엔진 ECU가 고장을 파악하고 경고등을 점등하여 엔진의 과열을 방지하고 엔진이 손상되지 전에 운전자에게 알린다.

그래서 엔진과열을 점검할 경우 스캔툴을 이용해 **센서데이터와 부가기능**으로 엔진과열과 관련된 점검으로 고장을 진단하고 수리할 수 있다.

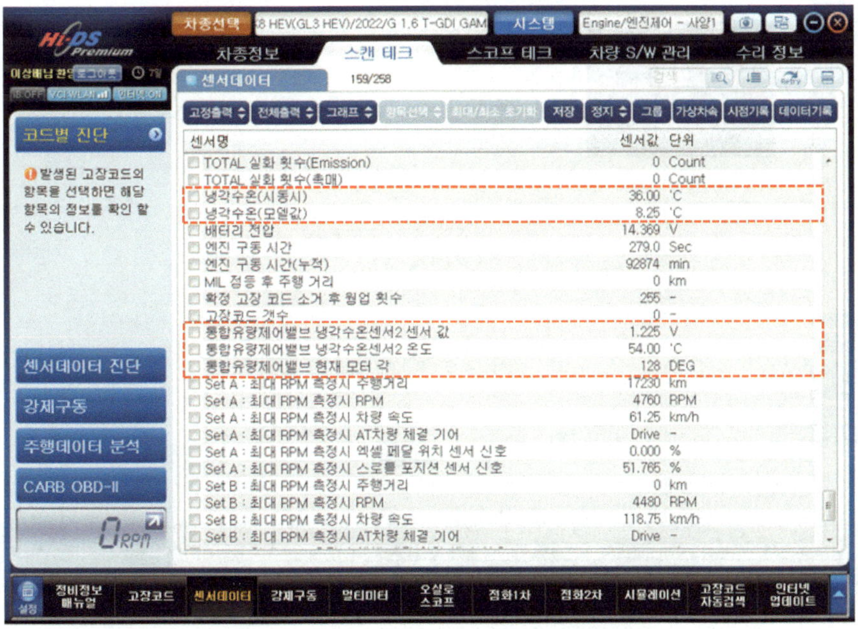

그림 3-6 통합 유량 제어 밸브 센서데이터

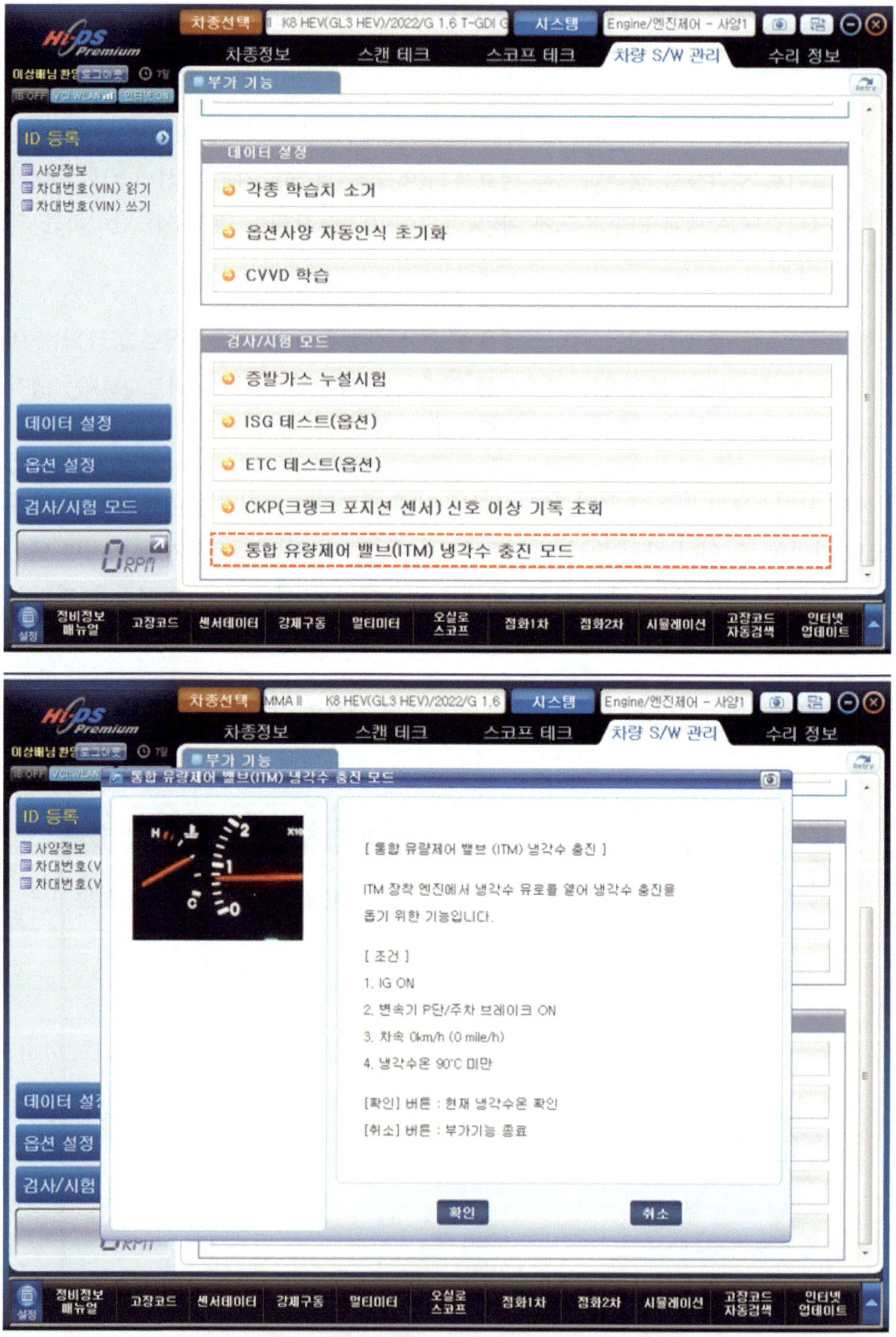


그림 3-7 통합 유량제어 밸브 냉각수 충진 모드

### [3] 엔진 부조

하이브리드 전기차량의 엔진 부조의 원인은 점화장치와 연료장치 그리고 기계적인 장치로 구분할 수 있다. 기계적인 장치의 경우 기존의 내연기관만 탑재된 엔진차량에서 전원 배터리 전압을 이용해 전원 배터리 전압으로 기계적인 장치나 엔진의 부조를 확인할 수 있었다.

하이브리드 전기차의 엔진은 HSG가 엔진을 구동하고 시동상태에서도 전원 배터리의 충전을 LDC가 하기에 전원 배터리의 전압으로 부조실린더를 찾는 것은 불가능하다.

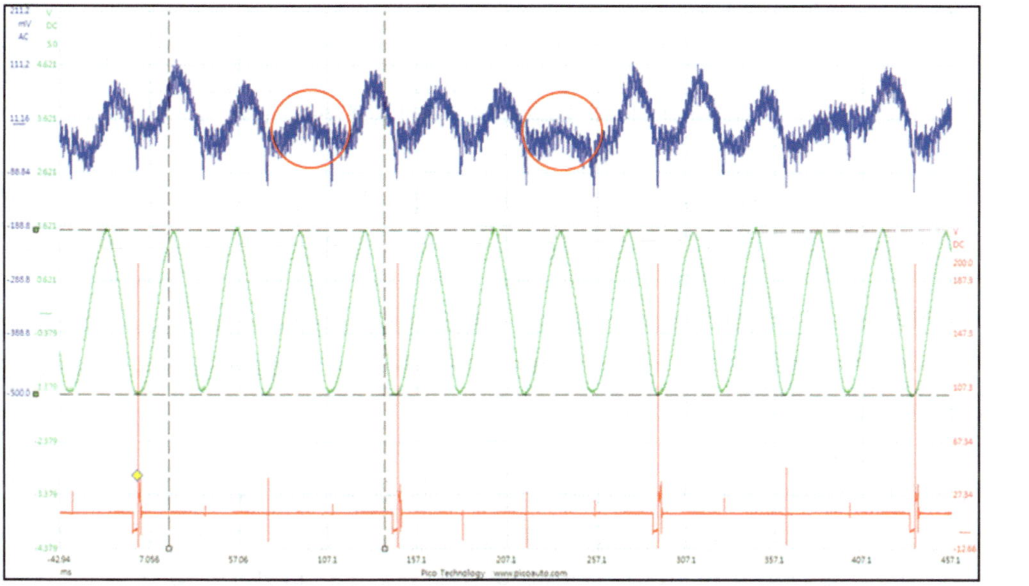

그림 3-8 일반 내연기관차의 전원 배터리 전압을 이용한 부조실린더 검사

엔진의 부조실린더를 판별하기 위해 사용하는 전원 배터리의 전압이 아닌 엔진의 CKP(Crankshaft position sensor)와 CMP(Camshaft position sensor)를 이용하는 방법이 있는데, 오실로 스코프를 이용해 CKP와 CMP 또는 점화파형을 측정하고 CKP의 파형을 수학기능으로 연산해 분당회전수인 rpm으로 연산한다.

이렇게 연산한 엔진의 회전수에서 엔진의 회전수가 상대적으로 낮게 나타나는 부분이 엔진의 부조가 발생하는 실린더로  점화파형을 측정해 해당 실린더가 어느 부분인지 확인할 수 있다.

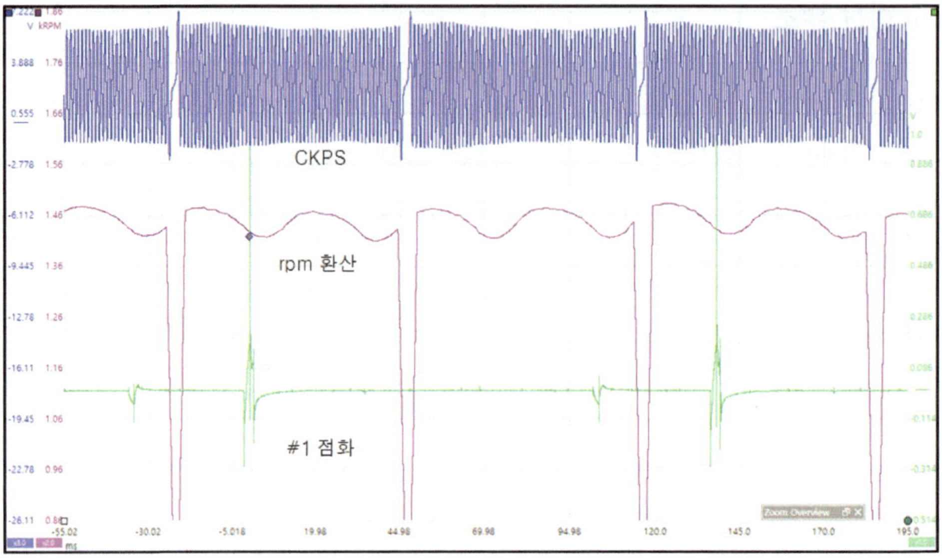


**그림 3-9 CKP와 점화파형을 이용한 부조실린더 판별**

"그림 3-9" 는 CKP와 점화파형을 이용한 부조실린더 판별로 파형을 측정하다는 것이 다소 번거로울 수 있지만 부조실린더를 판별하는데 있어서 매우 정확한 방법이다.

부조실린더가 판별되면 엔진의 기계적인 부분의 고장인지 또는 점화장치나 연료장치의 고장인지를 구분해야 한다. 그래서 장치별로 구분해야하는데, 사람에 따라 차이가 있겠으나 기계적인 장치의 고장을 우선 추천한다.

기계적인 장치의 고장을 먼저 확인하는 이유는 기존의 습관과 연관이 있는데, 일반 내연기관차량에서 엔진의 부조를 점검할 때 배터리 전압으로 엔진의 부조실린더를 우선 판별할 때 배터리에 플러스 마이너스 단자에 연결한 프로브를 탈거하지 않고 바로 시동만 끄고 시동이 안걸리게 한 후 크랭킹하여 엔진의 기계적인 고장으로 엔진의 부조가 발생하는지 구분하였다.

그래서 기존의 습관대로 엔진의 기계적인 부분을 우선 진단하는 것으로 스캔툴을 이용해 엔진 ECU가 아닌 하이브리드 제어기인 HCU의 부가기능에서 "엔진 실린더 압축 압력 테스트" 를 진행해 엔진의 기계적인 상태를 점검하면 된다.

차량에 스캔툴을 설치하고 엔진을 비롯한 하이브리드 제어기 등 차량의 모든 제어기의 고장코드를 우선 검색해 차량에 발생한 고장코드를 우선 점검하고 고장코드 발생시 관련된 사항을 우선 확인하고 만일 고장코드가 발견되지 않으면 부가기능에서 "엔진 실린더 압축 압력 테스트" 를 실행한다.

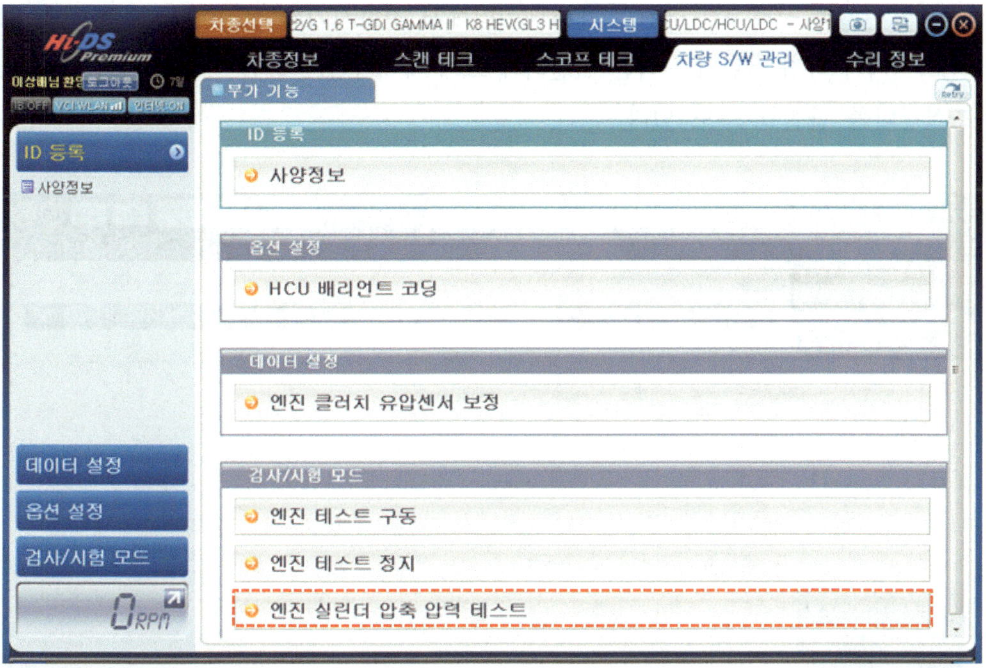


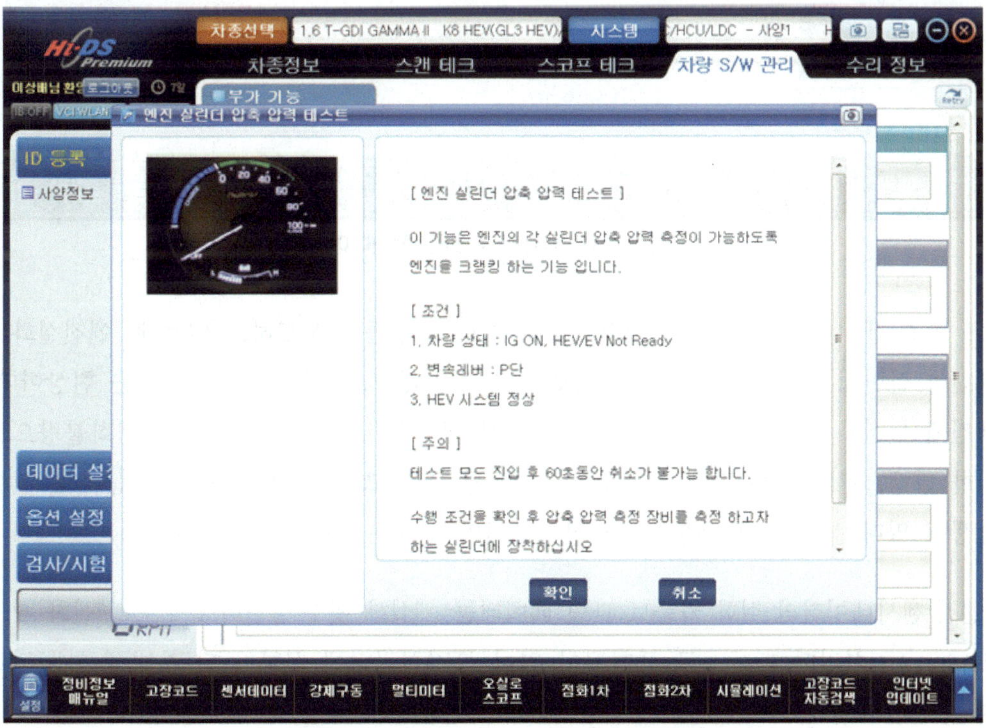


그림 3-10 엔진 실린더 압축 압력 테스트

스캔툴을 연결한 상태에서 엔진의 센서데이터에서 점화시기가 실린더 별로 표시되는데, 이 점화시기가 특정 실린더가 다른 실린더와 크게 차이가 발생하면 이 점화시기 데이터로 부조실린더를 판별할 수도 있다.

그림 3-11 점화시기-엔진 센서데이터

또 엔진 센서데이터에서 각 실린더 별로 실화 횟수를 카운트하고 있는데, 엔진실화란 엔진의 실린더 내부에서 연료가 제대로 연소되지 않고, 불완전하게 연소되는 현상이다. 엔진에서 실화 증상이 발생하는 이유는 크게 세 가지로 나눌 수 있으며, 점화불량으로 인한 발생, 연료 분사 장치 문제로 인한 발생, 그리고 엔진 제어 시스템 문제로 인한 발생이 있다. 실화의 발생이 모두 점화장치의 고장은 아니라는 것이다.

엔진 센서데이터의 실화 카운트 관련 데이터는 "실화 횟수-실린더 1~4", "실화 횟수(Emission)-실린더 1~4" 로 표현되어 있어 특정실린더에 실화가 다량 발생하게 되면 해당 실린더를 기준으로 점화장치를 비롯한 연료장치 등을 점검해야 한다.

그림 3-12 실화 카운트-엔진 센서데이터

그 외 점화장치를 점검하는데 하이브리드 전기차들의 대부분이 1코일 1실린더 방식으로 점화 1차 파형이 측정되는 차량의 경우 점화 1차 파형으로 점화장치를 고장진단하고 그렇지 않은 경우 마그네틱 픽업을 이용해 점화파형을 측정하고 고장진단하면 된다.

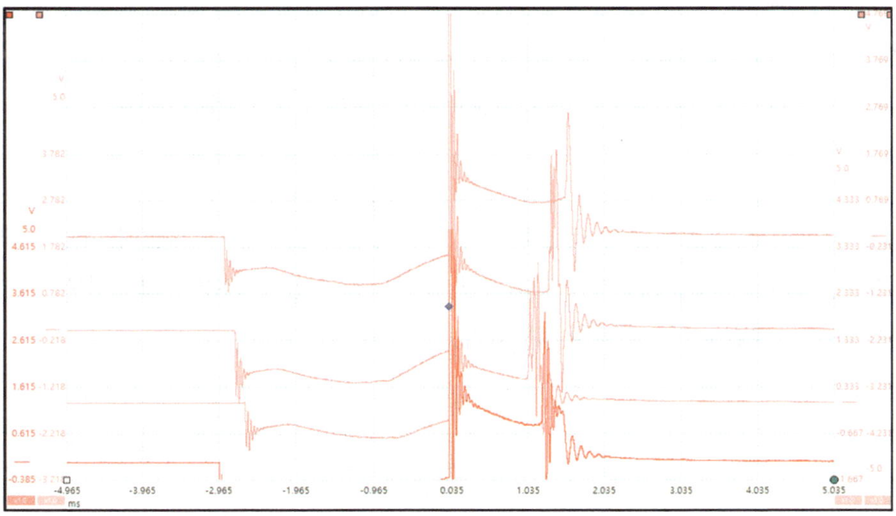

그림 3-13 마그네틱 픽업을 이용해 측정된 점화파형

엔진의 센서데이터에서 연료분사시간을 이용해 부조실린더 및 연료장치인 인젝터를 간접적으로 점검이 가능하다.

그림 3-14 연료분사시간-엔진 센서데이터

## [4] 시동꺼짐

하이브리드 전기차의 엔진도 시동꺼짐이 발생할 수 있는데, 이러한 고장의 경우 연료 또는 연료장치의 고장과 제어 장치 중 CKP 등의 고장으로 인하여 시동 꺼짐이 발생할 수 있다.

시동꺼짐 고장을 진단함에 있어 엔진 ECU의 부가기능을 이용할 수 있는데 이는 "CKP(크랭크 포지션 센서) 신호 이상 기록 조회"라는 기능을 이용해 CKP의 고장여부 또는 간헐적인 이상이 발생한 것을 확인할 수 있다.

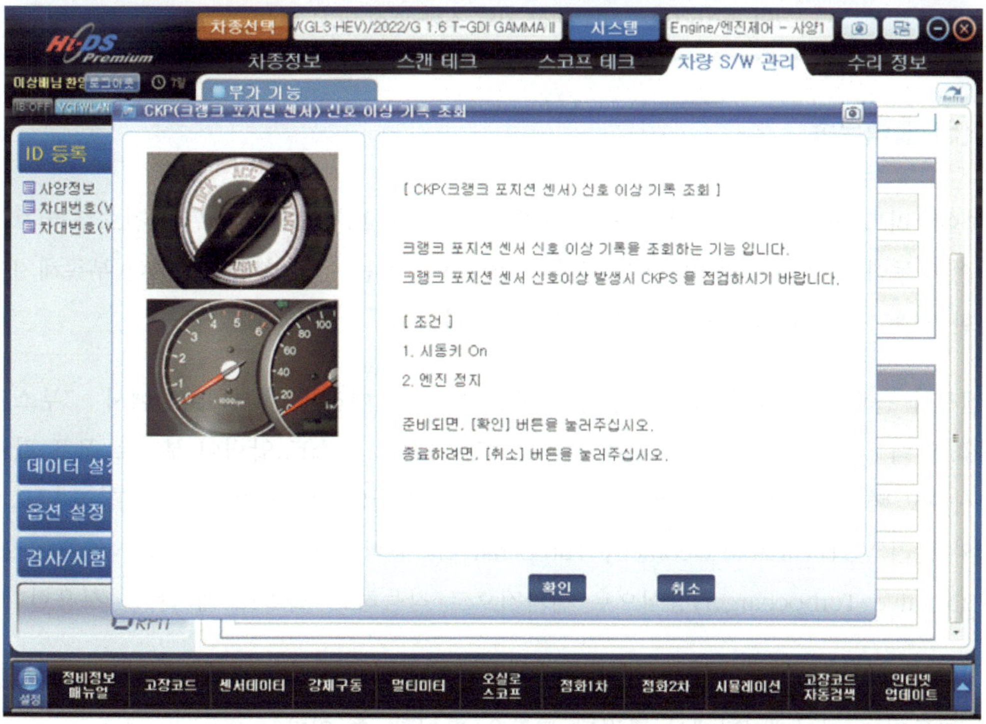


그림 3-15 CKP 신호 이상 기록 조회-엔진 ECU 부가기능

그림 3-16 CKP 신호 이상 기록 조회-엔진 ECU 부가기능 2

## [5] 출력부족

하이브리드 전기차 중 "감마 III T-GDI" 엔진은 터보차저가 장착된 엔진으로 터보차저의 작동이 원활하지 않거나 연료공급이 원활하지 않는 경우차량의 출력이 부족해지고 심한 경우 시동 꺼지는 현상이 발생할 수 있다.

엔진의 출력이 부족해지는 원인 중 부스트 압력은 엔진의 센서데이터에서 "부스트 목표 압력" 과 실제 "부스트 압력" 을 비교해 가속시 부스트 압력이 부스트 목표 값과 유사하고 빠르게 반응하는지 확인하면 되고 가솔린엔진의 터보차저는 디젤엔진의 터보차저와 달리 VGT(Variable Geometry Turbocharger) 방식의 터보차저가 아닌 WGT(Waste Gate valve Turbocharger)방식으로 전자적으로 작동하는 웨스트 게이트를 사용한다.

웨스트 게이트 밸브는 엔진 ECU가 직접제어하기에 관련된 고장발생 고장코드와 경고등이 점등되고 센서데이터에서 관련된 고장을 확인할 수 있다.

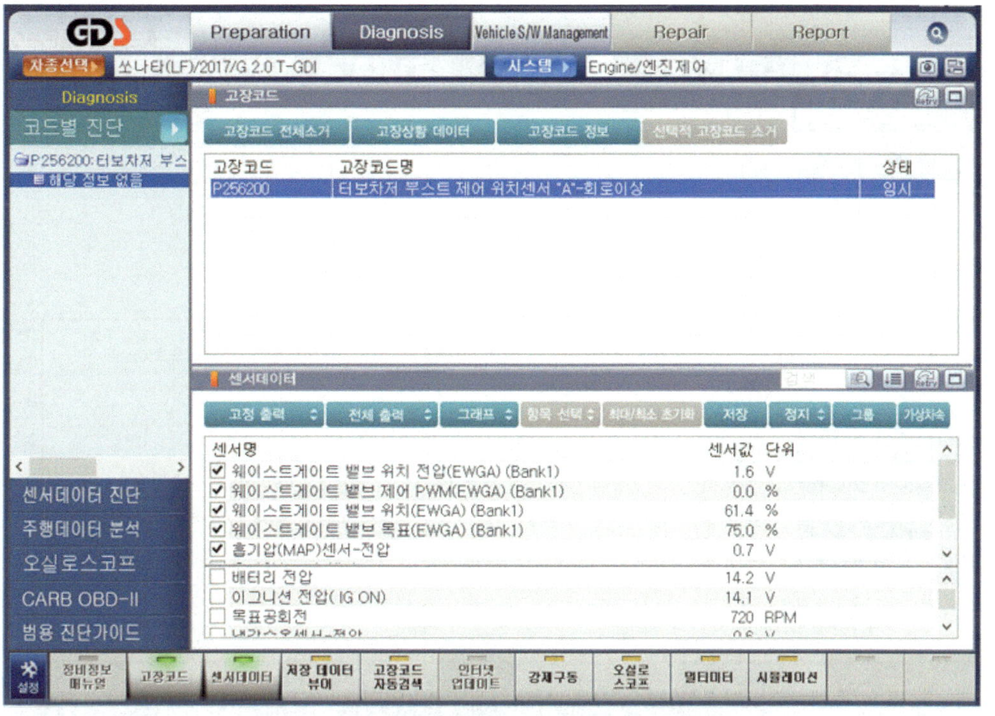

그림 3-17 웨스트 게이트 열림 고착시 고장코드

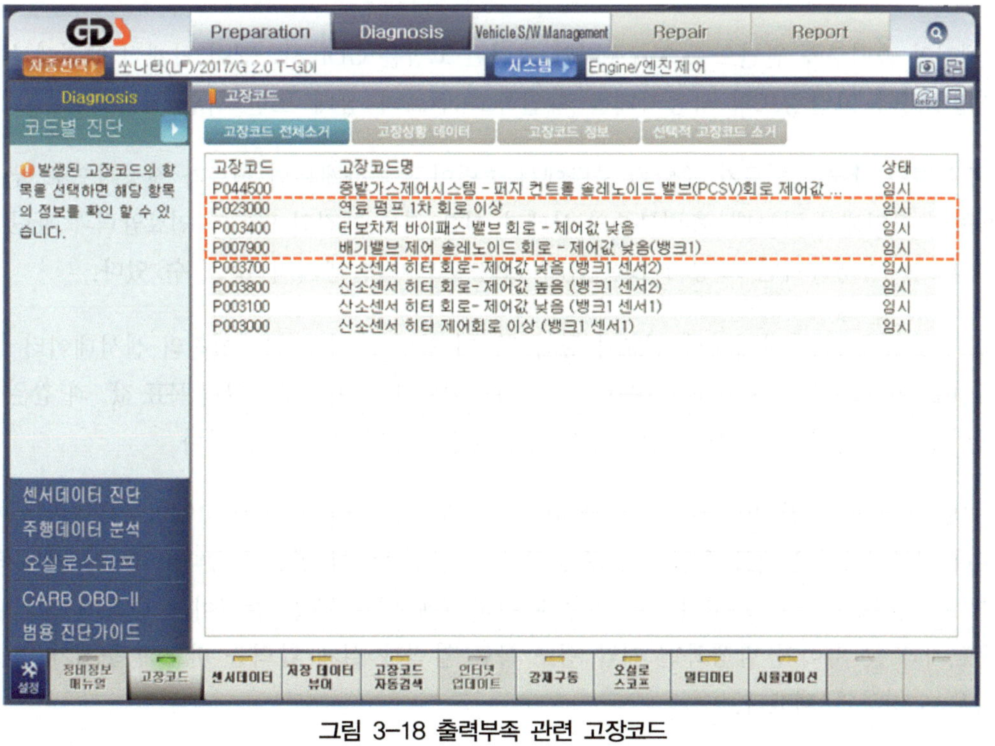

그림 3-18 출력부족 관련 고장코드

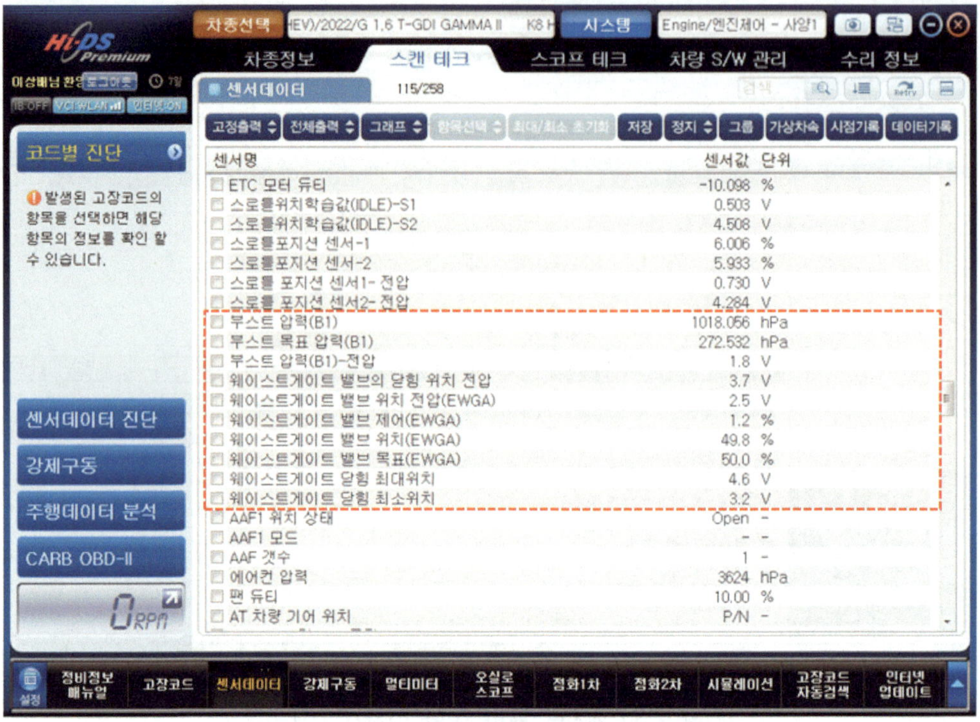


**그림 3-19 부스트 압력과 웨스트 게이트-엔진 센서데이터**

엔진의 출력부족 원인으로 연료장치와 관련된 고장은 GDI 시스템이 탑재된 엔진에서는 저압펌프와 고압펌프의 작동상태를 확인하고 연료의 상태 또한 확인 필요하다.

정상적인 가솔린 연료가 주입된 차량에서 출력이 부족하게되면 연료가 정상적으로 공급되는지 확인해야 하는데, 출력부족의 상태가 심한 경우 엔진의 ECU가 연료압력과 관련된 고장코드를 발생하지만 그렇지 않은 경우 고장코드가 발생되지 않을 수 있다.

고장코드가 없는 상태에서 연료가 공급되는지 확인을 위해서는 엔진의 센서데이터 중 "연료 레일 압력" 을 확인하면 되는데, 연료 레일 압력이 "연료 레일 압력 목표 값" 과 같은지 확인하고 가속시 목표치와 거의 유사하게 상승되는지 확인해야 한다.

만일 연료 레일 압력이 목표치를 잘 따라가지 못하는 경우 단순히 고압펌프를 의심하기 보다 저압펌프의 상태를 우선 확인해야 한다. 저압펌프에서 연료를 제대로 공급하지 못하면 고압펌프는 연료를 고압으로 만들지 못하기에 연료 레일 압력이 상승하지 않거나 목표치와 큰 차이가 발생하면 저압 펌프 목표 압력과 실제 압력을 비교해 문제가 있는 경우 수리하면 되겠다.

**그림 3-20 연료 레일 및 저압펌프 압력-엔진 센서데이터**

이러한 출력부족 현상에서 추가로 확인할 수 있는 것은 노킹에 대한 것으로 엔진 노킹(Engine Knocking)은 엔진 작동 중에 발생하는 현상 중 하나로, 연소 과정이 비정상적으로 진행되어 발생한다.

노킹은 폭발의 타이밍이 잘못되거나 과도한 열 또는 압력으로 인해 시동이 자동으로 발생하는 현상으로 일반적으로 연소 과정에서 시동 촉진이 이루어지는 타이밍이 과도하게 앞당겨지거나 점화장치에서 점화하기 전에 발생하는 데 이를 자기 발화라고도 한다.

노킹에도 다양한 원인이 있을 수 있으나 흔히 나타날 수 있는 고장 요소로는 공연비와 옥탄가 낮은 연료를 예로 들 수 있다. 그래서 엔진의 센서데이터에서 노킹에 대한 데이터를 확인하고 연료와 관련부분을 확인하면 되겠다

또 하이브리드 전기차에서 엔진 공회전에 대한 오해가 많은데 **하이브리드 전기차 엔진의 공회전은 0rpm으로 다시 말해 공회전은 없다. 엔진이 시동 걸린 것은 구동 배터리의 충전을 위한 것이기에 공회전으로 착각하는 일이 없어야 한다.**

그림 3-21 노킹관련-엔진 센서데이터

그림 3-22 엔진의 회전수 공회전 X

# 3.2 전기차 전력부품

**학습목표**

- 전기차 저전압 배터리의 고장을 진단하고 수리할 수 있다.
- 전기차 고전압 배터리의 고장을 진단하고 수리할 수 있다.
- 전기차 구동 모터 및 인버터의 고장을 진단하고 수리할 수 있다.

## [1] 전원 배터리

전기차를 비롯한 대부분의 자동차에서는 12V를 전원으로 각종 제어기 및 전조등과 같은 전장 부품을 작동시키게 된다. 그래서 일반 엔진만 탑재된 차량에서는 단순히 배터리라고만 칭하지만 전기차에서는 차량의 구동을 위한 상대적으로 전압 높은 구동 배터리가 적용되어 있어 전원을 공급하는 배터리를 구분해 표시한다.

그림 3-23 전기차 별 전원 배터리 위치

## (1) 시동 안걸림(방전)

차량에 따라서는 전원 배터리, 보조 배터리, 12V 배터리 등으로 명칭을 다르게 하고 있지만 차량의 각종 제어기 및 전장부품에 전원을 공급하는 것은 동일하다. 전원 배터리가 방전되면 차량에 따라 차이가 있으나 배터리 전력이 적당히 부족한 경우 각종 시스템에 대한 고장 경고가 표시되면서 시동 또는 출발 준비인 "레디" 가 되지 않는다.

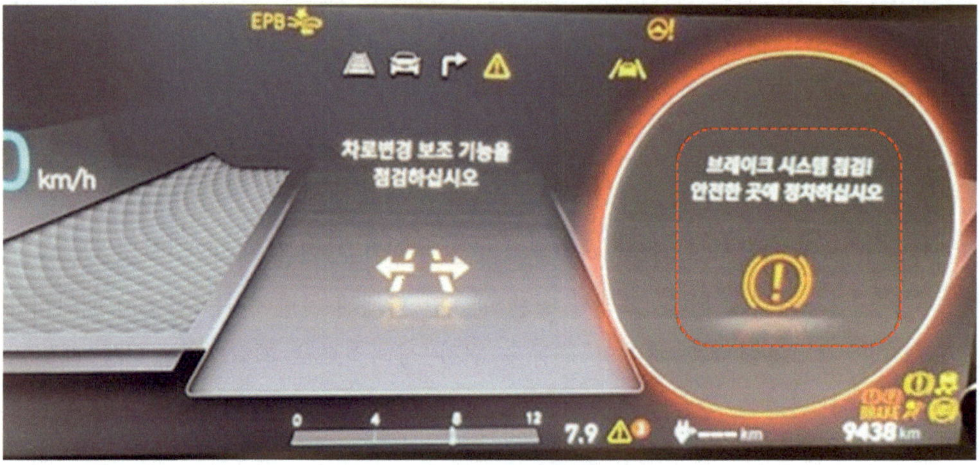

그림 3-24 12V 전원 배터리 방전

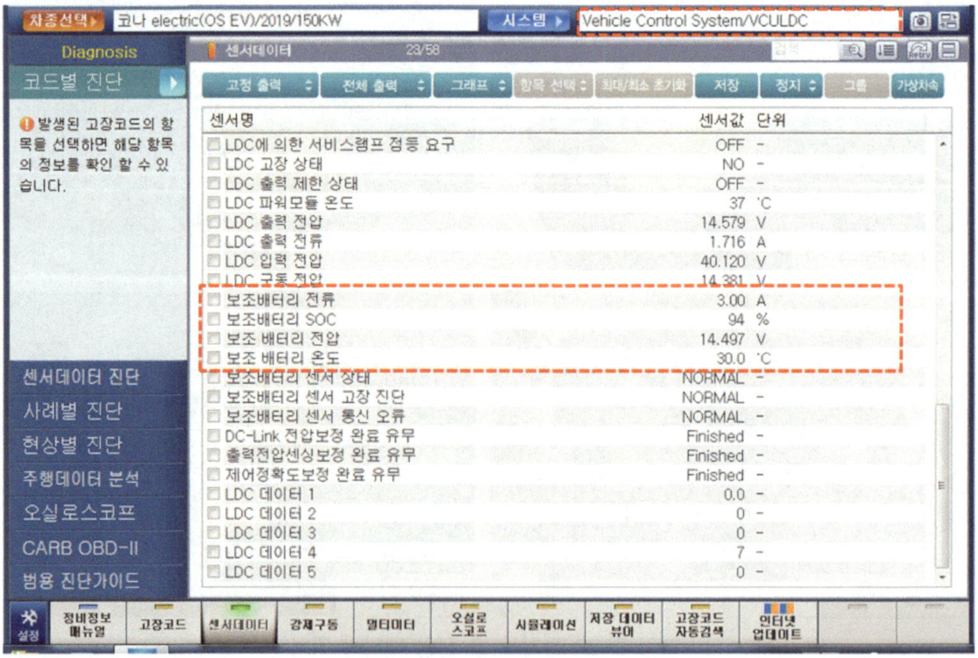

그림 3-25 EV VCU 배터리 정보

전원 배터리가 납산 배터리가 적용된 차량의 기존의 배터리 테스트 장비를 이용해  차량에 따른 제어기에서 전원 배터리의 상태를 확인할 수 있다.

### (2) 방전조치

차량의 방전에 대한 조치는 12V 전원용 배터리를 점프하여 시동하거나 12V 전원용 배터리를 교환하면 된다.

#### ① 납산 배터리 적용 전기차

##### ⓐ 교환

하이브리드 전기차와 배터리 전기차에 적용된 12V 전원용 배터리로 납산 배터리가 적용된 차량의 경우 일반 내연기관의 배터리와 마찬가지로 배터리에 점프선을 이용하여 시동할 수 있으며, 만일 배터리가 과하게 방전된 경우 배터리를 교환하면 된다.

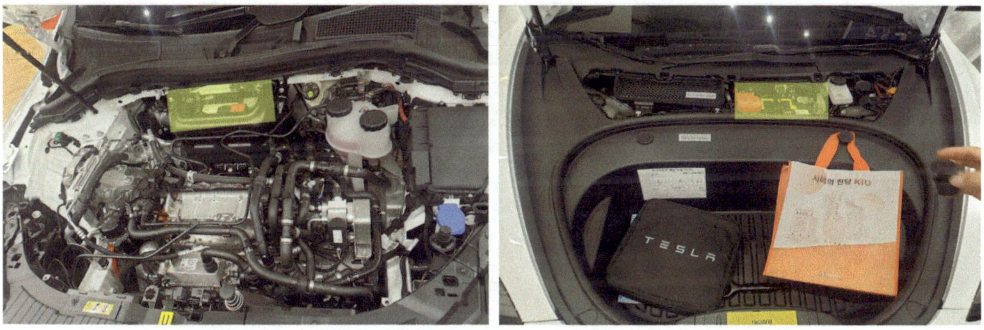

**그림 3-26 배터리 장착위치 벤츠 EQA(좌), 테슬라 모델 3(우)**

##### ⓑ 스캔툴 진단

우리나라에서 출시된 전기차 중 현대 기아차에는 스캔툴을 이용해 SJB 또는 IGPM 등의 부가기능에서 배터리 방전경보이력을 확인할 수 있다.

"그림 3-27" 은 코나EV 차량의 IGPM 부가기능으로 차량의 주차상태에서 배터리의 과소모로 인한 방전기록이 저장되어 있다. 이 기능을 이용해 배터리의 방전이력을 확인하고 과방전이 많이 발생하여 수명이 저하된 배터리는 교환하면 된다.

또 배터리를 교환한 후 "그림 3-27" 과 같이 SJB 또는 IGPM 등에 저장된 배터리 방전이력을 초기화 하면 되겠다.

교환하고 배터리 교환 후 초기화하여 차량의 배터리를 단순히 교환하는 것으로 정비의 끝이 아닌 점을 강조해 고객과의 신뢰를 쌓으면 되겠다.

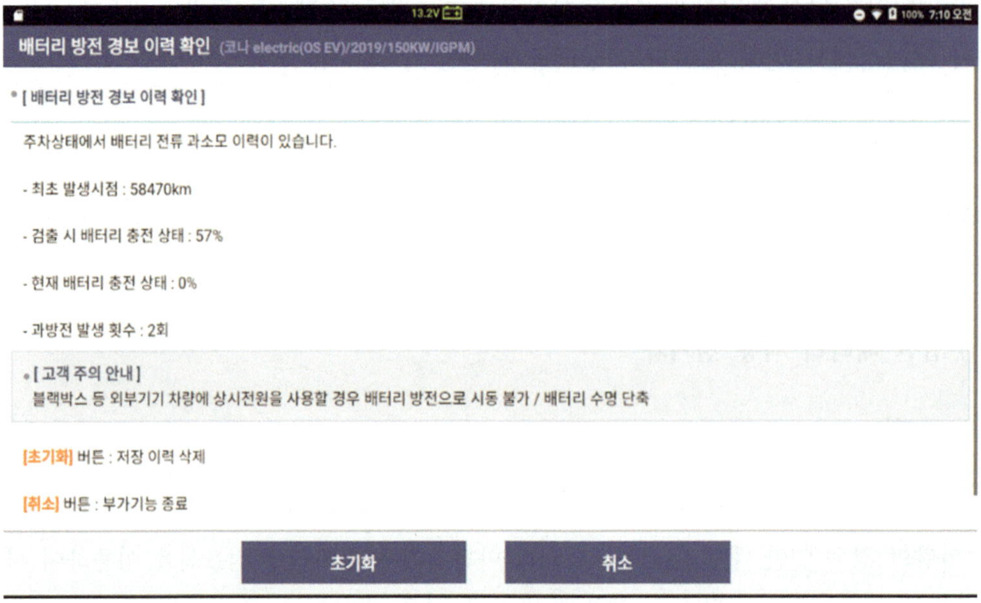


그림 3-27 배터리 방전이력 1

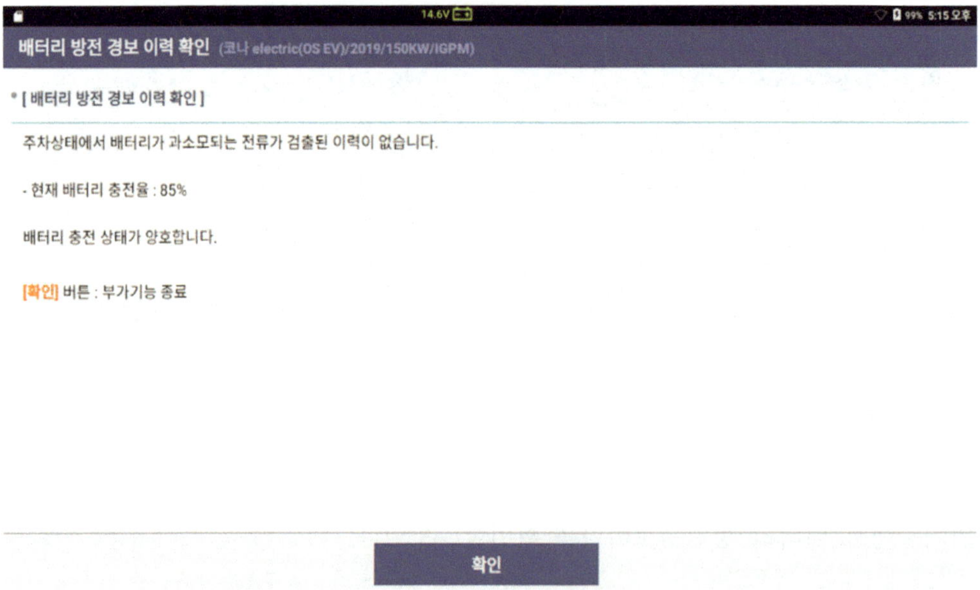


그림 3-28 배터리 방전이력 2

부가기능의 배터리 방전이력을 고객과의 접점으로 객관적인 정보를 이용해 배터리를 교환하고 배터리 교환 후 초기화하여 차량의 배터리를 단순히 교환하는 것으로 정비의 끝이 아닌 점을 강조해 고객과의 신뢰를 쌓으면 되겠다.

### ② 리튬이온 배터리 적용 전기차

전기차 중 리튬이온 배터리가 12V 전원용으로 적용된 차량은 하이브리드 전기차와 수소 연료전지 전기차이다. 수소전기차의 경우 넥쏘 차량이 대표적인 차량이고 하이브리드 전기차는 2017년 9월 이후에 출시된 현대기아 자동차에서 출시된 대부분의 하이브리드 전기차에 12V 전원용 배터리로 리튬이온 배터리가 적용되어 있다.

리튬이온 배터리가 12V 전원용으로 적용된 차량의 경우 리튬이온 배터리의 과방전을 방지하기 위해 래치 릴레이가 적용되어 있고, 그에 따라 **12V 배터리가 방전된 경우 초기화 버턴을 이용해 시동을 걸 수 있다.**

12V 전원용 리튬이온 배터리가 일정량 이상 방전되면 BMS는 래치 릴레이를 작동시켜 12V 전원을 차단해 12V 전원용 리튬이온 배터리가 완전방전되지 않도록 보호한다. 그래서 초기화 버턴을 누르면 12V 전원용 리튬이온 배터리의 남은 전력을 이용하여 시동을 걸 수 있다.

**만일 초기화 버턴으로 시동이 되지 않는 경우 12V 배터리를 점프하거나 교환하면 된다.**

그림 3-29 12V 전원용 리튬이온 배터리 차량의 배터리 초기화

## [2] 12V 충전불량(LDC)

LDC는 Low DC-DC Converter의 약자로 고전압의 직류 전기를 상대적으로 낮은 직류전압으로 변환하는 장치로 대부분의 전기차에 적용된 전원 배터리를 충전하는 장치이다.

전원 배터리의 상태가 좋지 않거나 전원 배터리가 방전되는 경우 전원 배터리가 충전되는지 확인이 필요하다. 그래서 LDC 점검은 전원 배터리에 충전이나 성능에 문제가 발생하였을 때 부가적으로 반드시 확인해야 하는 사항이다.

**그림 3-30 YF 쏘나타 HEV LDC 충전 데이터**

"그림 3-30" 은 YF 쏘나타 하이브리드 전기차의 LDC 데이터로 LDC에서 출력하는 전압과 전원 배터리의 전압을 확인할 수 있는데, 이 차량의 경우 전원 배터리를 보조배터리로 표현하고 있다.

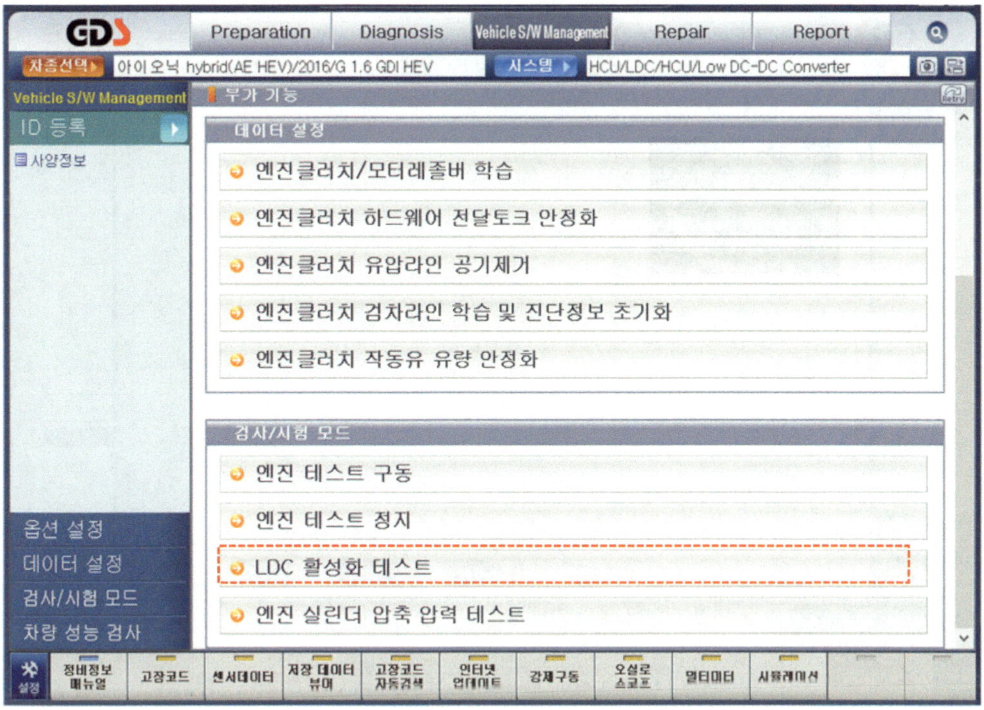


**그림 3-31 LDC 활성화 테스트**

차량에 따라 차이가 있을 수 있으나 2010년 이후 출시된 대부분의 차량들은 배터리 전압 제어방식을 적용하고 있어 차량 운행 중 전원 배터리의 충전상태에 따라 전원 공급장치 인 발전기 또는 LDC의 구동을 조절해 전원 배터리가 적절한 충전상태를 유지하도록 하여 전원 배터리를 과충전하여 발생하는 전원 배터리의 성능저하와 연비저하 등을 줄이고 있다.

전기차들에서는 전원 배터리의 충전상태를 확인하기 위해서는 LDC가 출력하는 전압과 전류를 확인해야 하는데, 배터리의 충전상태에 따라서는 LDC의 출력을 확이 어려울 수 있다. 그래서 LDC의 부가기능에서 "LDC 활성화 테스트" 기능을 이용해 LDC를 강제로 작동하게 하여 LDC의 작동상태를 확인할 수 있다.

차량에 따라서는 "그림 3-32"와 같은 "LDC 활성화 테스트" 기능이 지원되지 않을 수 있는데 이런 경우 전조등과 에어컨과 같은 각종 전기장치를 전부 작동해 전기부하를 가해 LDC가 최대출력으로 작동하게 만들고 전원 배터리로 공급되는 전압을 측정하면 된다.

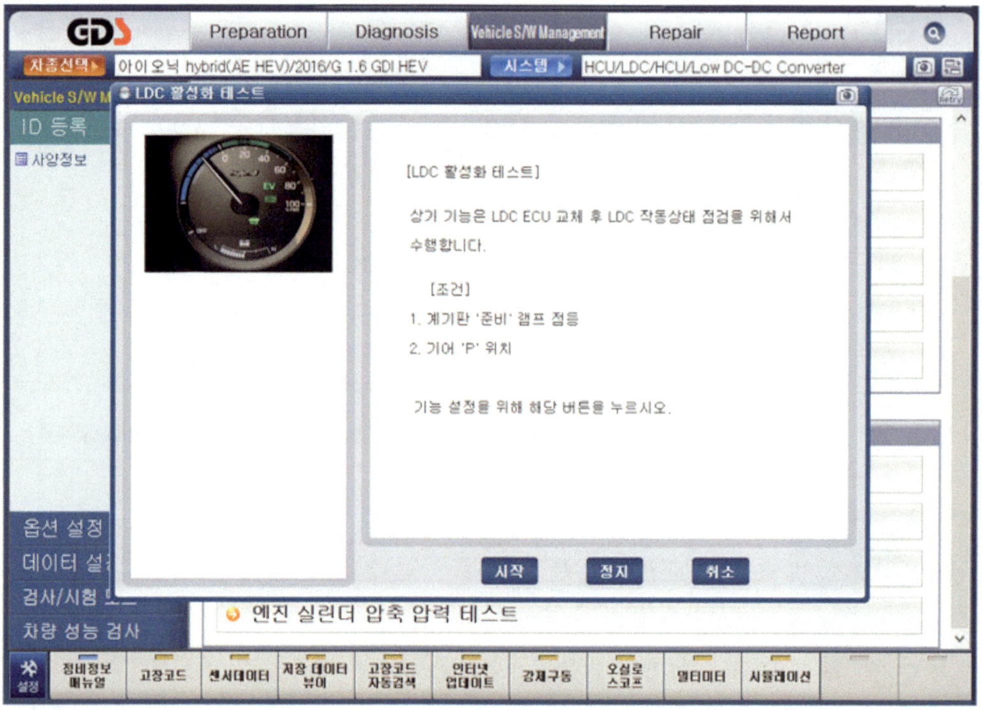

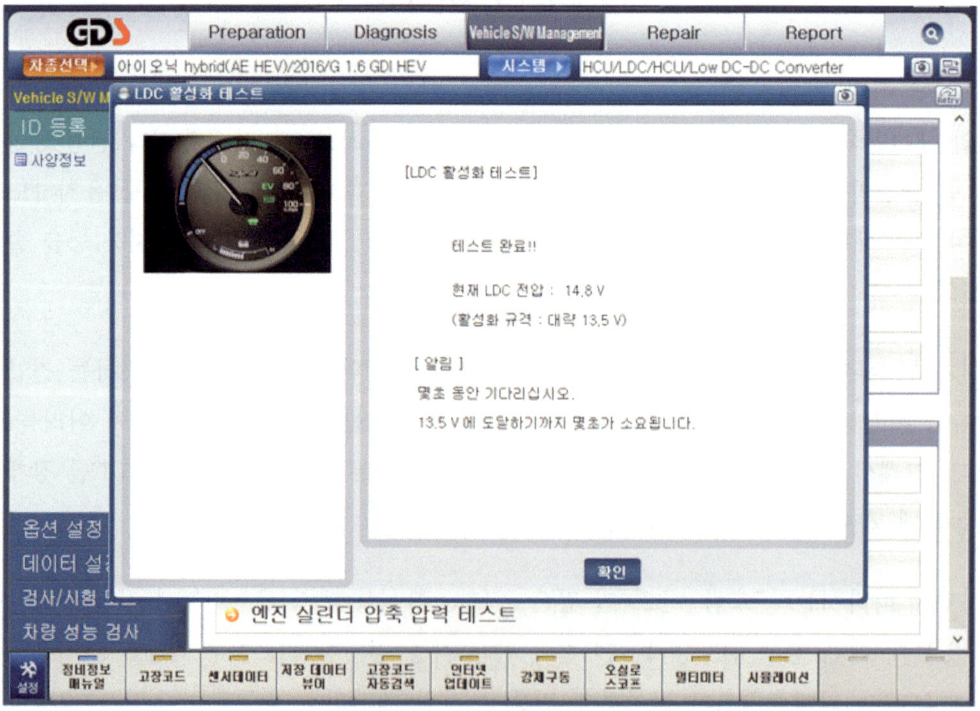

그림 3-32 LDC 활성화 테스트

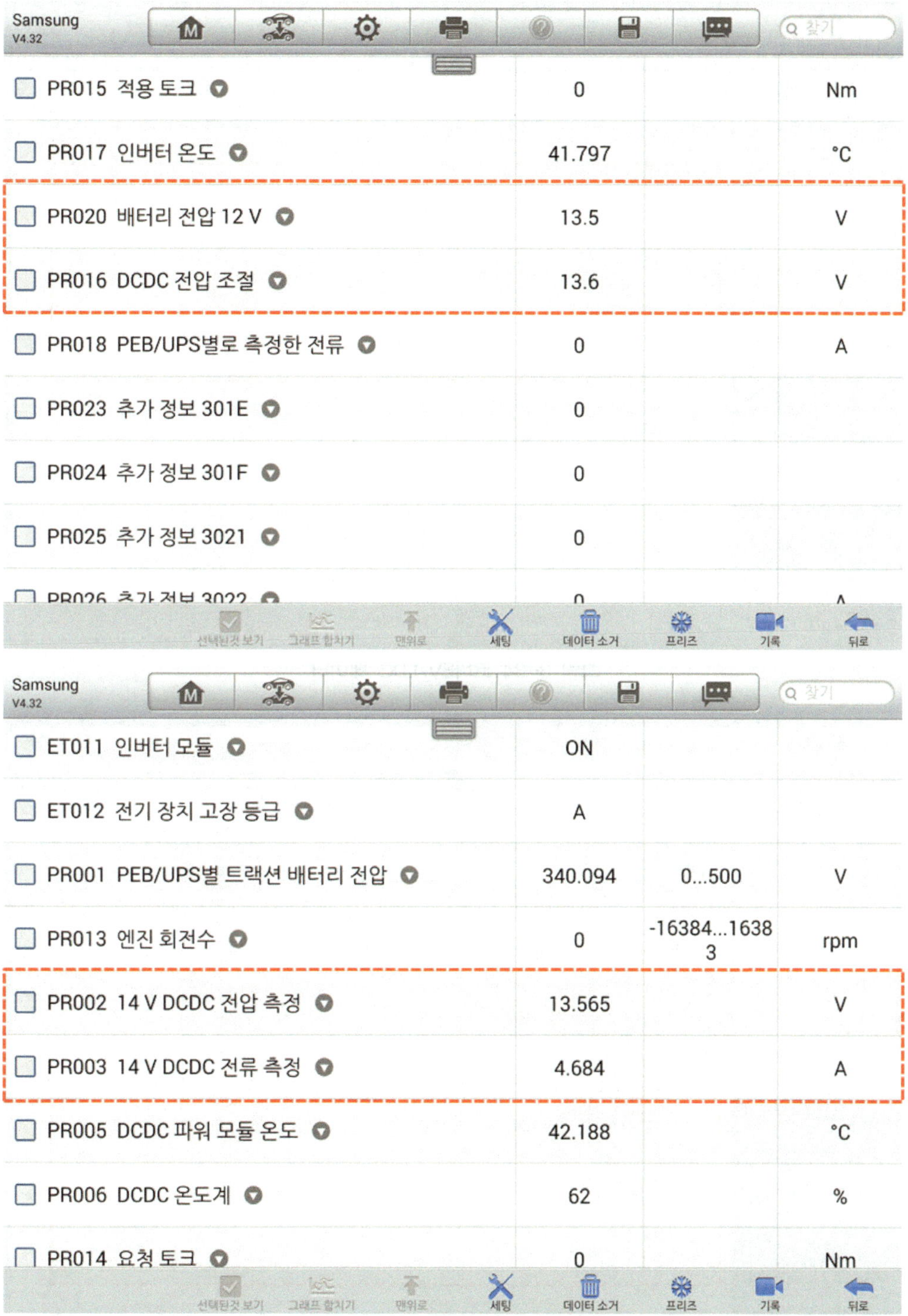


그림 3-33 SM3 ZE LDC 데이터 2

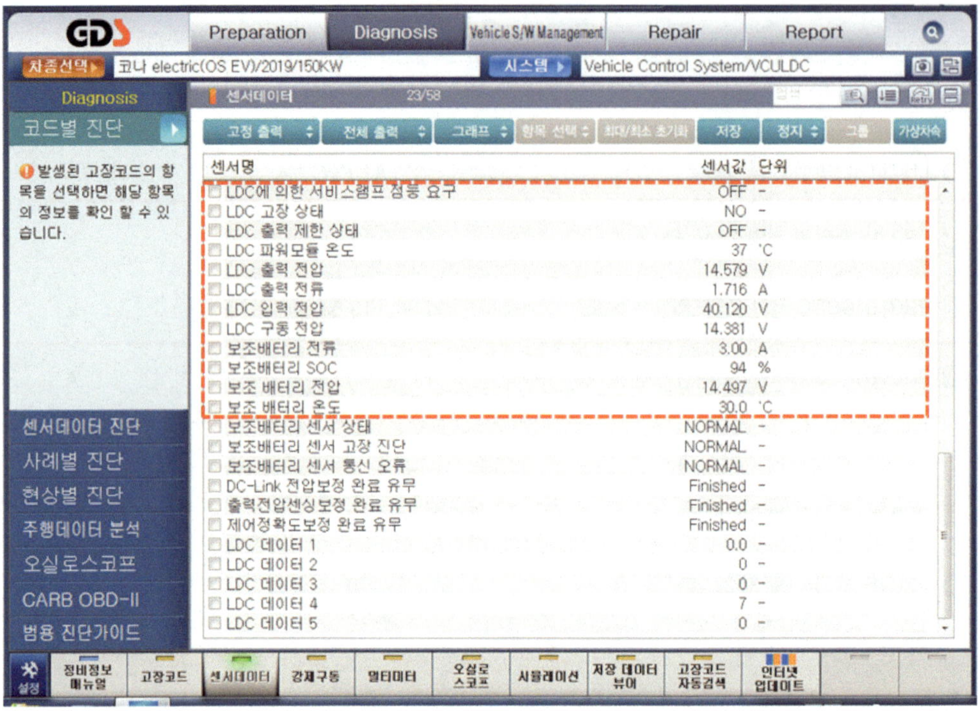

그림 3-34 코나EV LDC 데이터

그림 3-35 아이오닉5 LDC 데이터

## [3] 구동 배터리

전기차의 구동 배터리는 차량의 종류에 따라 배터리 전압 및 용량이 크게 차이가 나고 또 장착위치 또한 다르지만 고장을 진단하는 방법은 동일하다.

### (1) 구동 배터리 셀

#### ① 고장코드

구동 배터리는 여러 개의 배터리 셀들을 직렬과 병렬로 연결한 배터리 어셈블리로 배터리 셀 중 하나라도 성능이 저하되면 구동 배터리 전체의 성능에 영향을 미치게 된다. 그래서 BMS와 CMU 같은 배터리 제어기는 배터리 셀을 모니터링 하고 배터리 셀이 일정 이상 성능이 저하되면 고장코드를 발생시키고 출력제한 등의 조치를 하게 된다.

주로 하이브리드 전기차와 수소전차에서는 연비저하로 나타나고 배터리 전기차에서는 배터리 충전 속도 및 충전시 주행가능 거리 등의 저하로 나타난다.

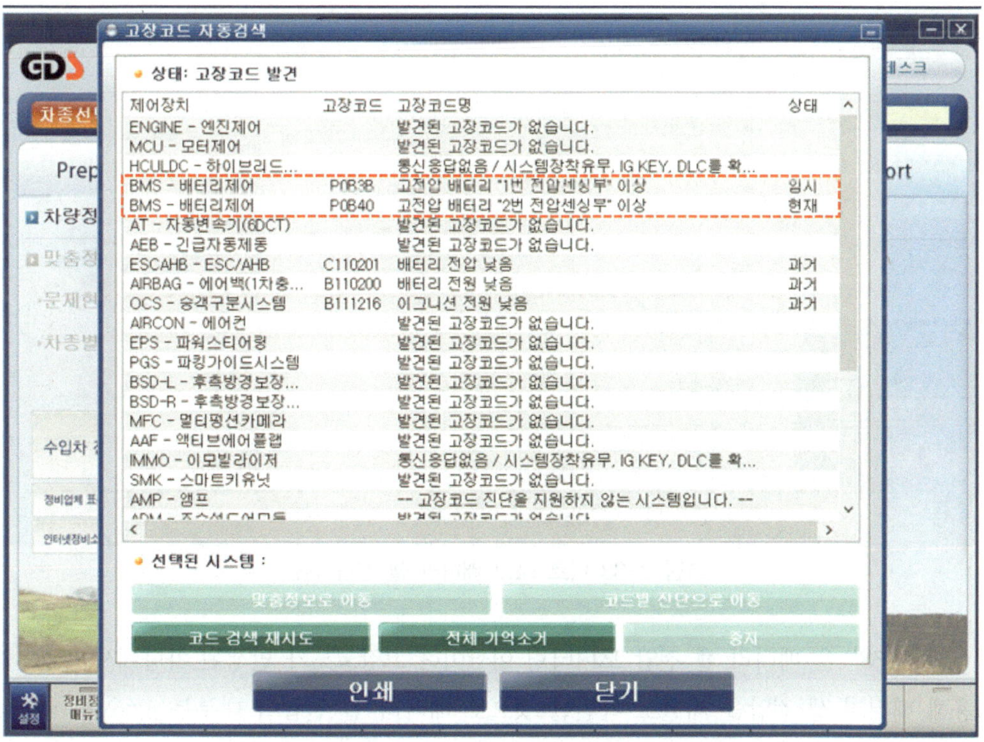


그림 3-36 니로 HEV 구동 배터리 배터리 셀 센싱 고장

"그림 3-36" 은 니로 하이브리드 전기차에 구동 배터리의 배터리 전압 센싱부 이상의

고장코드가 발생한 것으로 하이브리드 전기차를 비롯한 배터리 전기차와 수소전기차 모두 구동용 고전압 배터리의 배터리 셀을 개별로 모니터링하고 배터리 셀의 전압과 셀간 전압 차이를 모티터링하고 이상이 발생할 경우 고장코드를 발생시킨다.

### ② 고장진단

구동용 고전압 배터리의 셀은 리튬이온 배터리로 개별로 모니터링 되고 있기에 센서데이터를 이용해 확인할 수 있다. 그러나 일부 수입차량의 경우 배터리 셀의 전압정보를 스캔툴을 이용해 센서데이터로 확인할 수 없어 구동용 배터리를 탈거하고 배터리 셀 또는 모듈간의 전압을 확인하여 불량 셀 또는 모듈을 확인하고 교환하면 된다.

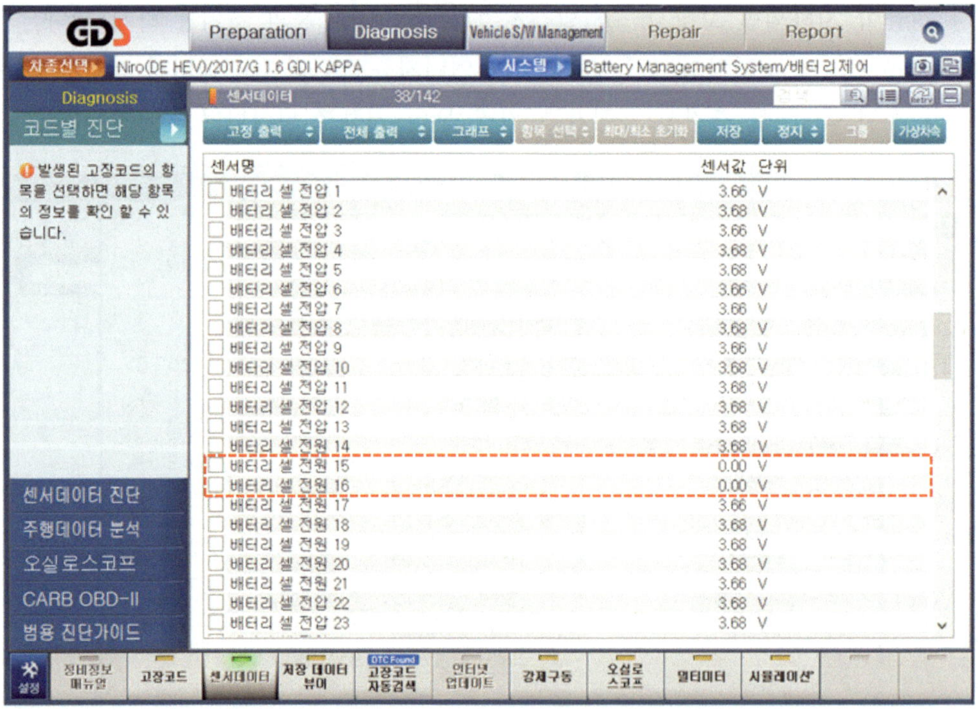

**그림 3-38 니로 HEV 배터리 셀 전압 진단**

"그림 3-38" 은 배터리 셀 전압 모니터링 이상이란 고장코드가 발생된 차량에서 스캔툴을 이용해 배터리 셀 전압을 개별로 확인한 것으로 배터리 셀 전압이 대부분 3.66V를 나타내고 있지만 15번 셀과 16번 셀의 경우 0V로 표시되고 있는 것을 확인할 수 있다.

대부분의 전기차에서 배터리 셀의 불량 또는 고장이 발생하면 배터리 셀만 부품이 공급되지 않고 또 별도로 탈거가 불가능하기에 배터리 셀에 고장이 발생하면 해당 배터리 모듈을 교환하면 되겠다.

### ※ 배터리 셀 전압 진단시 주의 사항

**ⓐ 배터리 셀 전압 "0V"**

센서데이터에서 배터리 셀 전압이 0V로 표시되는 경우 실제 배터리 셀이 0V인 경우는 거의 없으며, 대부분 배터리 셀과 연결된 배선과 같은 회로의 단선 또는 배터리 제어기인 CMU 또는 BMS의 고장이 대부분이다. 그래서 "배터리 셀 모니터링 이상 ' 고장코드가 발생하고 센서데이터에서 해당 배터리 셀 전압이 "0V" 이면 배터리 셀의 고장을 의심하기 보다 배터리 셀을 모니터링하는 BMS와 CMU 그리고 회로의 단선으로 수리방향을 잡고 정비하면 되겠다.

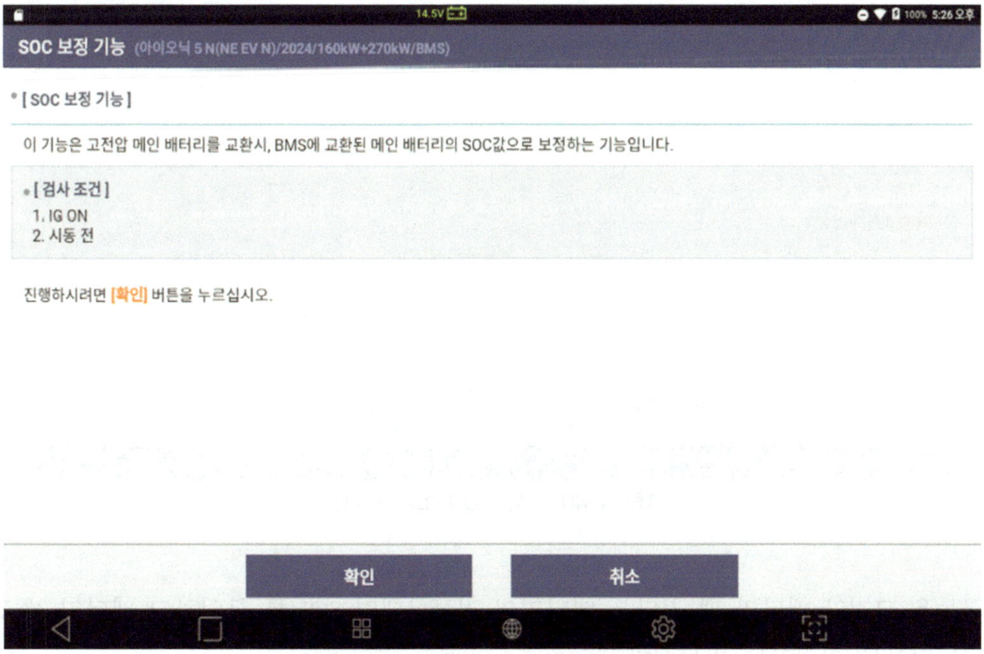


그림 3-39 BMS SOC 보정 기능

**ⓑ 배터리 셀 전압 "0.1V" 이상**

고장코드 진단시 "배터리 셀 모니터링 이상" 이 발생하고 배터리 셀의 전압이 0V가 아닌 일정한 정수의 전압이 표시되면 해당 배터리 셀에 고장이 발생한 것으로 배터리 셀이 노화되어 충전이 되지 않으며 심한 경우 배터리 스웰링 현상으로 부풀어 올라 있는 경우가 많아 고장코드가 발생된 배터리 셀 뿐만 아니라 정상전압 범위에 있는 배터리 셀의 상태도 함께 확인하고 필요한 경우 배터리 모듈 또는 팩 단위로 교환해야 한다.

**ⓒ BMS 및 배터리 모듈 교환 후**

- 하이브리드 전기차 : 배터리 모듈 간 SOC 보정 후 스캔툴 이용 부가기능에서 "SOC 보정", "SOH 초기화" 실행
- 배터리 전기차 : 배터리 모듈 간 SOC 보정 후 스캔툴 이용 부가기능에서 "SOC 보정", "SOH 초기화", "배터리 팩 진단", "고전압 배터리 팩 및 냉각수 라인 기밀 검사", "고전압 배터리 팩 커넥터 체결 검사" 실행

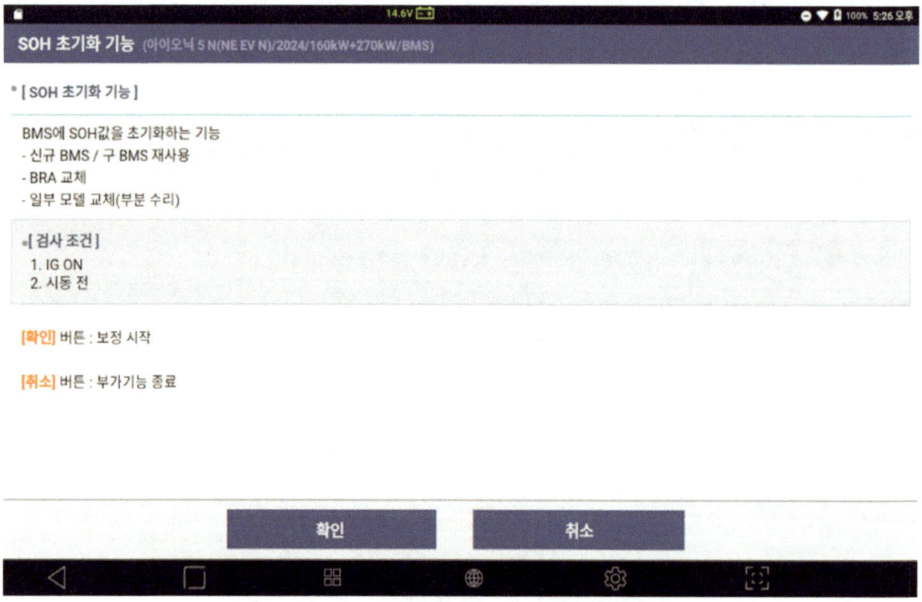


그림 3-40 BMS SOH 초기화 기능

구동용 고전압 배터리 팩 진단은 배터리의 건상상태인 SOH를 확인하고 배터리 셀 간 전압 편차를 점검하는 기능이다.

또 고전압 배터리 팩 및 냉가수라인 기밀검사는 수냉식 고전압 배터리가 적용된 배터리 전기차의 고전압 배터리 탈부착시 작업의 편의를 위해 적용된 기능으로 주로 배터리 팩이 탈착된 상태에서 차량에 조립 전 조립상태를 확인할 수 있는 기능이다.

그리고 고전압 배터리 팩 커넥터 체결검사 역시 구동용 고전압 배터리 팩 내 BMS와

CMU 그리고 버스바와 온도센서 등의 배선의 연결상태와 전체 조립상태를 점검하는 기능으로 이 역시 구동용 고전압 배터리를 탈거하여 수리한 후 차량에 조립하기 전 실시하고 이상이 없는 경우 차량에 조립하면 된다.

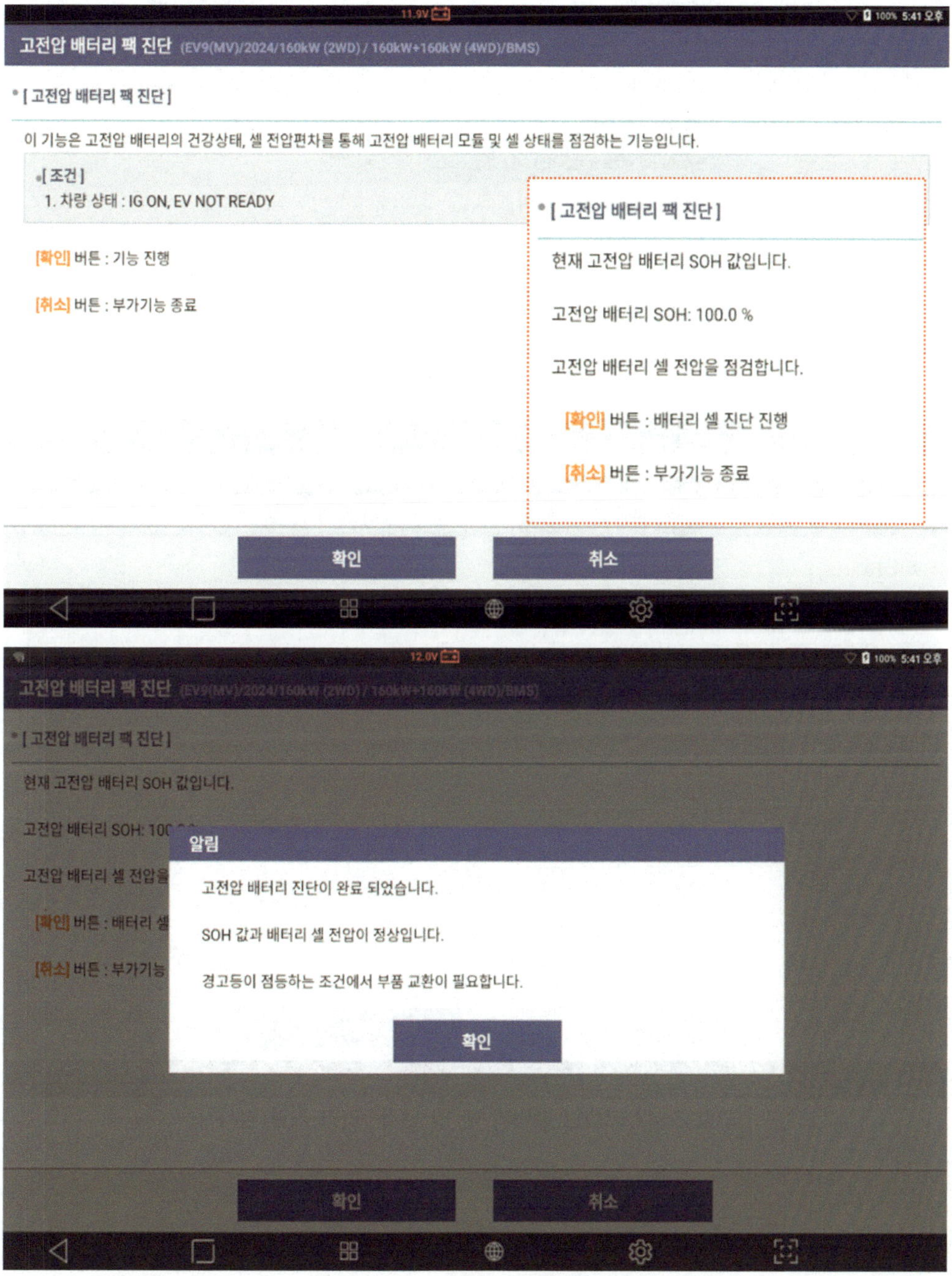


그림 3-41 고전압 배터리 팩 진단

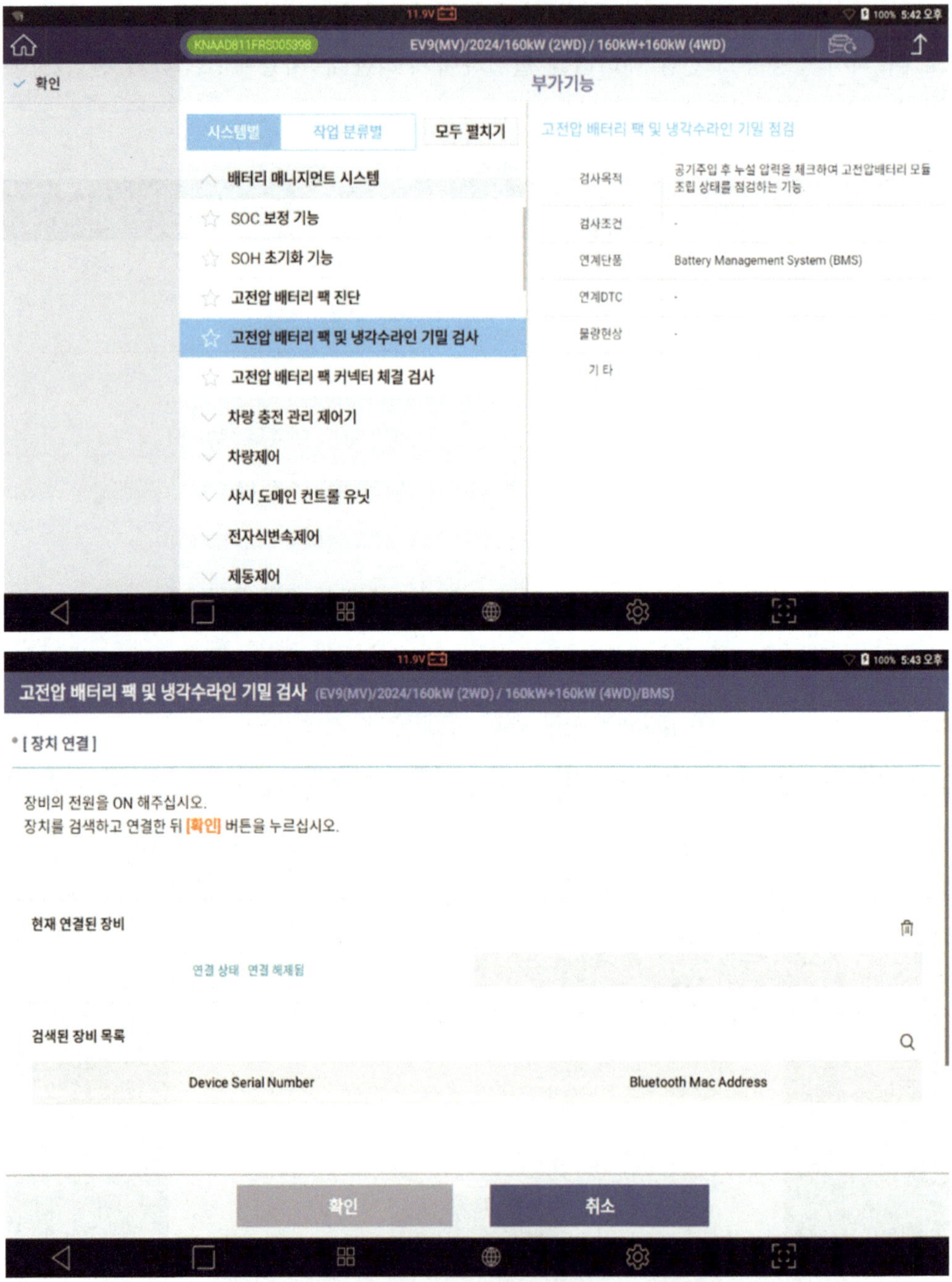


그림 3-42 고전압 배터리 팩 및 냉각수라인 기밀 검사

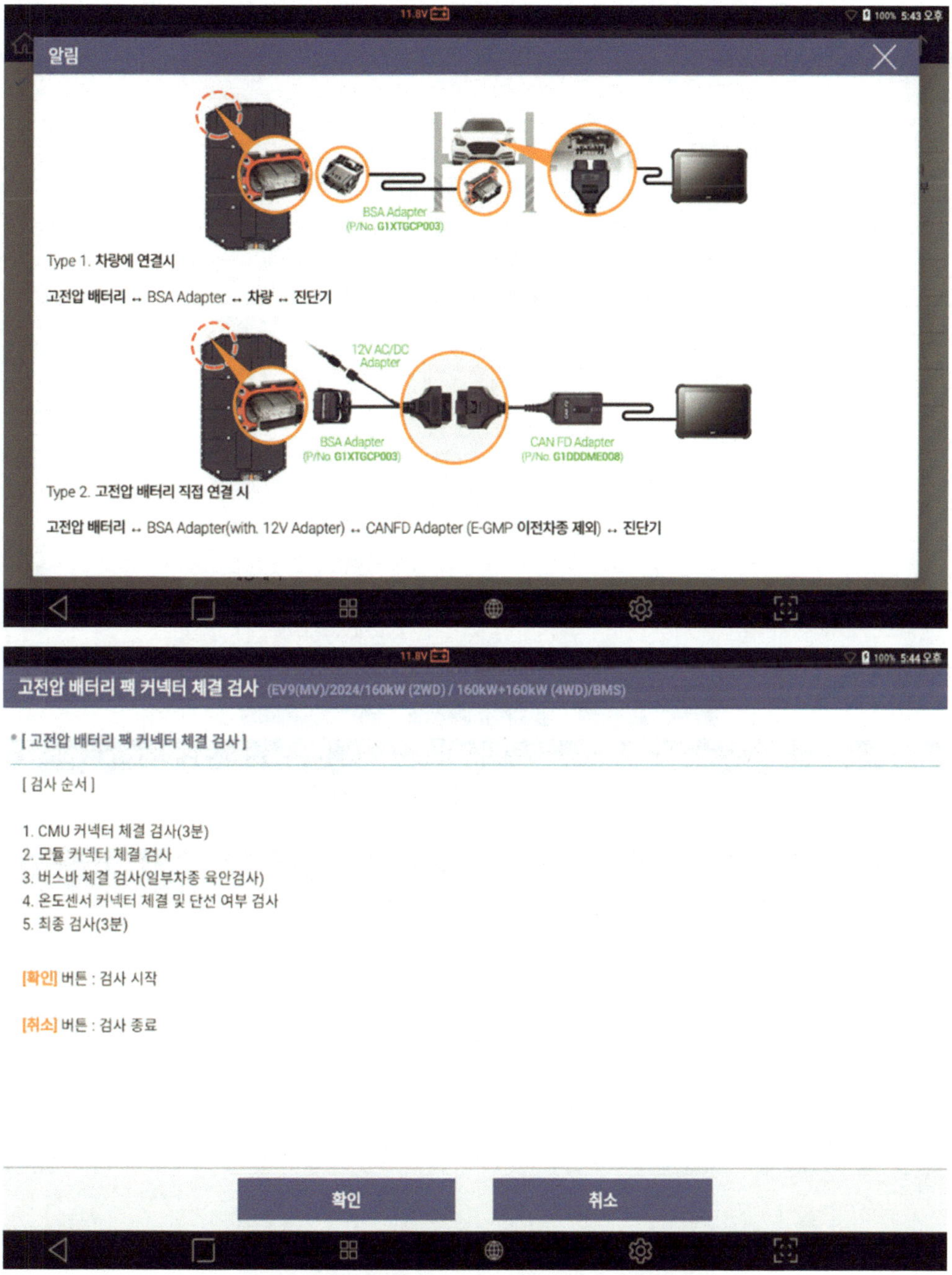


그림 3-43 고전압 배터리 팩 커넥터 체결 검사

11.7V 100% 5:47 오후

**고전압 배터리 팩 커넥터 체결 검사** (EV9(MV)/2024/160kW (2WD) / 160kW+160kW (4WD)/BMS)

* [ CMU 커넥터 검사 결과 ]

체결 여부 'NG' 시 검사 항목의 번호 순서대로 확인 하십시오.

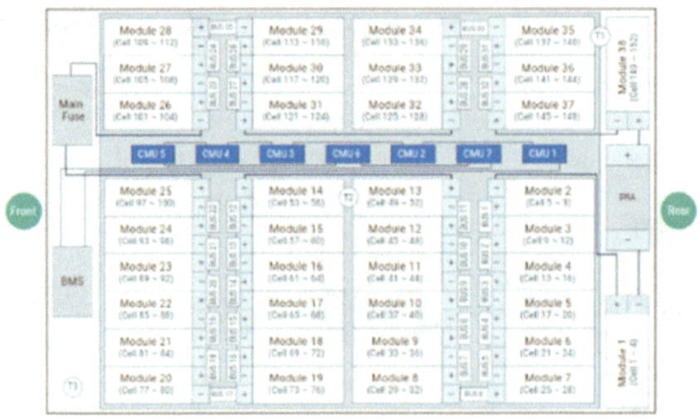

| 검사 항목 | 상태 | 검사 항목 | 상태 |
|---|---|---|---|
| CMU 1 (Module 1~4) | OK | CMU 5 (Module 23~28) | OK |
| CMU 2 (Module 5~10) | OK | CMU 6 (Module 29~34) | OK |
| CMU 3 (Module 11~16) | OK | CMU 7 (Module 35~38) | OK |

이전 상세 다음

그림 3-44 CMU 커넥터 검사 결과

14.4V 100% 5:49 오후

**고전압 배터리 팩 커넥터 체결 검사** (EV9(MV)/2024/160kW (2WD) / 160kW+160kW (4WD)/BMS)

| 검사 항목 | 상태 | 검사 항목 | 상태 |
|---|---|---|---|
| Module 1 | OK | Module 20 | OK |
| Module 2 | OK | Module 21 | OK |
| Module 3 | OK | Module 22 | OK |
| Module 4 | OK | Module 23 | OK |
| Module 5 | OK | Module 24 | OK |
| Module 6 | OK | Module 25 | OK |
| Module 7 | OK | Module 26 | OK |
| Module 8 | OK | Module 27 | OK |
| Module 9 | OK | Module 28 | OK |
| Module 10 | OK | Module 29 | OK |
| Module 11 | OK | Module 30 | OK |
| Module 12 | OK | Module 31 | OK |

이전 상세 다음

그림 3-45 고전압 배터리 모듈 커넥터 체결 검사

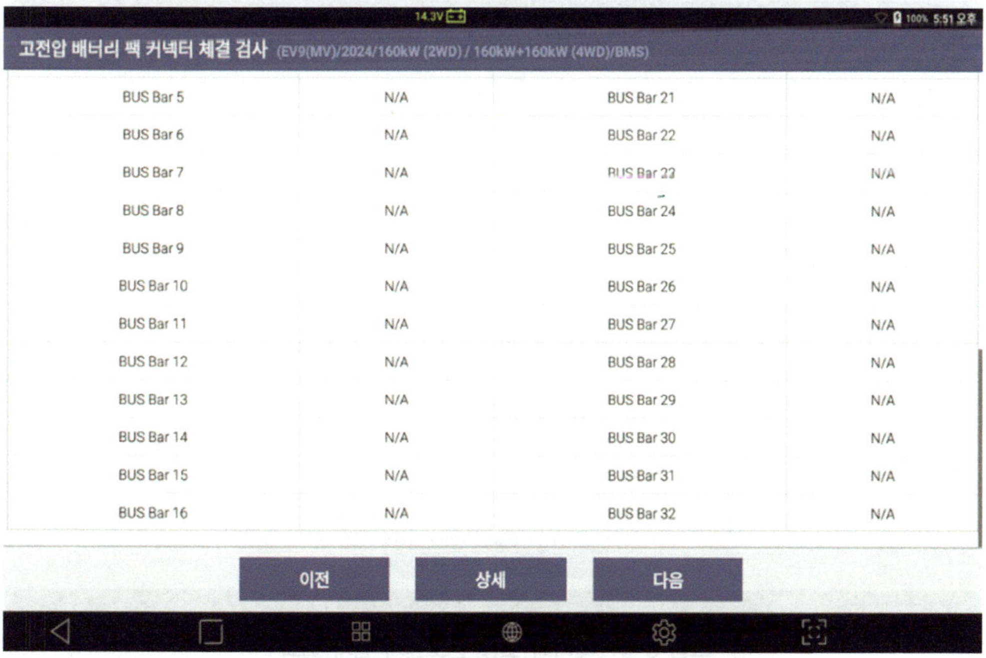


| | | | |
|---|---|---|---|
| BUS Bar 5 | N/A | BUS Bar 21 | N/A |
| BUS Bar 6 | N/A | BUS Bar 22 | N/A |
| BUS Bar 7 | N/A | BUS Bar 23 | N/A |
| BUS Bar 8 | N/A | BUS Bar 24 | N/A |
| BUS Bar 9 | N/A | BUS Bar 25 | N/A |
| BUS Bar 10 | N/A | BUS Bar 26 | N/A |
| BUS Bar 11 | N/A | BUS Bar 27 | N/A |
| BUS Bar 12 | N/A | BUS Bar 28 | N/A |
| BUS Bar 13 | N/A | BUS Bar 29 | N/A |
| BUS Bar 14 | N/A | BUS Bar 30 | N/A |
| BUS Bar 15 | N/A | BUS Bar 31 | N/A |
| BUS Bar 16 | N/A | BUS Bar 32 | N/A |



그림 3-46 고전압 배터리 버스바 검사 결과

| 검사 항목 | 상태 | 검사 항목 | 상태 |
|---|---|---|---|
| T1 (Temp1,2,3,16,17,18,19) | OK | T3 (Temp8,9,10,11,20) | OK |

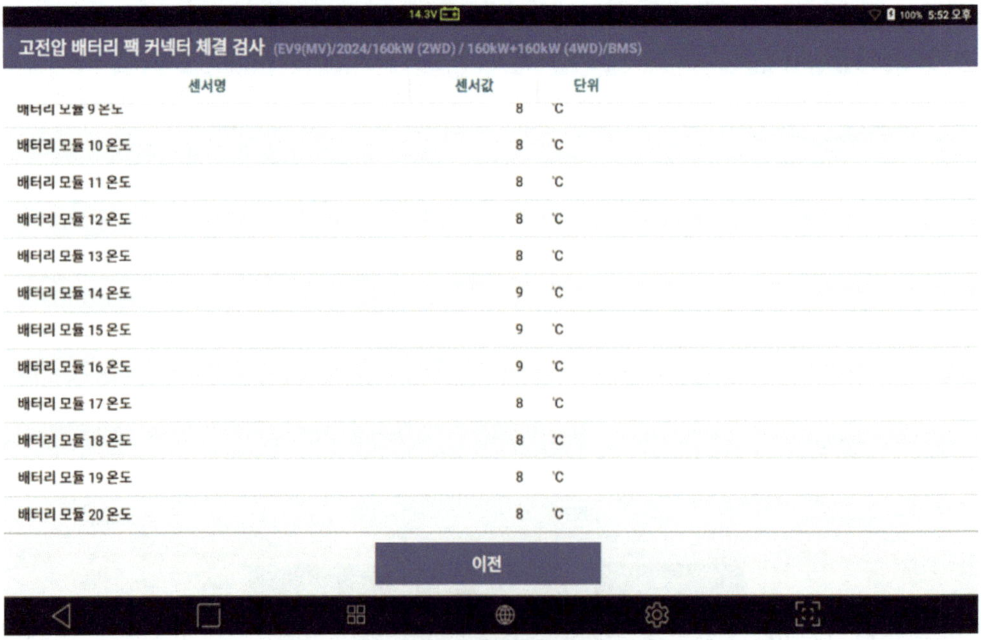


| 센서명 | 센서값 | 단위 |
|---|---|---|
| 배터리 모듈 9 온도 | 8 | ℃ |
| 배터리 모듈 10 온도 | 8 | ℃ |
| 배터리 모듈 11 온도 | 8 | ℃ |
| 배터리 모듈 12 온도 | 8 | ℃ |
| 배터리 모듈 13 온도 | 8 | ℃ |
| 배터리 모듈 14 온도 | 9 | ℃ |
| 배터리 모듈 15 온도 | 9 | ℃ |
| 배터리 모듈 16 온도 | 9 | ℃ |
| 배터리 모듈 17 온도 | 8 | ℃ |
| 배터리 모듈 18 온도 | 8 | ℃ |
| 배터리 모듈 19 온도 | 8 | ℃ |
| 배터리 모듈 20 온도 | 8 | ℃ |

그림 3-47 배터리 모듈 온도센서 검사 결과

### (2) 구동 배터리 충전 및 방전

구동 배터리는 차량의 주행에 관련된 중요한 부품으로 전기차에서 구동 배터리의 방전은 차량의 주행에 큰 제약이 된다. 대부분의 전기차들은 구동용 고전압 배터리 방전시 차량이 멈추어 주행이 불가능하거나 출력제한이 걸린 림프 홈 모드의 주행만이 가능하다.

### ① 하이브리드 전기차

#### ⓐ 증상

하이브리드 전기차의 구동용 배터리가 방전되면 엔진의 시동이 불가능하여 차량에 시동이 걸리지 않고 주행 또한 불가능하게 된다.

하드타입의 하이브리드 전기차의 경우 HSG가 엔진의 시동을 담당하는데, HSG는 구동용 고전압 배터리의 전원을 공급받아 차량의 엔진을 시동하게 된다. 그래서 구동용 고전압 배터리가 방전되면 엔진의 시동이 불가능하다.

마일드 하이브리드 전기차의 경우 MHSG가 엔진의 시동을 담당하고 구동용 48V 배터리의 전력으로 엔진의 시동하게 된다. 하드타입의 하이브리 전기차와 마찬가지로 구동용 배터리의 전력이 부족하면 엔진의 시동이 불가능하다.

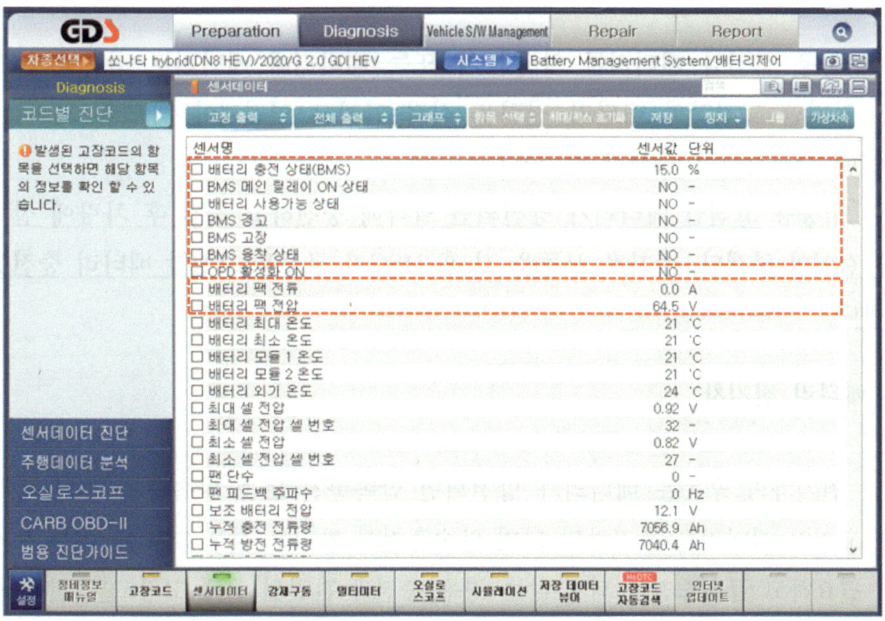


그림 3-48 쏘나타 DN8 HEV 구동용 고전압 배터리 충전 상태

그래서 하드타입의 하이브리드 전기차와 마일드 하이브리드 전기차에서 엔진의 시동이 불가능할 때 구동용 배터리의 충전 상태를 "그림 3-48" 과 같이 BMS 센서데이터에서

확인한다. 이 차량의 경우 "배터리 충전 상태"가 "15%"로 낮은 상태를 보이고 있는데, 아래 "배터리 사용가능 상태"거 "NO"로 구동용 고전압 배터리를 사용할 수 없다고 표시되어 있다.

또 아래 "배터리 팩 전압"이 "64.5V"로 DN8 HEV 차량의 경우 구동용 고전압 배터리가 약 270V로 정상 수치에 비해 현저히 떨어져 있어 구동용 고전압 배터리가 심각하게 방전되었다는 것을 알 수 있다.

이처럼 하이브리드 전기차에서 차량의 시동(레디)이 불가능할 경우 12V전원 배터리를 우선 점검하고 전원이 정상적으로 공급되는 상태에서 엔진의 시동이 불가능한 경우 구동용 고전압 배터리의 충전상태를 확인하면 되겠다.

ⓑ **조치방법**

하이브리드 전기차의 구동용 고전압 배터리 방전시 동일한 고전압 배터리를 이용해 점프하고 시동할 수 있으나 일반적으로 구동용 고전압 배터리를 탈거해 충전하고 충전 고전압 배터리로 시동을 거는 것을 가장 추천한다.

**물론 구동용 고전압 배터리를 차 대 차 또는 배터리대 배터리로 점프해서 시동을 걸수도 있지만 고전압의 배터리 전력을 직접 만지고 연결해야 하므로 고전압 전력으로 인한 감전사고가 발생할 수 있다.**

그래서 **구동용 고전압 배터리가 방전되면 탈착해 충전하고 충전 후 차량에 설치하고 시동을 걸어야 하겠다. 추가로 시동을 건 후 HSG가 구동용 고전압 배터리 충전상태를 확인 한다.**

② **배터리 전기차**

배터리 전기차의 구동용 배터리가 방전되면 급속충전 또는 완속충전 등의 방식으로 구동용 고전압 배터리를 충전하면 되며 완속충전이 안되는 경우 OBC에 대한 추가적인 점검이 필요하고 급속충전이 되지 않는 경우 충전과 관련된 전체 고장코드 진단을 통해 고장을 진단하고 수리한다.

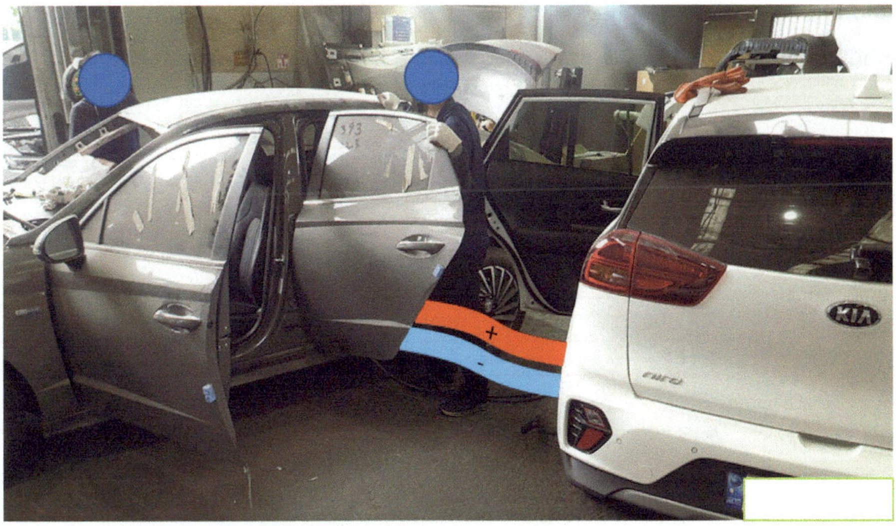


그림 3-49 고전압 배터리 점프 차 대 차(매우 위험, 절대 비추)

## [4] 차량 탑재형 충전기

### (1) 고장진단

차량 탑재형 충전기 OBC는 플러그 인 하이브리드 전기차와 배터리 전기차의 구동용 고전압 배터리를 충전하기 위해 설치된 장치로 외부 220V 교류전력을 충전기로부터 공급받아 구동용 고전압 배터리의 충전에 필요한 직류 전력으로 변환하는 장치이다.

OBC의 고장진단은 충전기로부터 외부 220V 교류전력이 정상적으로 입력되는 지 확인하고 외부 전력이 공급되지 않으면 외부 충전기 관련 고장을 확인하고 외부 220V 교류전력이 정상적으로 입력됨에도 충전되지 않는 경우 OBC의 고장을 의심해 볼 수 있다.

차량에 따라서는 구동용 고전압 배터리가 충전되지 않아도 관련된 고장코드가 발생하지 않을 수 있다. 그래서 **구동용 고전압 배터리가 충전되지 않는 경우 OBC 센서데이터를 이용해 고장을 진단한다.**

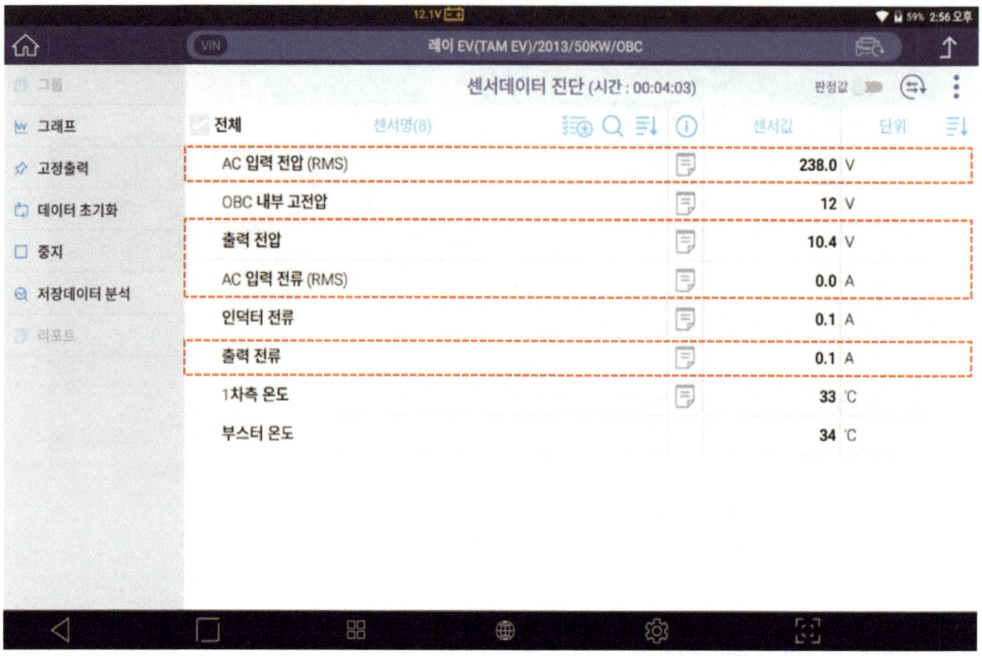


그림 3-50 레이 EV 배터리 충전 불량 데이터 1

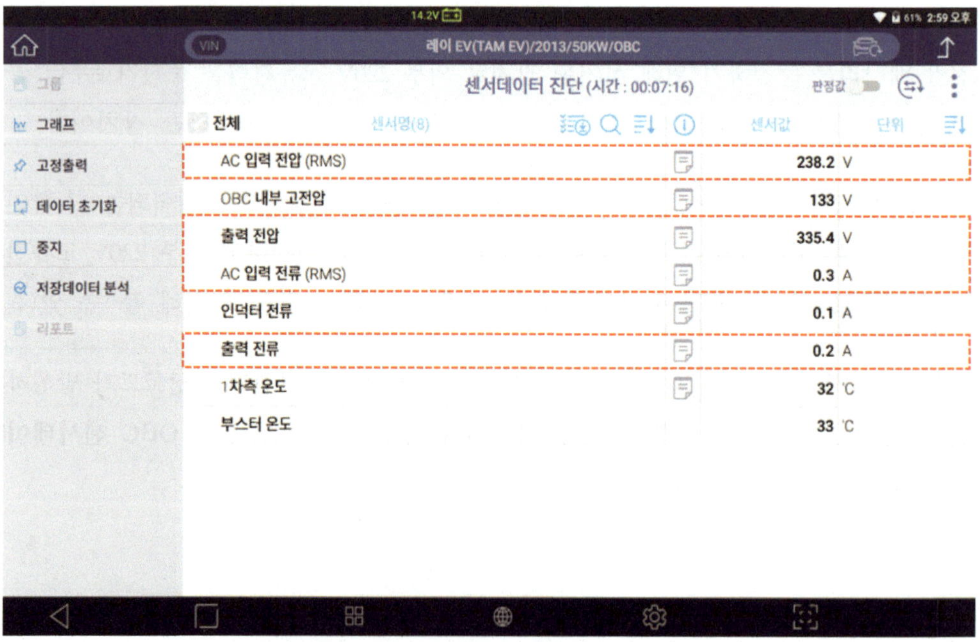


그림 3-51 레이 EV 배터리 충전 불량 데이터 1

"그림 3-50" 와 "그림 3-51" 은 레이 EV 전기차 중 OBC가 고장난 차량의 센서데이터로 "그림 3-50" 의 그림에서 "AC 입력 전압(RMS)" 데이터에서 238.0V의 전압이 입력되고 있지만 "AC 입력 전류(RMS)" 기 0A로 외부충전기로부터 220V 교류전력이 입력되지만 "출력 전압" 은 10.4V이며 "출력 전류" 는 0.1A로 교류전력이 입력되지만 차량 탑재형 충전기인 OBC에서 전력변환을 하지 못하고 있는 OBC의 센서데이터 이다.

"그림 3-51" 의 그림에서 "AC 입력 전압(RMS)" 는 238.2V, "AC 입력 전류(RMS)" 는 0.1A로 이 차량의 데이터 역시 외부충전기로부터 220V 교류전력이 입력되지만 "출력 전압" 은 335.4V로 마치 OBC에[서 직류전력이 생산되는 것 같지만 "출력 전류" 가 0.2A로 교류전력은 입력되지만 OBC에서 전력변환을 하지 못하고 있다.

OBC의 센서데이터에서 "0.1" 과 같은 단위의 전류는 실제 출력되는 전류가 아니기에 정수로 "1" 이상의 전류가 출력되어야 OBC에서 전력을 제대로 생산하는 것이다.

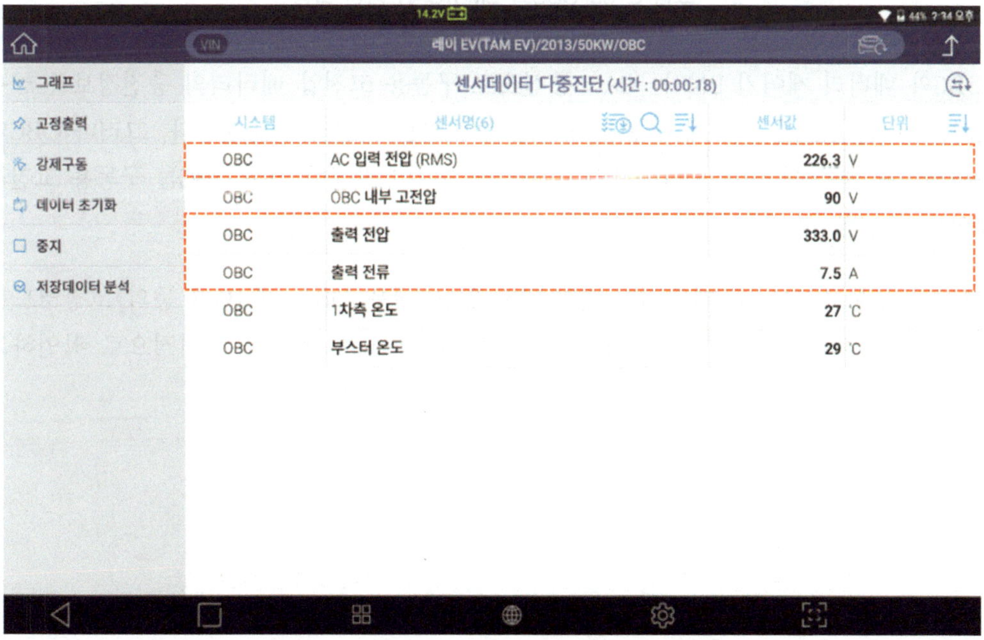


그림 3-52 레이 EV OBC 정상 충전 데이터

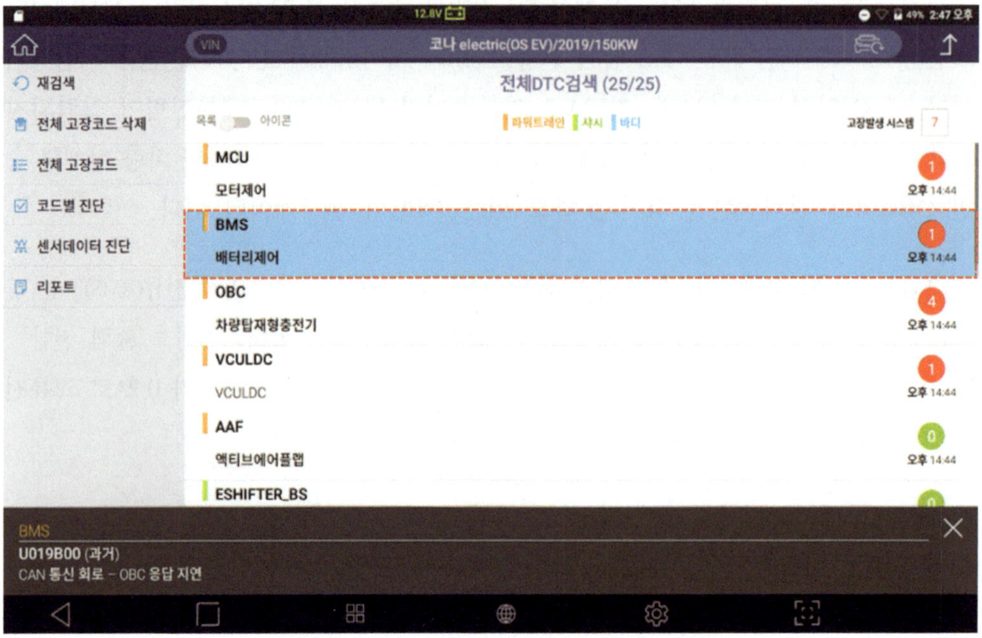


**그림 3-53 OBC와 BMS CAN 통신 불량**

OBC와 배터리 제어기 BMS는 CAN 통신으로 구동용 고전압 배터리의 충전정보를 공유하고, 이러한 정보를 이용해 구동용 고전압 배터리를 적절하게 충전한다. 그러나 OBC와 BMS간 CAN 통신에 문제가 발생하거나 BMS에 고장이 발생한 경우 OBC는 구동용 고전압 배터를 충전할 수 없다.

그래서 구동용 고전압 배터리가 충전되지 않을 경우 OBC 및 BMS 등의 고장코드를 확인하고 충전과 관련된 고장발생 여부와 통신관련 고장 유무를 우선적으로 확인하고 필요한 경우 수리하면 되겠다.

그림 3-54 외부충전기 입력전압 낮음 고장코드

외부 충전기로부터 충전전력을 공급받지 못하는 경우 1세대 전기차라고 할 수 있는 레이 전기차에서는 고장코드가 발생하지 않았지만 코나 전기차의 경우 외부 충전기로부터 전력을 공급 받지 못하면 "그림 3-54" 와 같이 "배터리 충전기 입력 전압 낮음" 이란 고장코드가 발생한다.

"그림 3-55" 의 "P0D27 충전기 입력 전압 낮음" 의 고장상황 데이터를 살펴보면 OBC로 공급되는 "AC 입력 전압(RMS)" 가 4.6V, "AC 입력 전류(RMS)" 0.2A, "AC 입력 주파수" 30Hz로 정상적인 교류전력이 입력된다면 220V에 정수의 전류량과 입력주파수는 60Hz가 표시된다.

이 경우 다른 충전기로 장소를 이동하거나 비상용 충전기를 이용해 충전하면서 OBC의 데이터를 확인하고 충전을 확인하면 된다.

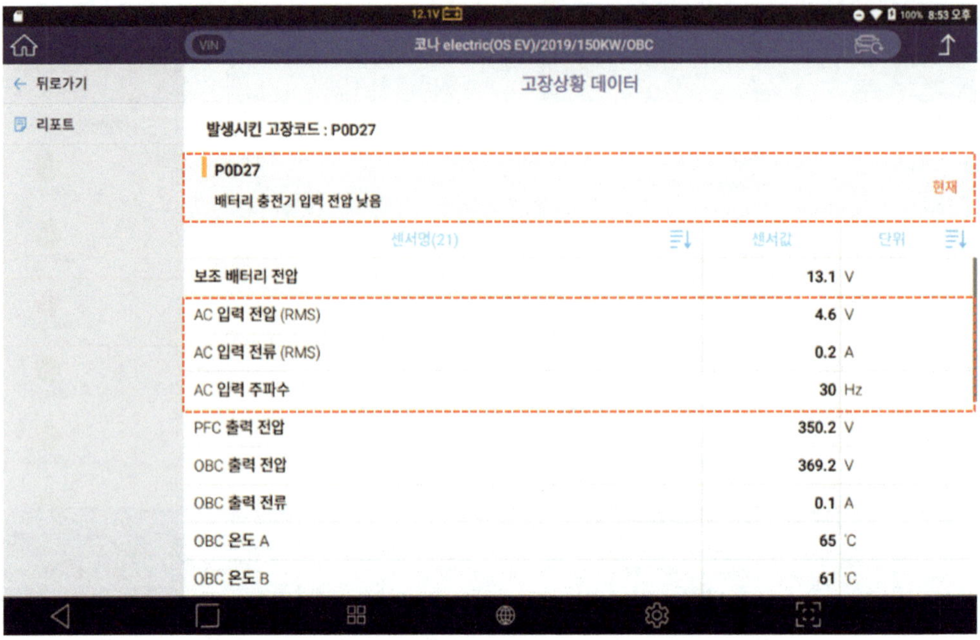


그림 3-55 외부충전기 입력전압 낮음 고장상황 데이터

## [5] 구동 모터 & 인버터

구동 모터와 관련된 고장으로는 절연파괴와 소음이 주된 고장 증상으로 절연이 파괴된 경우 차량의 운행이 불가능하고 소음이 발생하는 경우 감속기 소음과 혼돈할 수 있어 정확한 구분이 필요하다.

### (1) 운행불가(절연파괴)

전기차에서 절연파괴는 매우 위험한 부분으로 전기차에서 절연파괴가 발생하면 차량의 운행이 불가능하다. 이는 차량의 구동용 고전압 배터리에 의한 감전의 위험이 있어 차량의 시스템을 셧 다운 시키는 것으로 차량 운행불가시 절연파괴로 인한 고장이 발생한 것을 의심해 볼 수 있다.

**하이브리드 전기차에서 구동모터의 절연파괴가 발생하면** 차량의 시동인 "레디" 상태가 되었다가 차량을 운행하려고 변속레버를 "D" 또는 "R" 레인지로 변속하면 차량의 "레디" 상태가 꺼지면서 경고등 또는 경고음을 발생시키며 차량의 운행이 불가능해 진다.

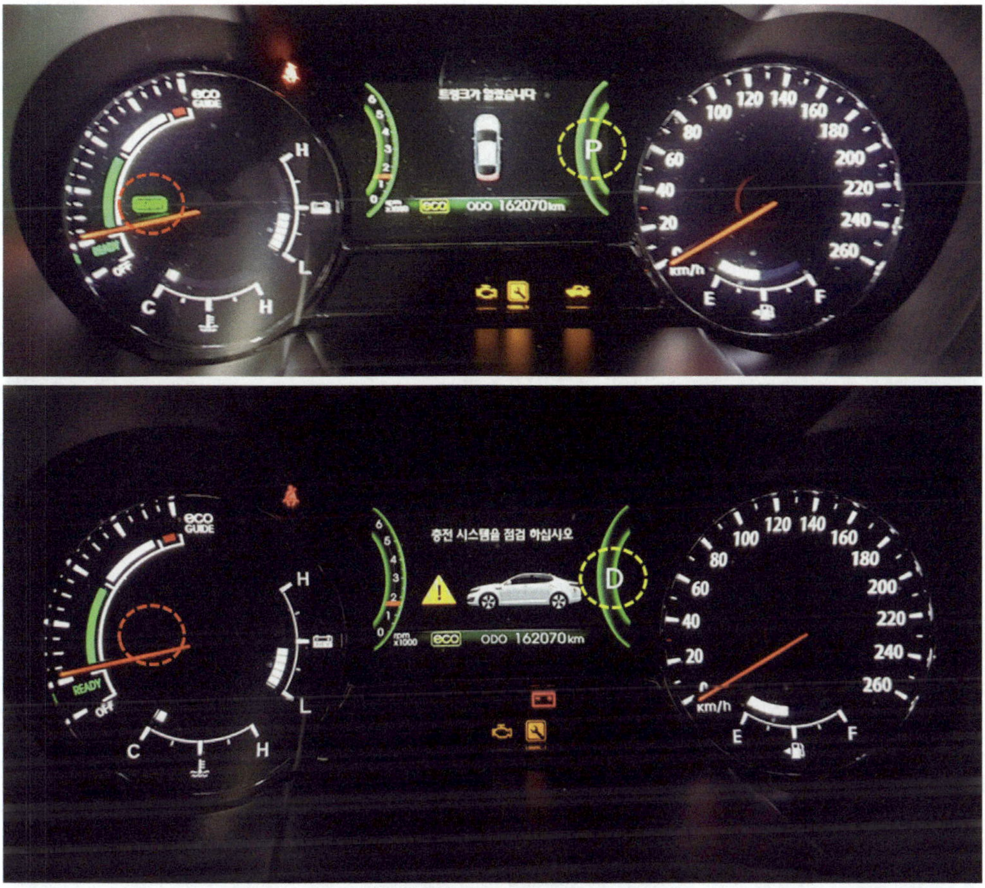


**그림 3-56 K5 HEV 변속시 시동꺼짐**

"그림 3-56" 은 K5 하이브리드 전기차량이 변속시 시동이 꺼짐이 발생한 차량으로 경우에 따라 일정거리 주행하다 주행이 불가능 할 수 있다. 이는 엔진의 시동이 가능하기에 엔진의 구동력으로 일부 구간 주행이 가능하고 구동모터에 의한 차량 구동 진입 전 구동모터의 전령파괴로 인해 구동모터 구동을 위해 전력인가시 절연파괴가 감지되어 차량의 시동인 "레디" 가 OFF 되어 차량의 주행이 불가능한 것이다.

차량에 따라 구동모터의 절연파괴 발생시 구동모터 제어기 인 MCU에서 고장코드로 "구동 모터 인버터 성능 이상" 이 발생할 수 있다.

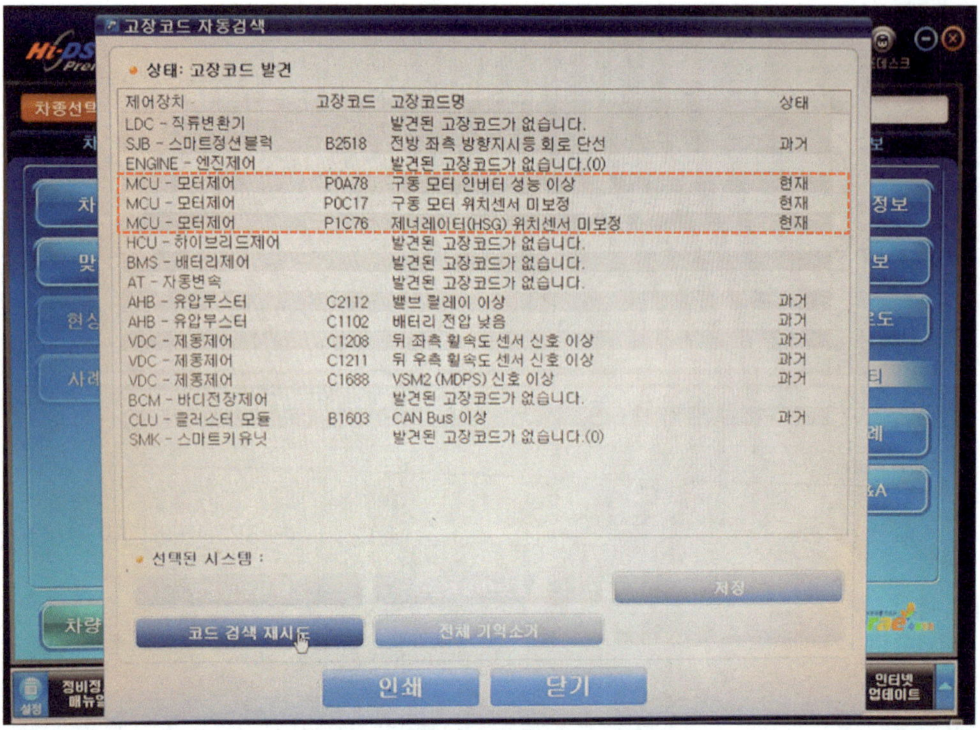


그림 3-57 구동모터 절연파괴시 고장코드

그림 3-58 절연저항 테스터를 이용한 구동모터 절연파괴 검사

구동모터 관련 고장 발생시 구동모터와 인버터의 구분이 필요하고 이를 빠르게 진단하기 위해 "그림 3-58" 은 절연저항 테스터를 이용해 구동모터의 절연파괴를 검사하는 것으로 구동모터와 인버터 간 케이블을 탈거하고 구동모터의 "U", "V", "W" 상 각 단자와 차체 간 절연을 측정하고 강 상과 상 사이의 절연도 측정한다.

구동모터에 절연파괴가 발생하지 않은 경우 인버터의 입력단 고전압 절연상태와 출력단 "U", "V", "W" 상 각 단자와 차체 간 절연을 측정해 절연이 파괴된 부분을 찾으면 되겠다.

차량의 부가기능에서 절연파괴와 관련된 고장을 진단할 수 있는 부가기능을 MCU에서 제공하고 있는데, 이 기능은 구동모터 제어기인 MCU에서 관련 고장코드가 발견시 빠른 진단을 위해서는 구동모터의 절연저항과 인버터(MCU)의 절연저항을 측정하는 것이 빠르지만 **절연저항을 측정할 수 있는 장비가 없거나 고객의 신뢰를 얻기 위해 이 부가기능을 활용할 수 있다.**

"그림 33-59" 는 MCU의 부가기능으로 "EPCU(MCU) 자가진단 기능" 을 선택해 진단하고 경우에 따라 **차량의 정기적인 점검차원에서 진행해도 된다.**

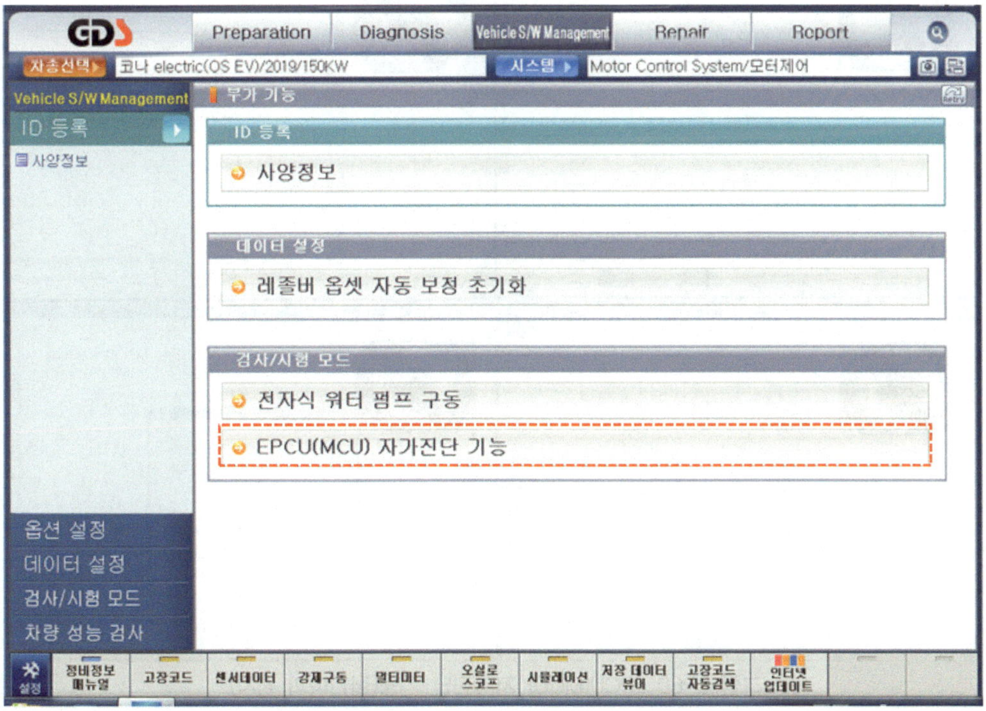


그림 3-59 MCU 부가기능

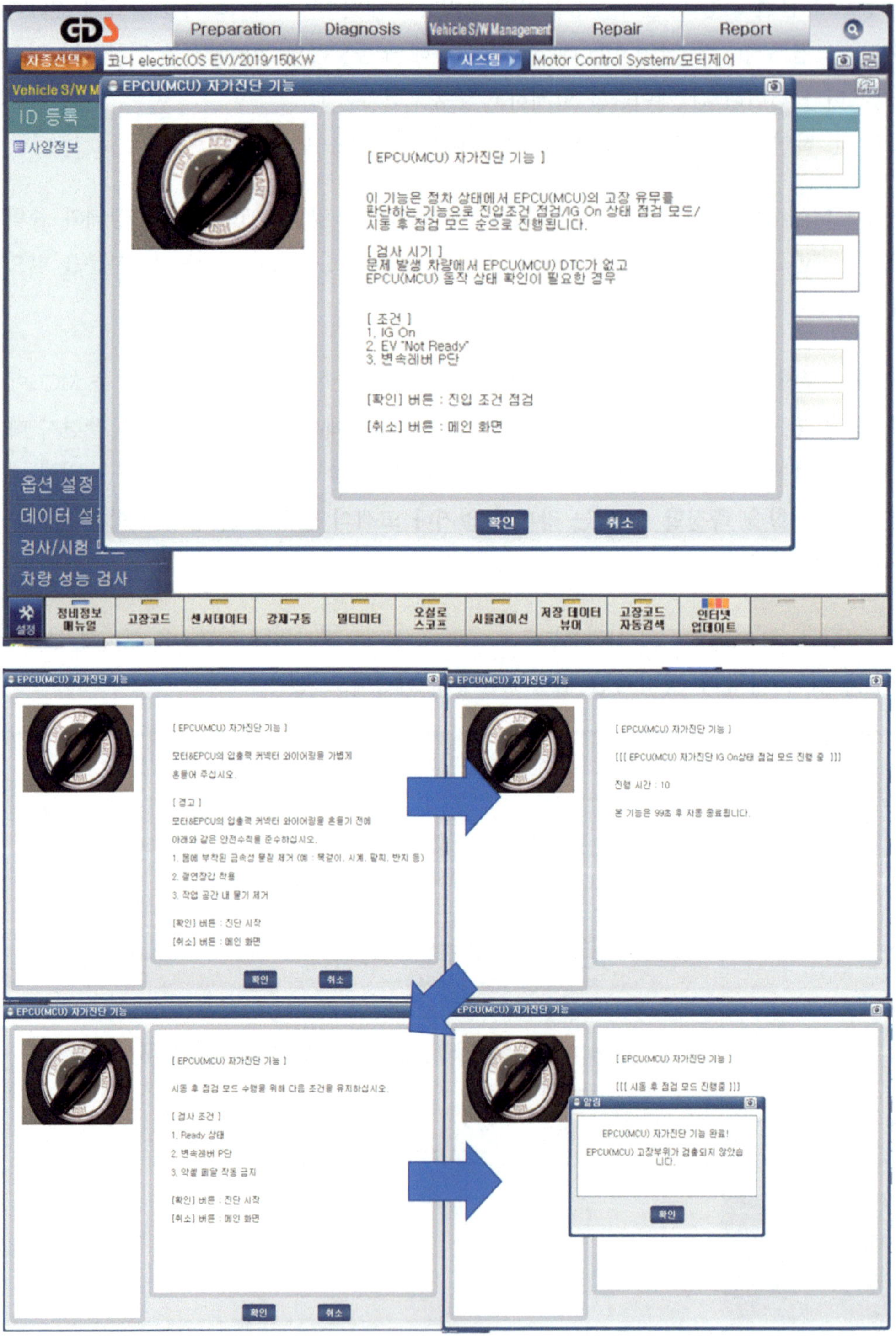


그림 3-60 EPCU(MCU) 자가진단 기능(절연파괴 검사)

### (2) 소음

전기차의 구동모터에서 발생하는 소음은 쉽게 판단하기 어렵다. 하이브리드 전기차의 경우 엔진의 구동과 별개로 진단해야 하고 변속기의 소음과 구분해야 하기에 어려울 수 있으며, 배터리 전기차와 수소전기차의 경우 구동모터가 감속기와 직결되어 소음을 구별하기 어렵다.

이러한 소음을 진단하기 위해 사운드 스코프를 이용하거나 오실로스코프 장비를 이용해 구동모터의 소음을 진단하면 좀 더 쉽게 진단이 가능하다.

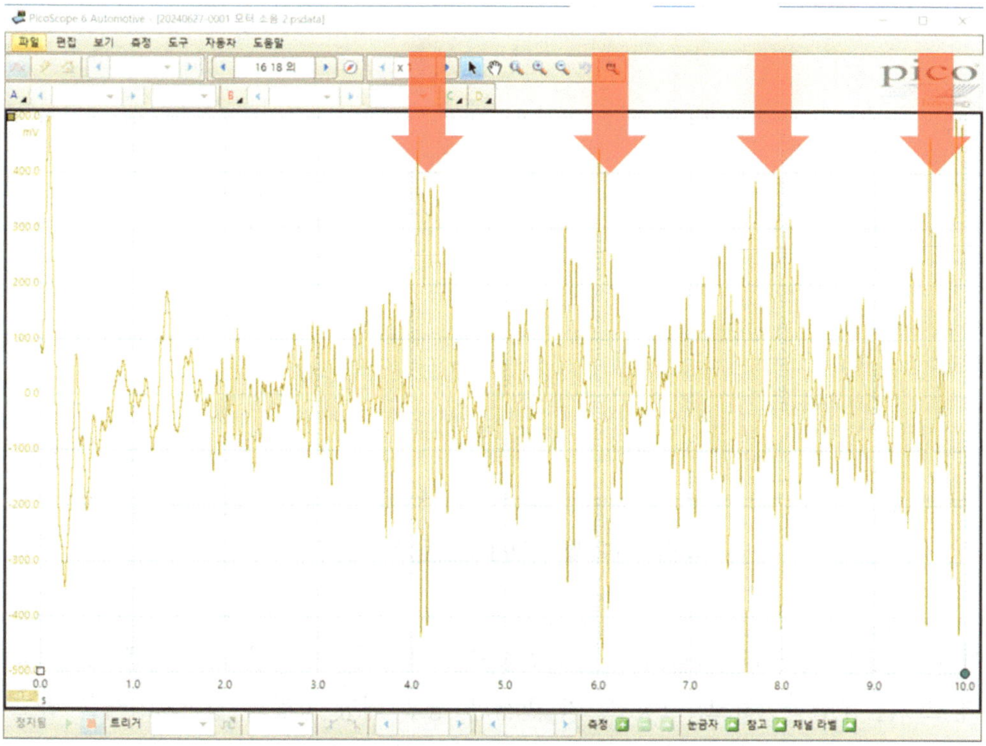

그림 3-61 오실로스코프 장비를 이용한 소음진단

"그림 3-61" 은 오실로스코프 장비를 이용해 소음을 진단한 것으로 오실로 스코프에 압력을 감지하는 센서나 노크센서 등과 같이 진동을 감지할 수 있는 센서를 구동모터와 감속기에 설치하고 소음을 진단하면서 진동의 폭이 큰 부분의 맥동과 소음과 비교하면서 진동이 많이 발생하는 부분을 찾으면 해당 부분이 소음발생부가 되겠다.

별도의 사운드 스코프를 가지고 있는 경우 사운드 스코프를 이용해 소음을 진단하지만 그렇지 않은 경우 보유한 오실로스코프 장비를 활용해 소음을 진단하고 나아가 허브 베어링과 차동기어(디퍼렌셜 기어) 등으로 다양한 부분의 소음점검에 폭 넓게 활용하면 되겠다.

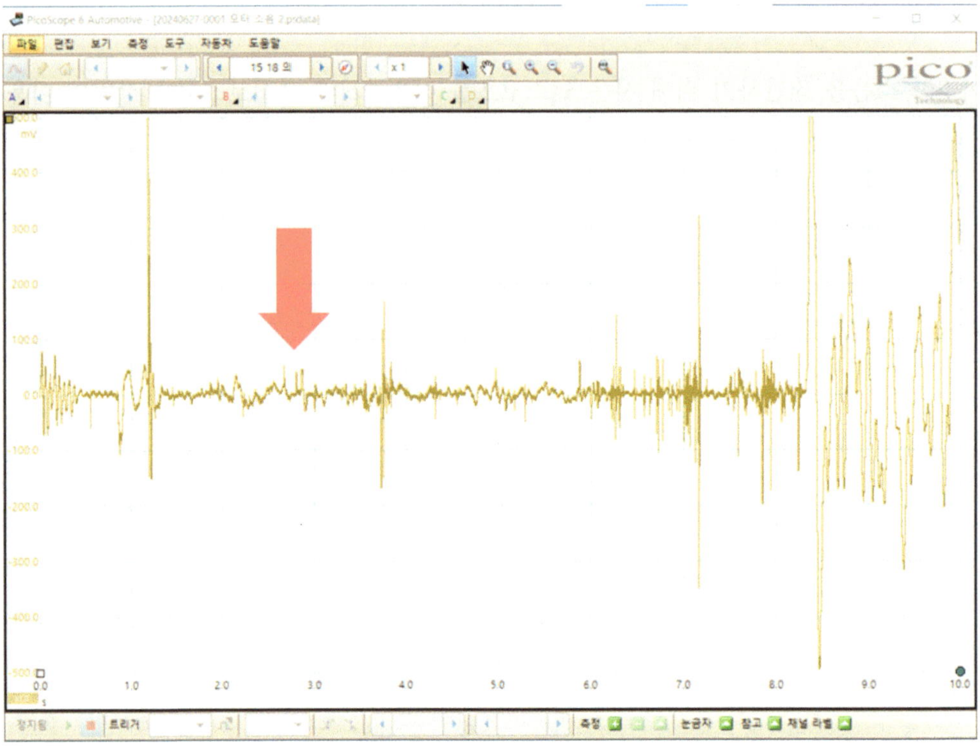


그림 3-62 펄스 센서를 활용한 소음 진단

이 외 차량의 변속기와 감속기 및 냉난방장치의 고장진단시 가장 먼저 스캔툴을 이용해 고장코드를 우선확인하고, 고장코드가 발생한 경우 해당 차량의 정비지침서를 참고해 점검 및 정비하고 고장코드가 없는 경우 센서데이터와 강제구동 기능을 활용하면된다.

그 중 "그림 3-63" 과 같이 차량의 "냉각수를 보충하십시오" 라는 경고가 계기판에 발생하면 스캔툴을 이용해 고장코드각 발생하지 않고, 차량의 냉각수는 정량이 들어 잇는 경우가 있다. 이는 냉각수를 순환하는 전동식워터펌프가 냉각수의 흐름에 문제가 발생해 작동 rpm에 변화가 발생하면 MCU와 같은 제어기에서 냉각수의 부족으로 판단하고 이와 같은 경고를 하게된다.

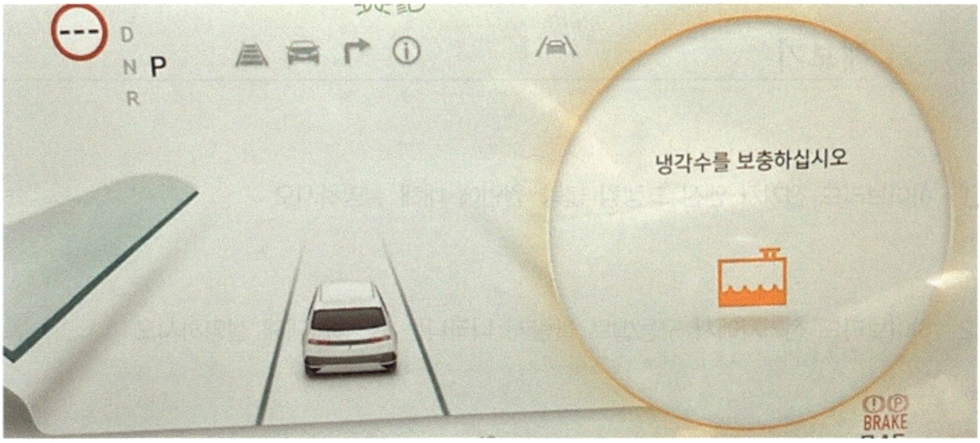


**그림 3-63 차량의 계기판에 표시된 냉각수 부족 경고**

이 경고는 대부분 냉각수가 부족한 것이 아니라 냉각수에서 발생된 이물질이나 공기빼기가 정상적으로 이루어지지 않아 발생하는 것으로 냉각수 라인의 이물질 및 공기빼기 작업 등을 수행해야 한다.

## 생각해보기

**3.1** 하이브리드 전기차 엔진 크랭킹 불량 원인에 대해 설명하시오.

**3.2** 하이브리드 전기차에서 구동벨트 불량시 나타나는 증상에 대해 설명하시오.

**3.3** 하이브리드 전기차의 엔진과열과 관련된 고장원인에 대하여 설명하시오.

**3.4** 하이브리드 전기차의 출력부족시 점검사항에 대하여 설명하시오.

**3.5** 납산 배터리가 12V 전원용으로 적용된 전기차에서 스캔툴을 이용해 점검하는 방법에 대하여 설명하시오.

**3.6** 12V 전원용으로 리튬이온 배터리가 적용된 전기차의 시동불량시 조치방법에 대하여 설명하시오.

**3.7** 모든 전기차에서 12V 전원의 충전상태를 점검하는 방법에 대하여 설명하시오.

**3.8** 고전압 배터리 셀 진단에 대하여 설명하시오.

**3.9** 차량탑재형 충전기(OBC)의 진단방법에 대하여 설명하시오.

**3.10** 구동모터 절연파괴검사에 대하여 설명하시오.

# 전기차 정비 현장사례

CHAPTER 04

본 장에서는 현장에서 발생한 전기차의 정비사례를 정리하여 유사한 증상의 차량이 입고되었을 때 참고 할 수 있도록 정리한 내용으로 2018년 "전기로 가는 자동차"를 출간하고 전국을 다니며 전기차교육을 진행하면서 인연이된 현장의 많은 분들과 카카오톡과 영상통화 때로는 직접 방문하는 등으로 저자와 함께 풀어본 현장사례들이다.

차량에 따라 동일한 증상이 발생할 수도 있지만 비슷한 듯 다른 고장이 있을 수 있으며 저자가 경험한 고장증상이 모든 전기차의 고장증상을 대변할 수 없기에 가벼운 마음으로 간접경험을 해주면 좋겠다.

저자와 함께 차량을 수리했던 경험담을 증상과 조치사항으로 간단히 정리하였다. 정리하는 과정에서 부득이하게 일부 각색된 부분도 있으니 양해해 주기 바란다.

## ※ 차량 정비 전 주의 사항

### ○ 고전압 회로(배터리 제외) 정비시

① 담당 정비사가 직접 시동 OFF 후 차량 키 별도 보관(오시동 방지)
② 배터리 (-) 단자 탈거 후 5분 이상 대기
③ 고전압 케이블 및 부품의 잔류전압 확인(약 30V 이하 확인)

### ○ 고전압 배터리 정비시

① 담당 정비사가 직접 시동 OFF 후 차량 키 별도 보관(오시동 방지)
② 배터리 (-) 단자 탈거 후 5분 이상 대기
③ 고전압 배터리의 안전플러그 또는 퓨즈 등 탈거(물리적 차단)
④ 절연장갑 및 안전보호구 착용 후 필요한 경우 절연공구 사용

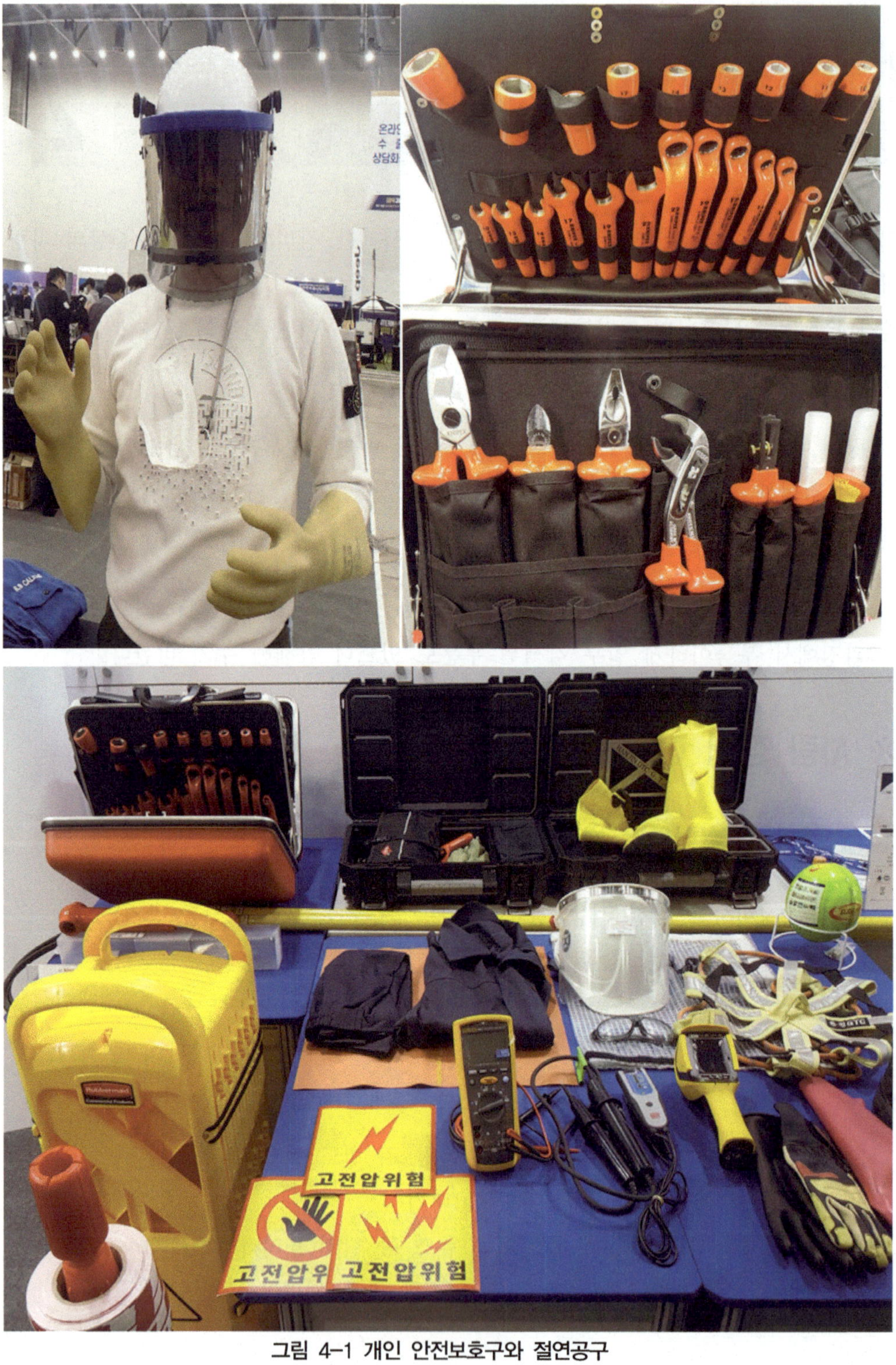


그림 4-1 개인 안전보호구와 절연공구

# 4.1 냉각수

## [1] 인버터 냉각수를 보충하시오

차량 : 그랜져 IG HEV 2018MY  13만km

증상 : 운행은 가능하나 계기판에 "인버터 냉각수를 보충하시오" 경고등 점등

상태 : 냉각수량 정상

원인 : 냉각수 내 이물질로 인한 냉각수 순환 불량

조치 : 냉각라인 세척 후 냉각수 교환

그림 4-2 경고등 및 냉각수 교환

그림 4-3 냉각수 관련 센서데이터

### [2] 인버터 냉각수를 보충하시오

차량 : 코나 EV 2020MY 7만km

증상 : 운행은 가능하나 계기판에 "인버터 냉각수를 보충하시오" 경고등 점등

상태 : 저전도 냉각수 적용 및 냉각수량 정상

원인 : 저전도 냉각수 내 이물질로 인한 냉각수 순환 불량(리콜사항)

조치 : 냉각라인 세척 후 냉각수 교환

그림 4-4 저전도 냉각수 이물

그림 4-5 냉각수 교환장비에 필터링 된 이물질

현대자동차 기준 저전도 냉각수가 적용된 차량에서 이러한 이물이 발생하여 리콜되었으며 대상기간이 거의 유사함.

- OS EV(코나 EV)
  대상기간: 19.05/03 ~ 21.03/26
- AE EV(아이오닉EV)
  대상기간: 19.05/02 ~ 20.10/23
- HR EV(포터 EV)
  대상기간: 19.09/17 ~ 21.09/10
- TM HEV (싼타페HEV)
  대상기간: 21.06/01 ~ 21.09/18
- NX4 HEV (투싼HEV)
  대상기간: 20.09/01 ~ 21.10/01

# 4.2 저전압 배터리

## [1] 잦은 12V 배터리 방전

차량 : LF 쏘나타 HEV 2017MY  7만km

증상 : 12V 배터리 방전으로 보조 배터리 교환 2회, 충전불량으로 HSG 교환

상태 : 12V 배터리 충전 불량, HCU/LDC 고장코드 발생(추후 발견)

원인 : LDC 불량

조치 : LDC 교환

그림 4-6 LDC 성능이상 고장코드

배터리 충전과 관련해 기존의 내연기관 차량의 충전불량 점검과 같은 형태로 점검 및 진단하면서 오진으로 HSG를 교환하였던 사례로 LDC 관련고장코드가 발생해 있었다.

그림 4-7 YF 쏘나타 HEV 보조배터리 충전불량

그림 4-8 YF 쏘나타 HEV 보조배터리 정상충전

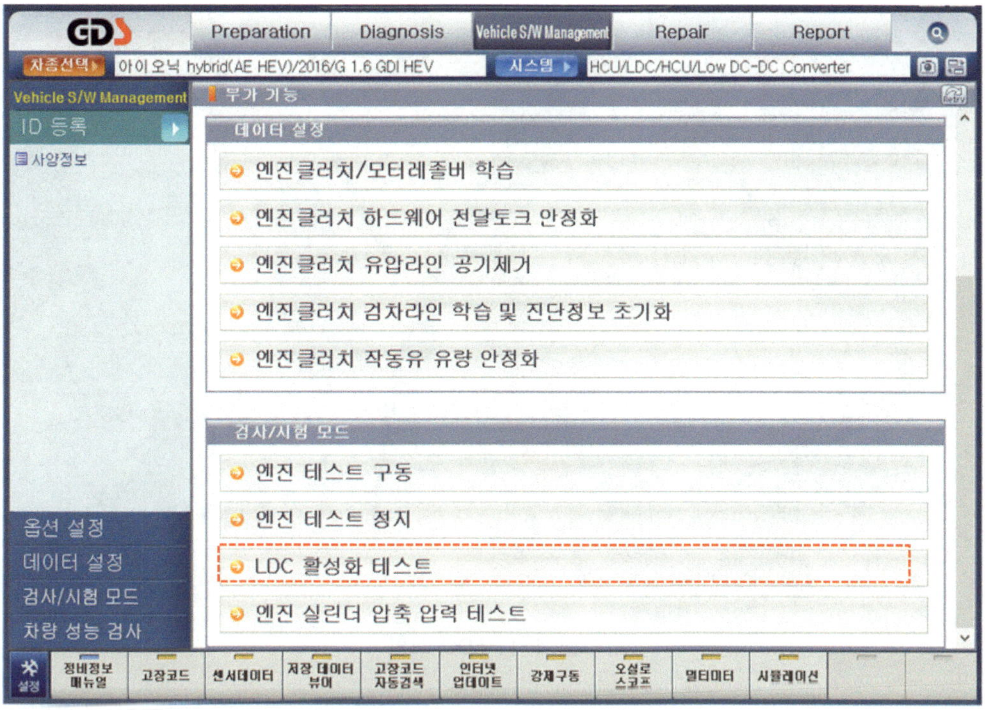


그림 4-9 LDC 테스트 부가기능

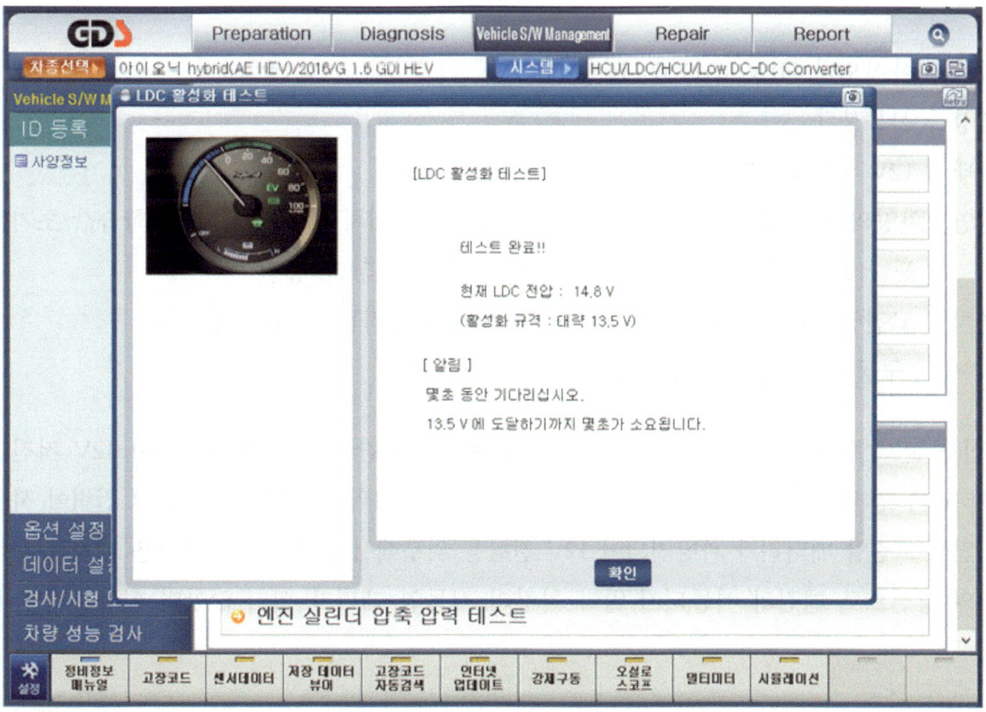


그림 4-10 LDC 활성화 테스트

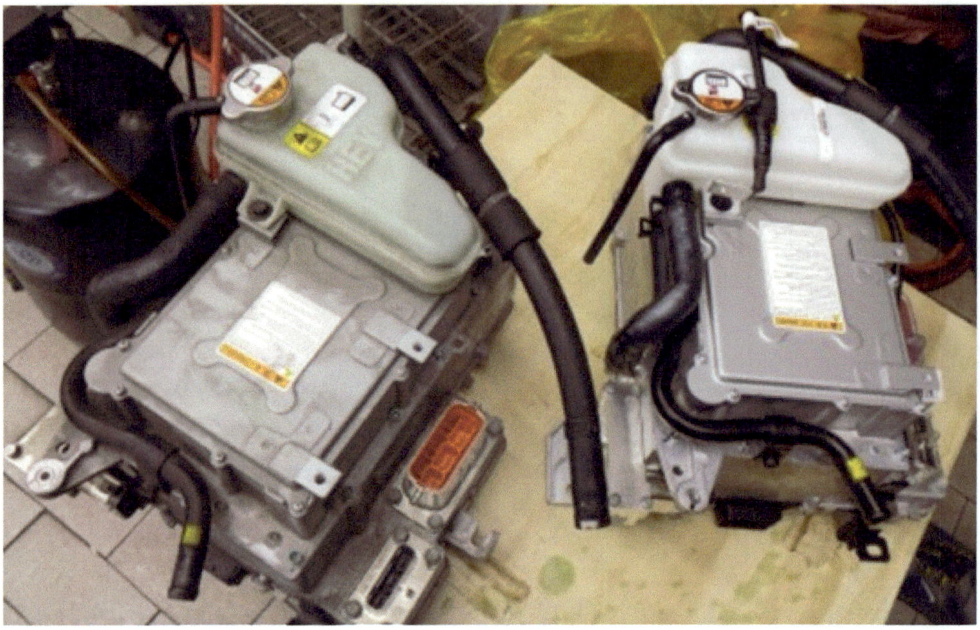

그림 4-11 LDC 교환

## [2] 인버터 냉각수를 보충하시오

차량 : 아이오닉 HEV 2017.09.16. MY

증상 : 시동불량

상태 : 12V 배터리 점프 후 레디(시동) 불가

원인 : 차량의 전원이 모두 완전방전된 상태로 엔진클러치 및 구동모터 등 학습값 초기화 등, 12V 저전압 배터리 및 구동용 고전압 배터리 방전

조치 : 고전압 배터리 교환 및 12V 저전압 배터리(리튬이온) 교환
구동모터 및 엔진클러치 학습

신차 출고 후 썬팅 등으로 인해 key on 상태로 장시간 차량을 방치하면서 12V 저전압 배터리가 먼저 방전되면서 이 저전압 배터리를 충전하기위해 고전압 배터리의 전력이 사용되면서 고전압 배터리가 과방전되어 12V 전원을 외부에서 공급하여도 구동용 고전압 배터리의 방전으로 엔진의 시동되지 않아 차량의 시동인 레디가 되지 않았던 현장사례였다.

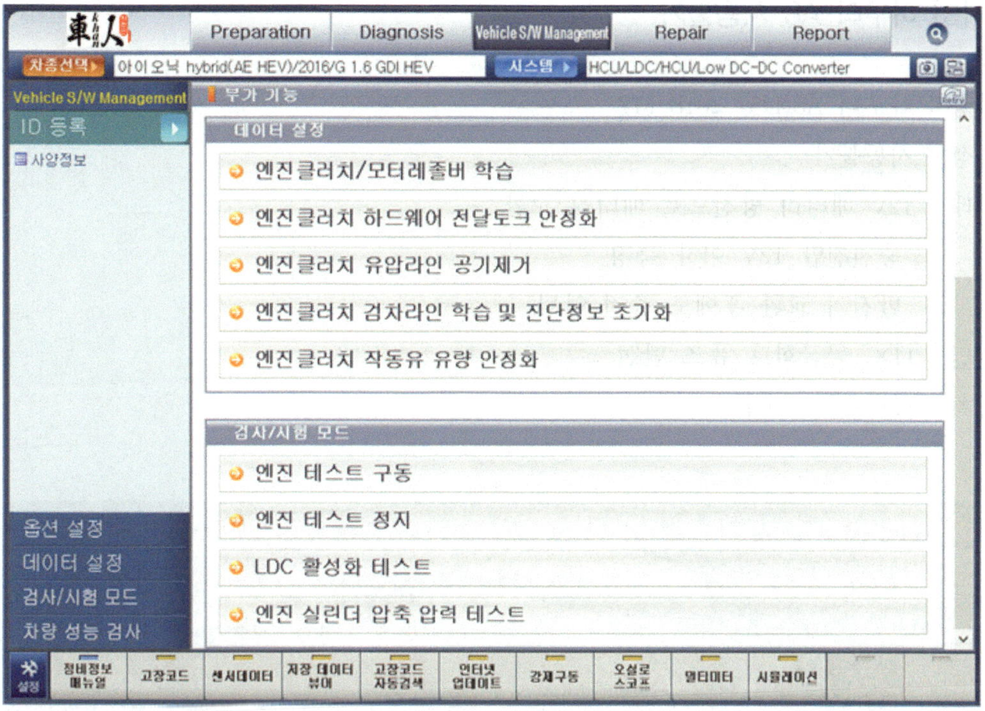


그림 4-12 아이오닉 HEV HCU 부가기능

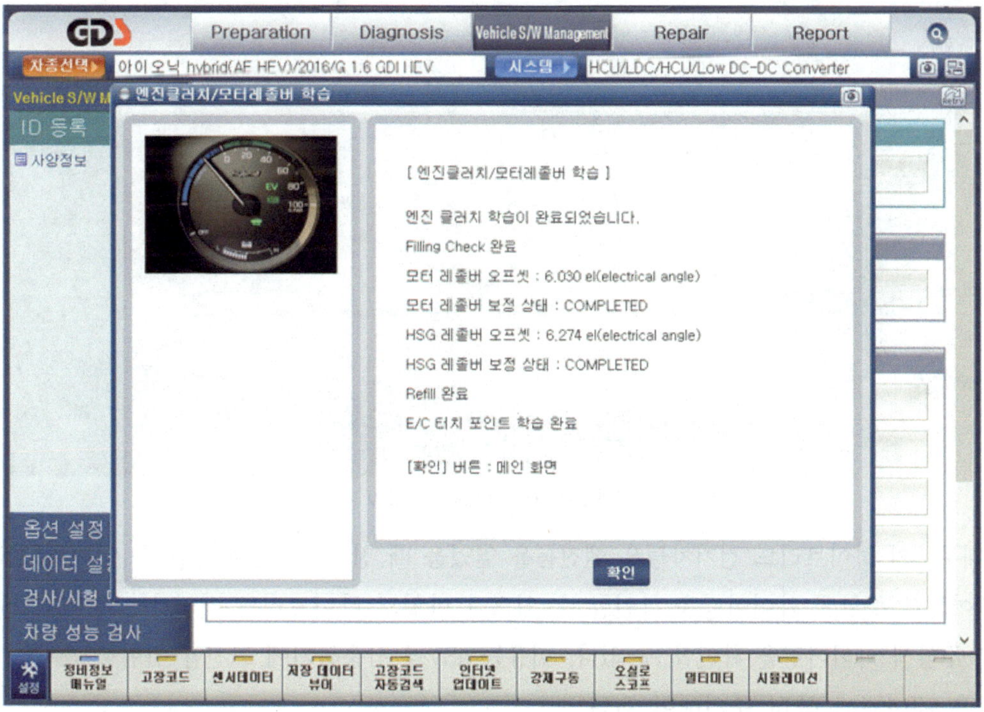


그림 4-13 아이오닉 HEV 엔진클러치 및 레졸버 보정

### [3] 아우디 A8 시동불가

차량 : 아우디 A8(D5) 2018 MY

증상 : 시동불가

상태 : 12V 배터리 방전으로 배터리 교환

충전전압 12V 이하 측정

발전기 교환 후에도 충전 안됨

원인 : LDC 공급회로 퓨즈 단선

조치 : LDC 퓨즈 교환

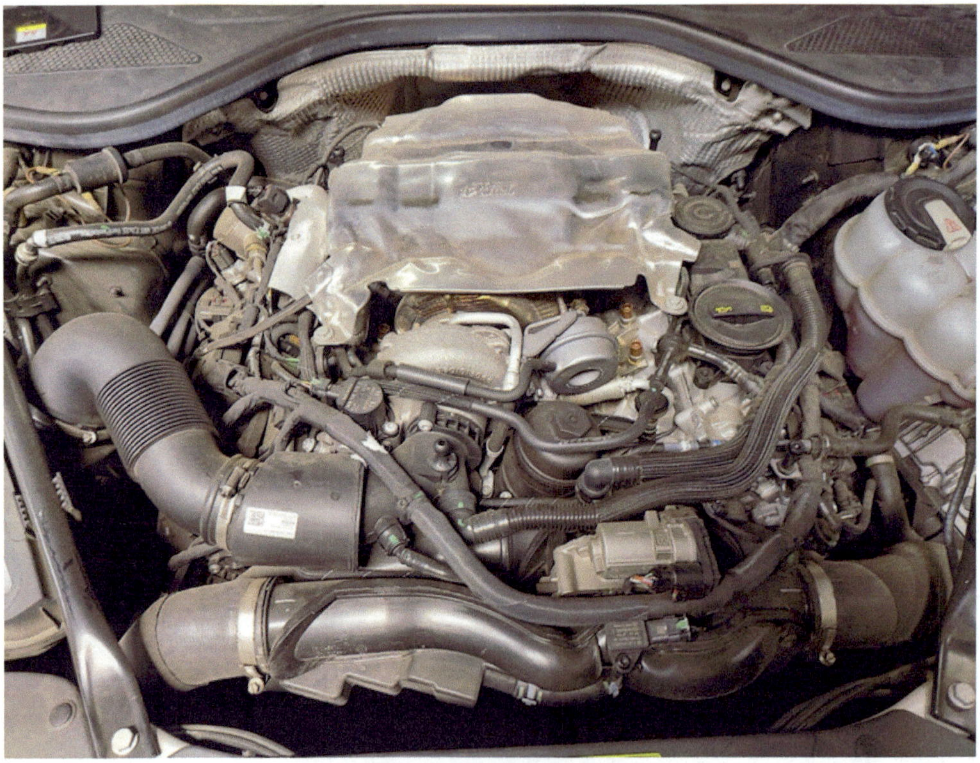

그림 4-14 A8(D5) MHEV

대부분의 하이브리드 전기차들은 엔진룸을 열었을 때 전기차임을 확인할 수 있는 고전압 케이블로 주황색 와이어링을 확인할 수 있으나 마일드 하이브리드 전기차는 전기차임에도 주황색 와이어링을 확인할 수 없다. 이유는 48V를 사용하기에 고전압 위험을 표시하지 않은 것이기에 특히 주의해야 한다.

그림 4-15 교환 된 A8 MHSG

마일드 하이브리드 전기차를 일반 내연기관 차량으로 오해하여 12V 배터리가 방전됨에도 48V를 생산하는 MHSG를 교환할 수 있어 주의가 필요하다. 이 차량의 경우에도 MHSG를 교환하였으나 12V 배터리가 충전되지 않았고 회로 분석결과 LDC 회로에 퓨즈가 적용되어 퓨즈를 교환 하고 마무리 되었다.

그림 4-16 A8 D5 MHEV 리어정션박스 퓨즈 위치

이미지 출처 :https://fuse-box.info/audi/audi-a8-s8-d5-4n-2018-2020-fuses

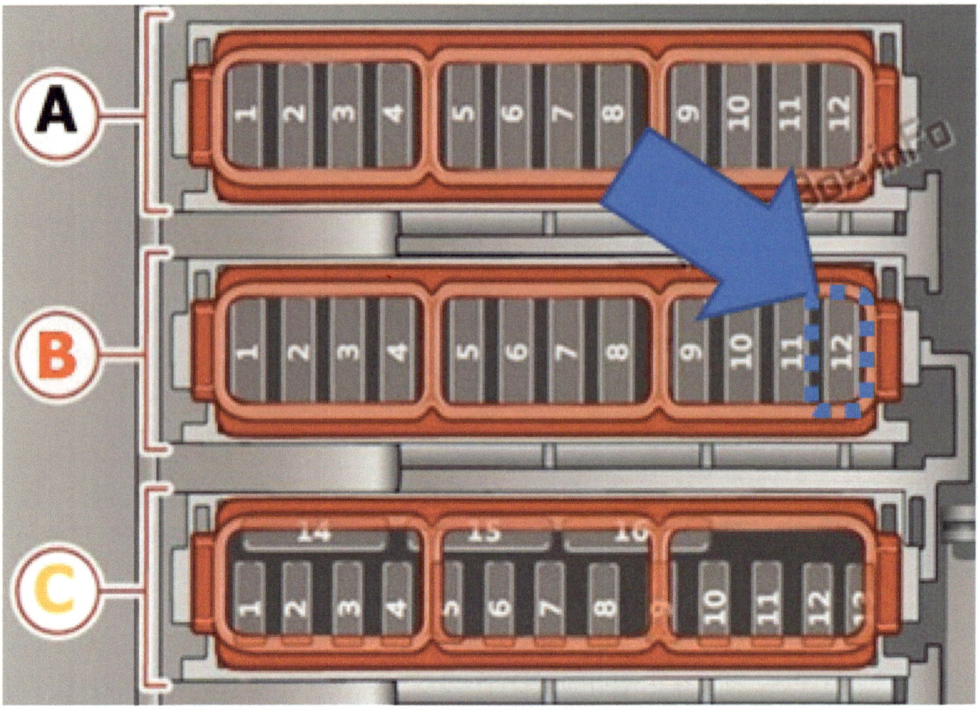


그림 4-17 A8 D5 MHEV 리어 정션박스 내 LDC 위치
이미지 출처 :https://fuse-box.info/audi/audi-a8-s8-d5-4n-2018-2020-fuses

표 4-1 A8 D5 MHEV 리어 정션박스 퓨즈 명칭

| Fuse panel B (red) | |
|---|---|
| B1 | Rear climate control system blower |
| B2 | 2021: Exterior antenna |
| B3 | 2018-2019: Not Used;<br>2020-2021:Exhausttreatment,soundactuator |
| B4 | Rear climate control system control panel |
| B5 | Right trailer hitch light |
| B6 | Trailer hitch positioning motor |
| B7 | Trailer hitch |
| B8 | Left trailer hitch light |
| B9 | Trailer hitch socket |
| B10 | Sport differential |
| B11 | 2018-2019: Not Used;<br>2020-2021:Exhausttreatment |
| **B12** | **2021: 48V drivetrain generator** |

## [4] 주행 중 경고등 점멸 및 경고음 발생

차량 : YF쏘나타 HEV 2012MY　12만km

증상 : 주행 중 "정차 후 시동을 꺼주세요" 경고문구 발생
　　　"READY" 램프 점멸, 경고음 발생

상태 : 고장코드 진단시 "배터리 전압 낮음" 고장코드 발생

원인 : LDC 불량

조치 : LDC 교환

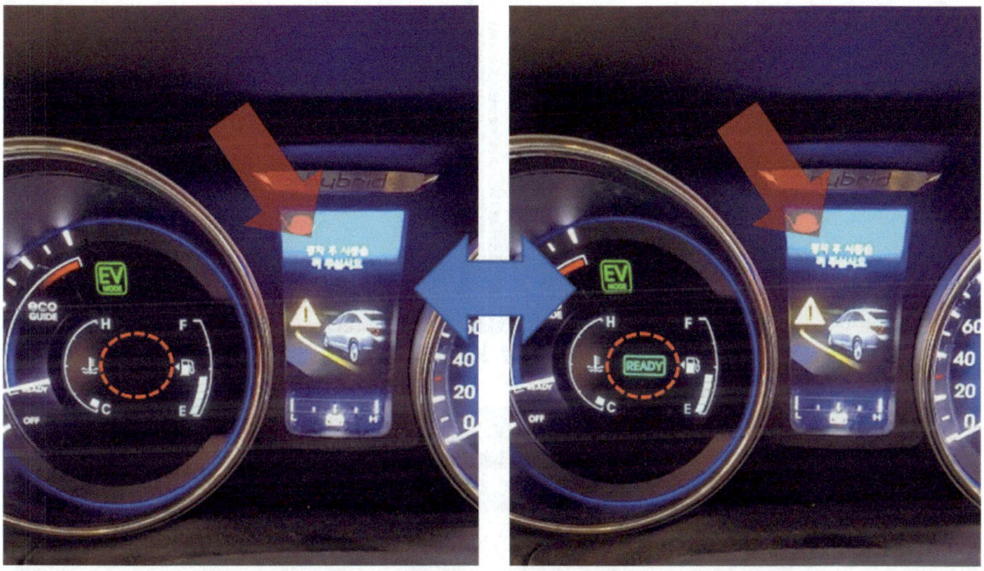

그림 4-18 주행 중 경고문구 발생 및 "READY" 램프 점멸

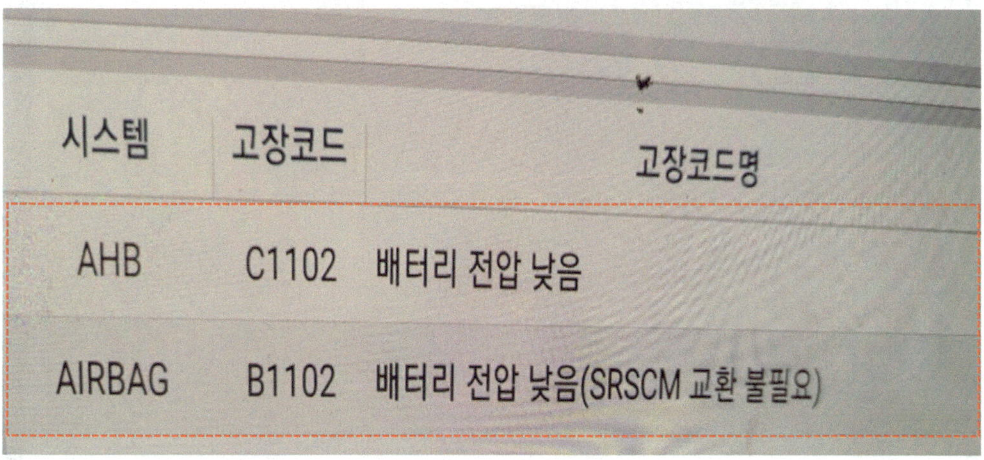

| 시스템 | 고장코드 | 고장코드명 |
|---|---|---|
| AHB | C1102 | 배터리 전압 낮음 |
| AIRBAG | B1102 | 배터리 전압 낮음(SRSCM 교환 불필요) |

그림 4-19 발생한 고장코드

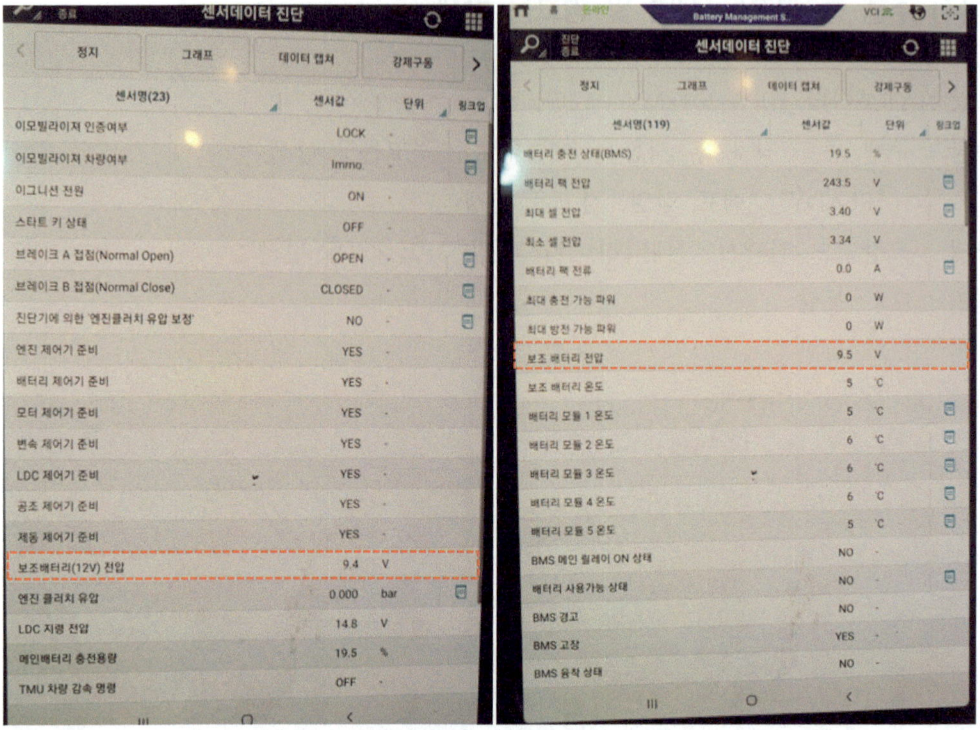


그림 4-20 제어기 별 보조배터리(12V) 전압

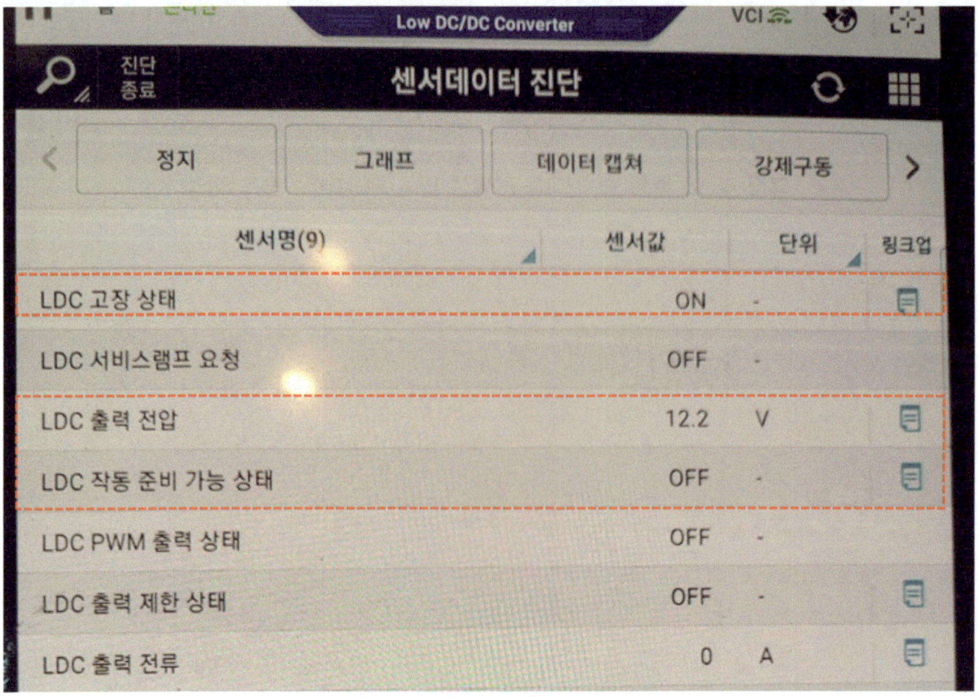


그림 4-21 고장시 LDC 센서데이터

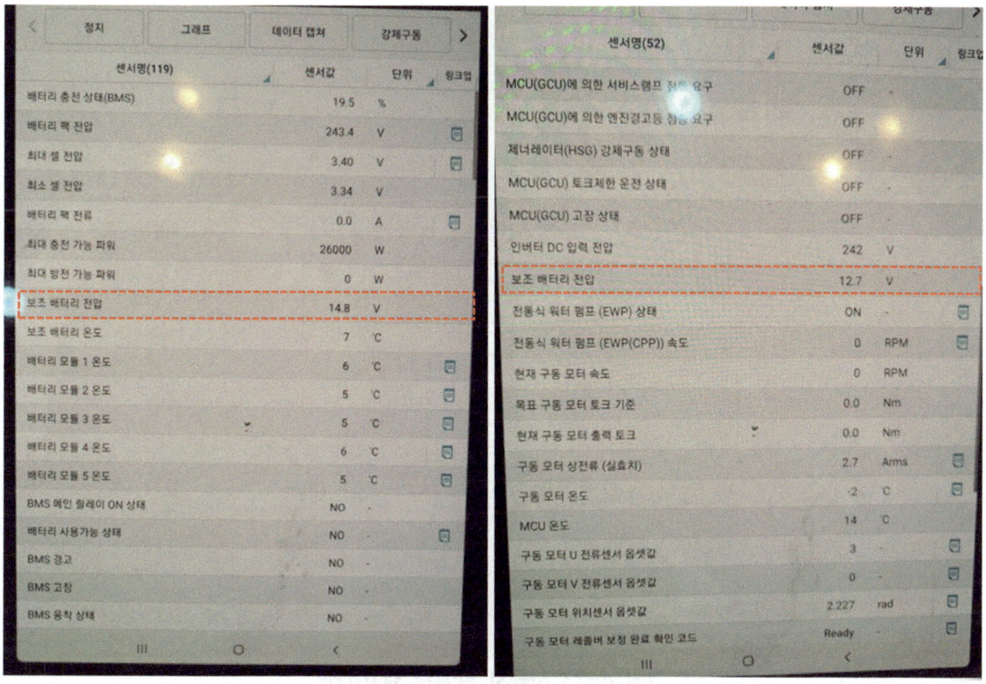

그림 4-22 LDC 교환 후 제어기별 보소배터리 전압

이 차량과 같이 초기형 하이브리드 전기차에서 LDC에 고장이 발생하여도 LDC와 관련된 고장코드는 발생하지 않고 타 제어기에서 "배터리 전압 낮음" 고장코드가 발생하였고, 이는 보조배터리가 단순히 방전되었을 경우에도 발생하는 고장코드 이기에 이 "배터리 전압 낮음" 고장코드가 발생하였을 때 현재고장 또는 과거 고장으로 구분하고 해당 제어기의 센서데이터에서 입력되는 보조배터리의 전압을 확인해야 한다.

## [5] "브레이크 시스템 점검! 안전한 곳에 정차하십시오"

차량 : 아이오닉 EV 2018 MY 1.3만km

증상 : "브레이크 시스템 점검! 안전한 곳에 정차하십시오" 경고문구 발생 및 시동불가

상태 : 제어기 별 "배터리 전압 낮음" 고장코드 발생

원인 : 12V 보조배터리 방전

조치 : 12V 보조배터리 교환

그림 4-23 시동시 발생된 경고문구

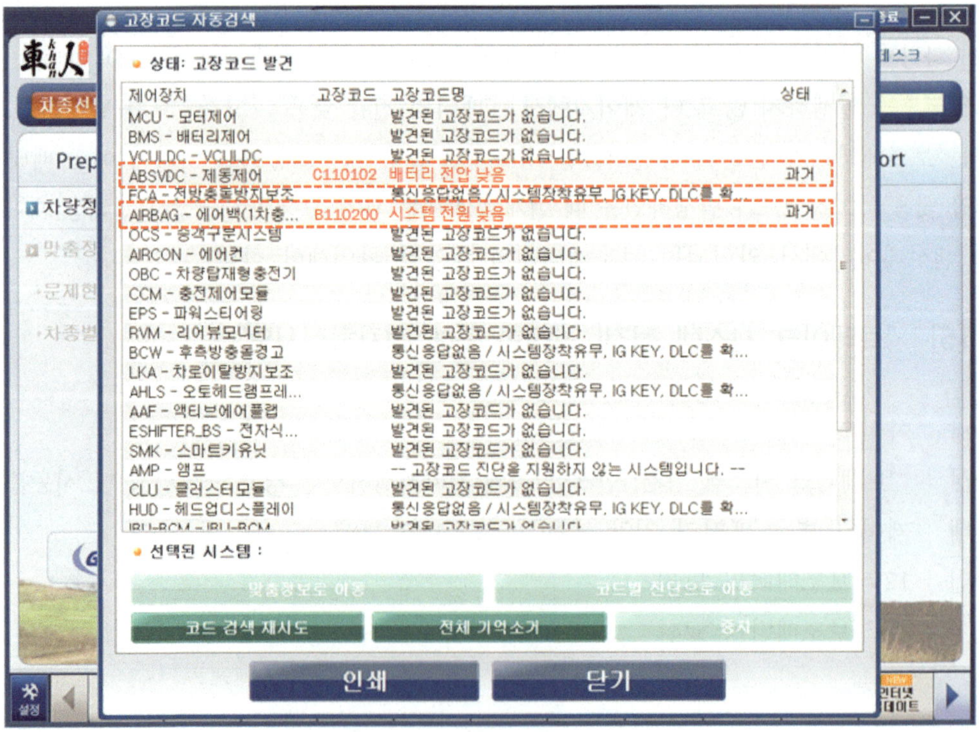


그림 4-24 시동불량 시 고장코드

하이브리드 전기차를 비롯한 배터리 전기차와 수소전기차 모두 12V 전원용 배터리가 방전되면 차량의 출발준비 인 레디상태가 되지 않는다. 이는 내연기관차량에서 배터리가 방전되어 엔진의 시동이 걸리지 않아 출발준비가 되지 않은 것과 같다.

내연기관 차량 및 하이브리드 전기차를 비롯한 모든 전기차에서 가장 중요하다 할 수 있는 기능이 바로 브레이크 장치로 특히 전기차량들에는 주로 전자식으로 작동하는 브레이크 장치가 적용되어 있어 브레이크 장치에 공급되는 12V 전원이 중요하기에 차량의 출발준비 인 "레디" 가 되지 않는 경우 최우선이 브레이크 이기에 운전자에게 위험을 알리기 위해 브레이크 장치의 고장이 발생하였음을 알리는 경고문구를 우선적으로 표시하게 된다.

이 "브레이크 시스템 점검! 안전한 곳에 정차하십시오" 경고문구 발생시 스캔툴을 이용해 차량의 전체 고장코드의 확인 필요하고 12V 전원 배터리의 확인을 우선하면 되겠다. 아래는 12V 전원용 배터리 교환 후 충전상태를 확인을 위한 차량별 제어기의 센서데이터로 이처럼 차량에 따라 점검하면 되겠다.

그림 4-25 내연기관 차량의 엔진 ECU에서 12V 배터리 상태점검

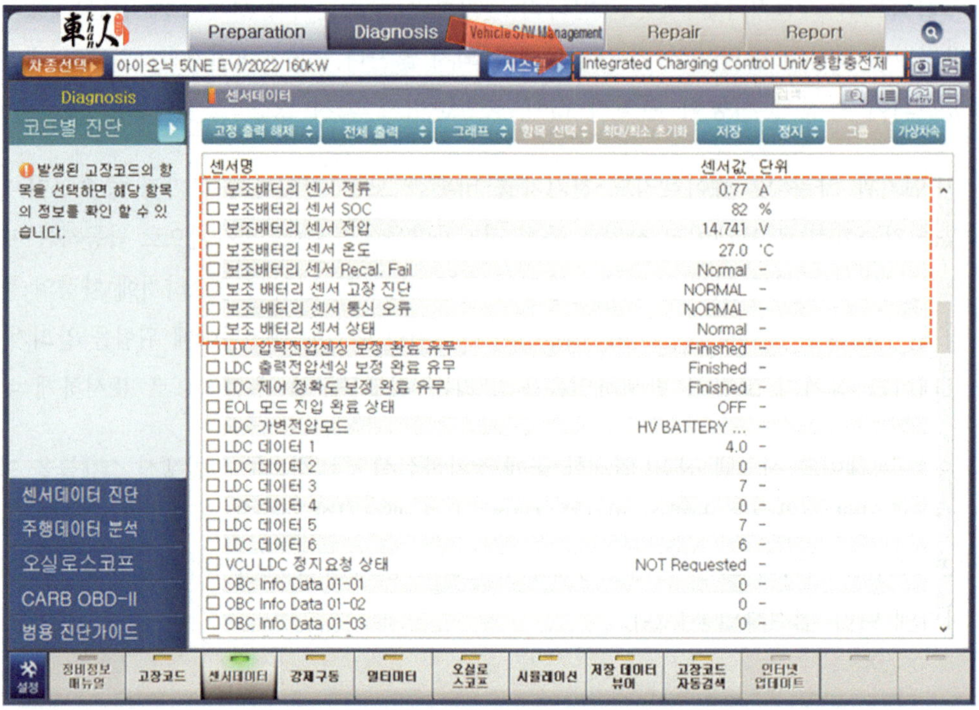

그림 4-26 아이오닉 5 ICCU 에서 12V 배터리 상태점검

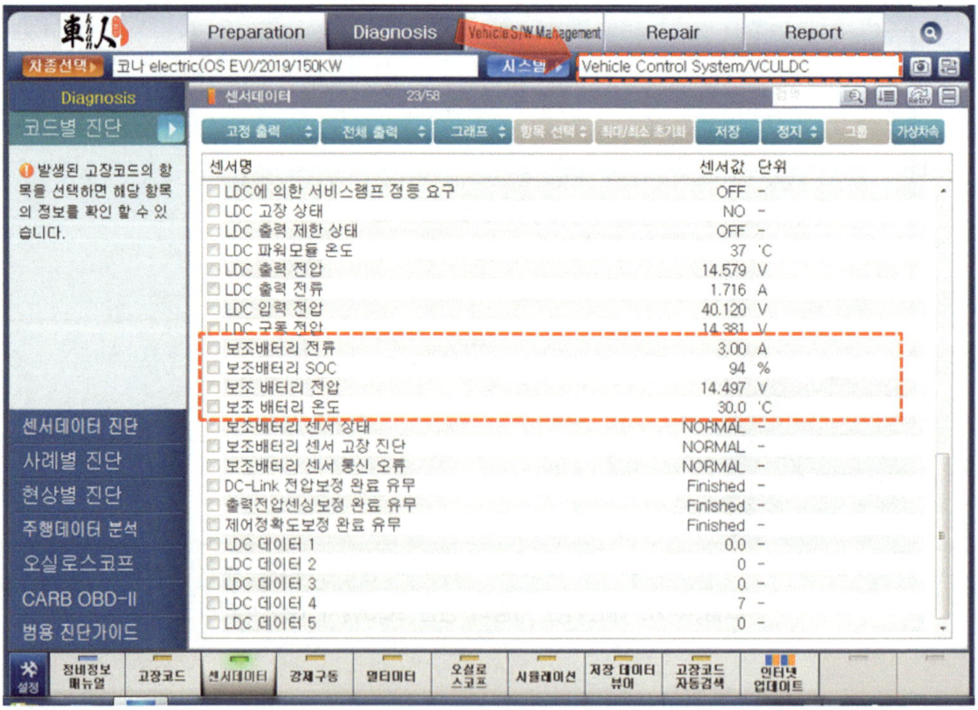

그림 4-27 코나 EV VCU에서 12V 배터리 상태점검

그림 4-28 SM3 ZE 12V 배터리 점검(오텔 진단기)

## [6] 전원 공급 장치 점검! 안전한 곳에 정차하십시오

차량 : EV6 2022MY 2.5만km

증상 : "전원 공급 장치 점검! 안전한 곳에 정차하십시오" 경고등 점등

상태 : 주행 중 시동꺼짐

원인 : ICCU 퓨즈 단선 및 ICCU 불량

조치 : ICCU 퓨즈 교환 후 증상이 해소되지 않아 ICCU 교환

그림 4-29 EV6 시동불량 시 발생된 경고문구

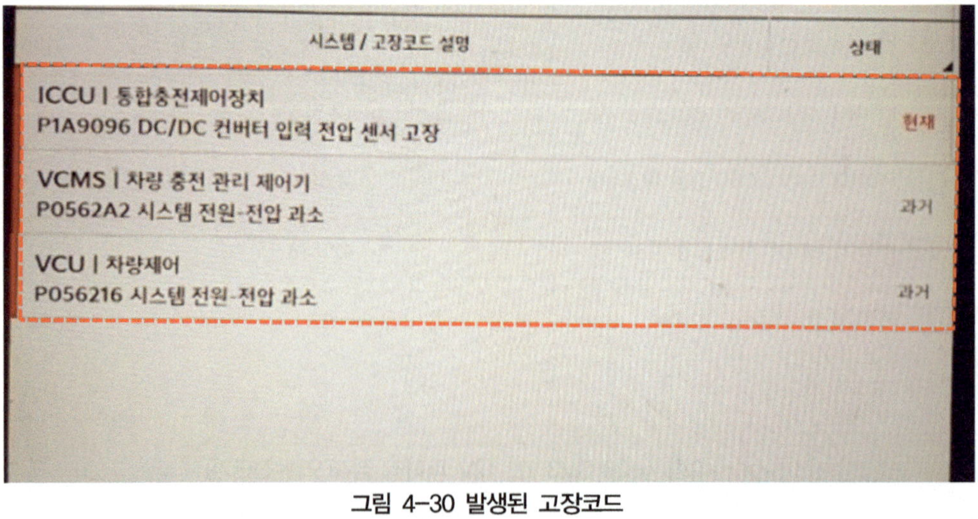


그림 4-30 발생된 고장코드

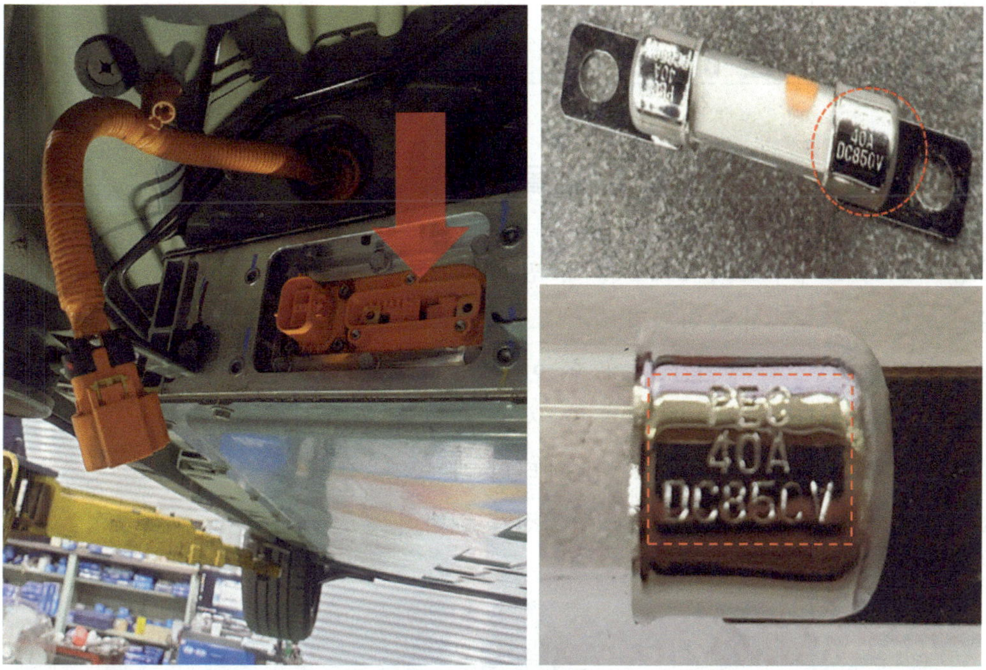


그림 4-31 ICCU 퓨즈

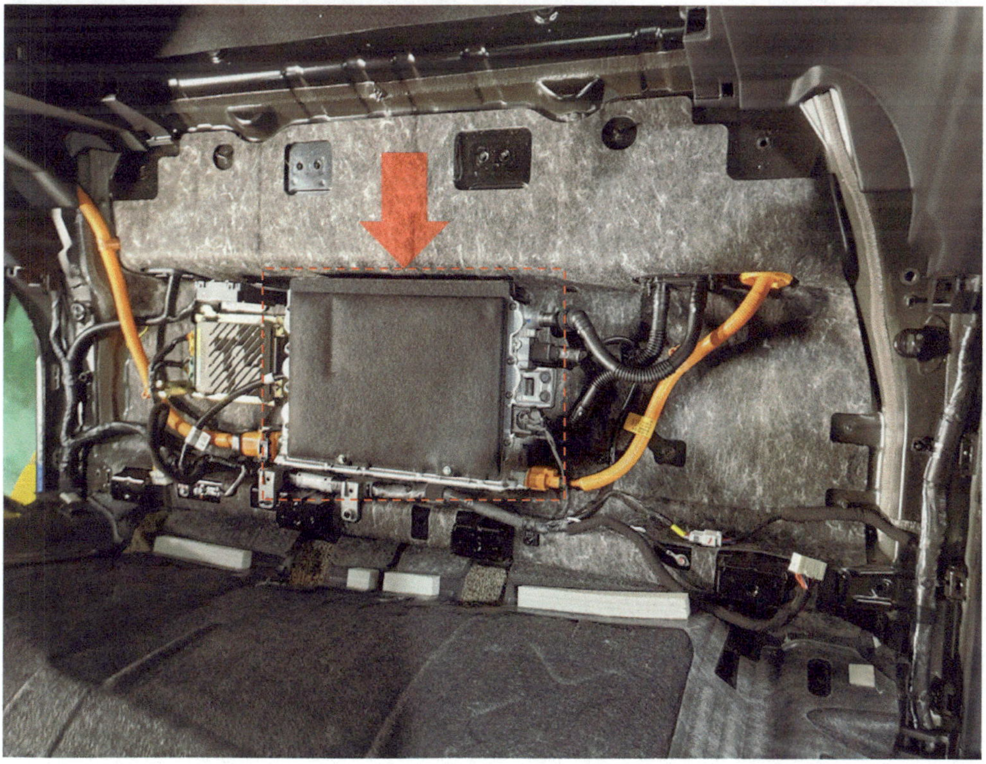

그림 4-32 ICCU 교환

# 4.3 고전압 배터리

## [1] 12V 배터리 방전 경고! 시동을 거십시오

차량 : DN8 쏘나타 HEV 2020MY 2.6만km

증상 : 12 점프 후 시동 안걸림

상태 : 사고차량으로 장기간 방치 후 이동을 위해 시동(READY) 시도
12V 배터리 방전으로 점프 후 시동 시동 시동(READY) 불가

원인 : 12V 전원 배터리 및 고전압 배터리 과 방전

조치 : 12V 전원 배터리 및 구동용 고전압 배터리 충전(재생)

그림 4-33 DN8 쏘나타 HEV 방전차량

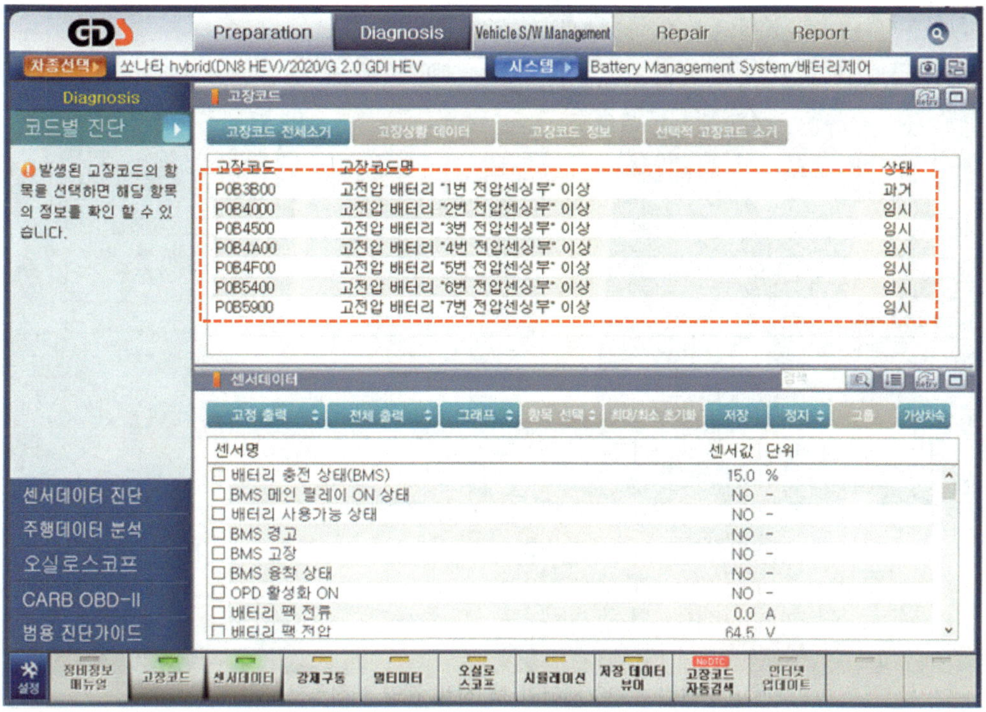


그림 4-34 12V 배터리 점프 후 확인된 고장코드

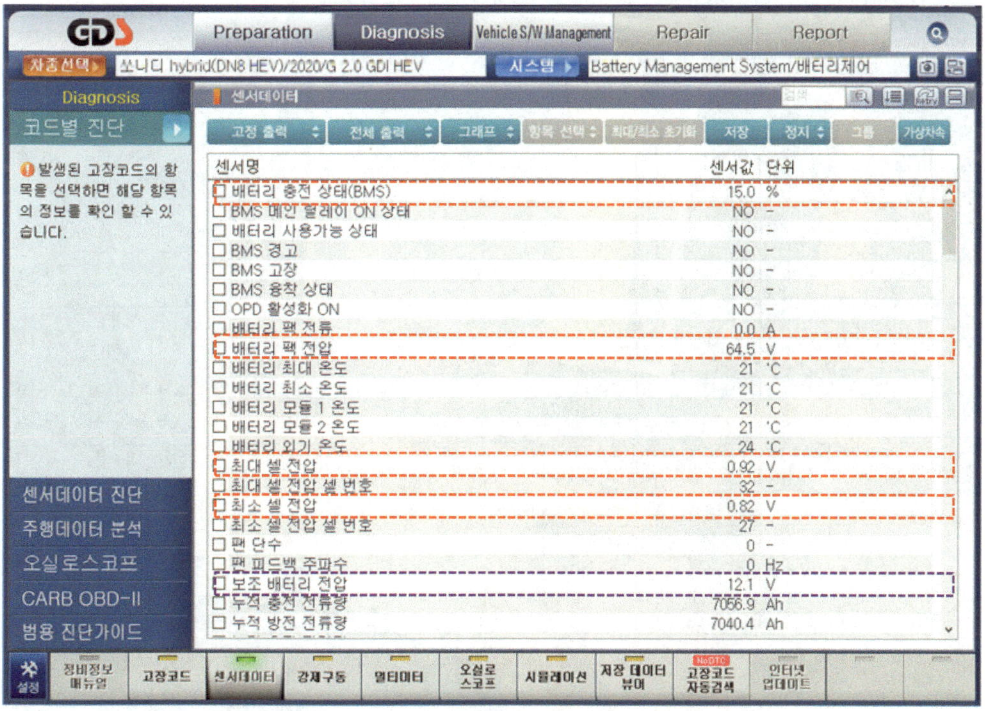


그림 4-35 고전압 배터리 상태 센서데이터

그림 4-36 배터리 팩 전체 전압 직접측정

그림 4-37 배터리 모듈 전압 측정

12V 전원용 배터기 방전되면 차량의 전원을 공급할 수 없고 구동용 고전압 배터리가 방전되면 엔진의 시동을 위해 HSG에 전원을 공급할 수 없다. 하이브리드 전기차에서 구동용 고전압 배터리가 방전되면 방전정도에 따라 조치가 가능하다.

### ※ 하이브리드 전기차 방전시 점프 조치 가능 정도

① 12V 보조 배터리 리셋

② 12V 보조 배터리 점프(엔진룸)

③ 고전압 배터리 방전으로 시동불가

④ **고전압 배터리 전압 약 80% 이상 SOC 약 20% 이하 방전시 점프**

⑤ **고전압 배터리 전압 약 80% 이하 또는 SOC 약 15% 이하 개별 충전 또는 배터리 교환**

⑥ **배터리 점프로 시동가능 전압 참고**

- 12.6V / 80% 약 10V
- 270V / 80% 약 216V 그랜저, 쏘나타
- 240V/ 80% 약 192V 아이오닉, 니로
- 180V / 80% 약 144V 아반떼HD, 포르테

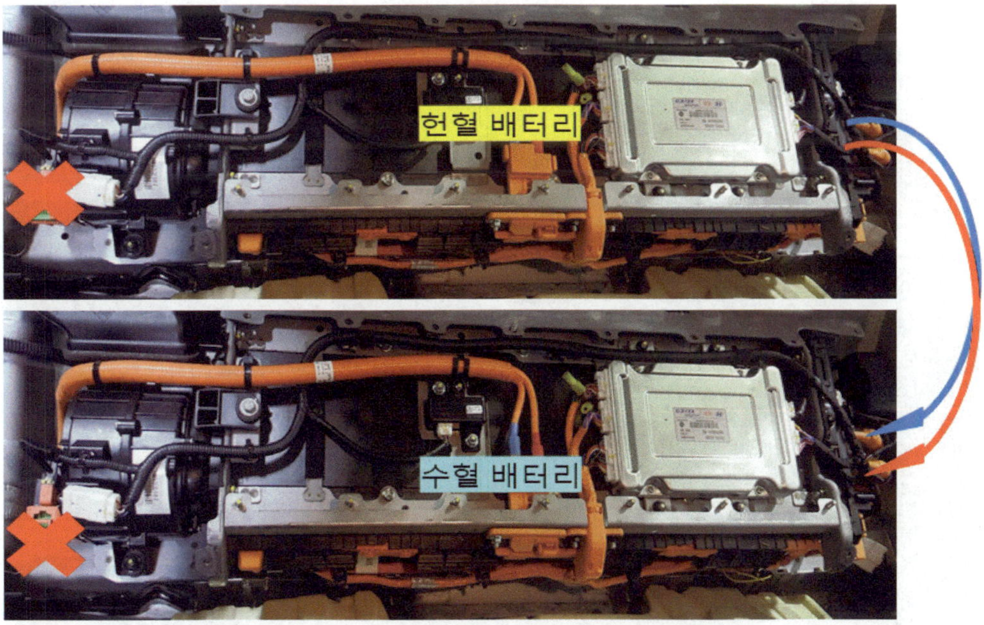


그림 4-38 구동용 고전압 배터리 점프

고전압 배터리의 점프는 매우 위험한 작업으로 반드시 충분한 지식과 안전을 확보 후 실시한다.

표 4-2 하이브리드 전기차의 고전압 특징

| 차량명 | HWV 형식 | 변속기 | 구동용 고전압 배터리 |
|---|---|---|---|
| 베르나 HEV(MC) | FMED 소프트 | CVT | 144V 7.2*20 6.5AH 0.9kW |
| 아반떼 HD HEV | FMED 소프트 | CVY | 180V 3.75*48 5.3AH 0.9kW |
| YF 쏘나타 HEV<br>그랜져 HG HEV | TMED 하드 | 6 A/T | 270V 3.75*20 5.3AH 1.8kW |
| LF 쏘나타 HEV<br>그랜져 IG HEV | TMED 하드 | 6 A/T | 270V 3.75*72 6AH 1.62kW |
| LF 쏘나타 PHEV | TMED 하드 | 6 A/T | 360V .75*96 7.2AH 4.9+4.9kW |
| 아이오닉(AE) HEV | TMED 하드 | 6 DCT | 240V 3.75*16*4 6.5AH 1.53kW |
| 아이오닉(AE) PHEV | TMED 하드 | 6 DCT | 360V 3.75*96 24.7AH 8.9kW |
| 아빤떼 CN7 HEV | TMED 하드 | 6 DCT | 240V 3.75*64 5.5AH 42kW |
| 쏘나타 DN8 HEV | TMED 하드 | 6 A/T | 270V 3.75*72 5.3AH 1.49kW |
| 싼타페 TMPE HEV | TMED 하드 | 6 DCT | 270V 3.75*72 5.5AH1.485kW |

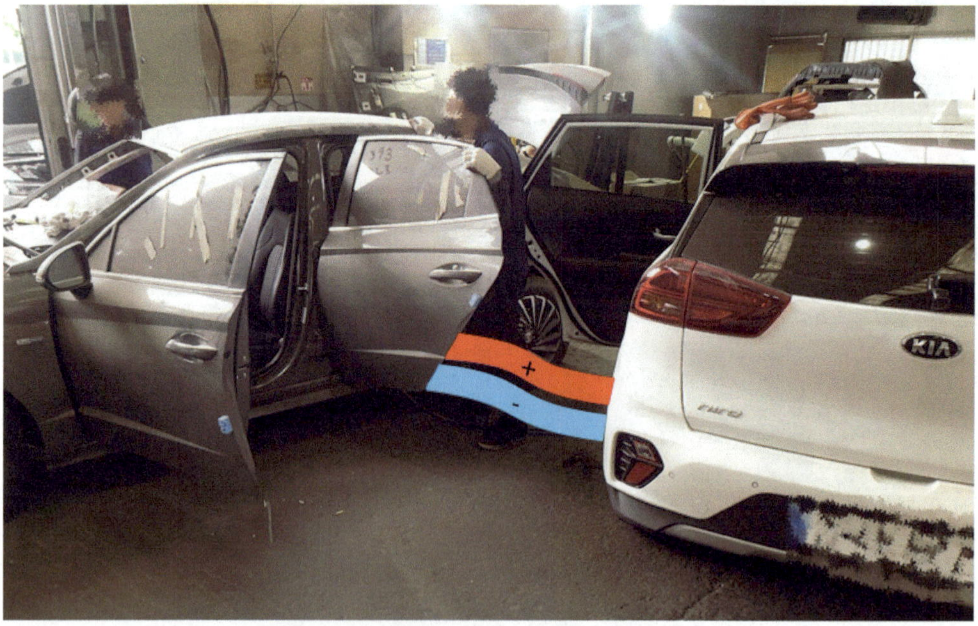

그림 4-39 차대차 구동용 고전압 배터리 점프

차대차 고전압 배터리의 점프시 안전장구류 착용 및 해당 차량의 제원을 반드시 확인한다.

## [2] YF 쏘나타 HEV 연비저하 및 출력부족

차량 : YF 쏘나타 HEV 2015MY 16만km

증상 : 연비저하 및 출력부족 "P1B74 고전압 센싱라인 단선" 고장코드 발생

원인 : 고전압 배터리 모듈 커넥터 접촉불량

조치 : 고전압 배터리 모듈 커넥터 핀 수정 후 재장착

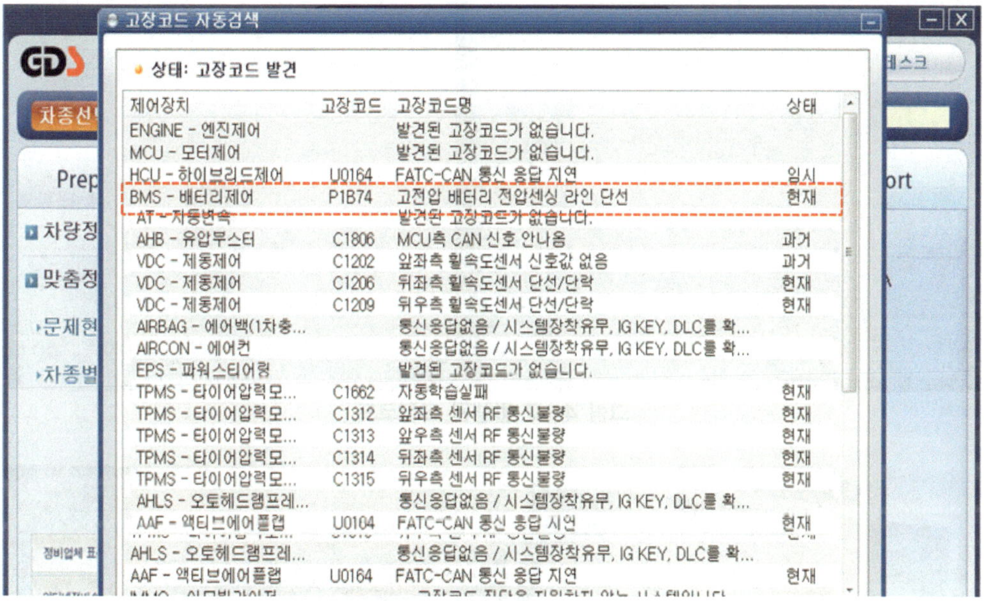

고장코드 자동검색

상태: 고장코드 발견

| 제어장치 | 고장코드 | 고장코드명 | 상태 |
|---|---|---|---|
| ENGINE - 엔진제어 | | 발견된 고장코드가 없습니다. | |
| MCU - 모터제어 | | 발견된 고장코드가 없습니다. | |
| HCU - 하이브리드제어 | U0164 | FATC-CAN 통신 응답 지연 | 임시 |
| BMS - 배터리제어 | P1B74 | 고전압 배터리 전압센싱 라인 단선 | 현재 |
| AT - 자동변속 | | 발견된 고장코드가 없습니다. | |
| AHB - 유압부스터 | C1806 | MCU측 CAN 신호 안나옴 | 과거 |
| VDC - 제동제어 | C1202 | 앞좌측 휠속도센서 신호값 없음 | 과거 |
| VDC - 제동제어 | C1206 | 뒤좌측 휠속도센서 단선/단락 | 현재 |
| VDC - 제동제어 | C1209 | 뒤우측 휠속도센서 단선/단락 | 현재 |
| AIRBAG - 에어백(1차충... | | 통신응답없음 / 시스템장착유무, IG KEY, DLC를 확... | |
| AIRCON - 에어컨 | | 통신응답없음 / 시스템장착유무, IG KEY, DLC를 확... | |
| EPS - 파워스티어링 | | 발견된 고장코드가 없습니다. | |
| TPMS - 타이어압력모... | C1662 | 자동학습실패 | 현재 |
| TPMS - 타이어압력모... | C1312 | 앞좌측 센서 RF 통신불량 | 현재 |
| TPMS - 타이어압력모... | C1313 | 앞우측 센서 RF 통신불량 | 현재 |
| TPMS - 타이어압력모... | C1314 | 뒤좌측 센서 RF 통신불량 | 현재 |
| TPMS - 타이어압력모... | C1315 | 뒤우측 센서 RF 통신불량 | 현재 |
| AHLS - 오토헤드램프레... | | 통신응답없음 / 시스템장착유무, IG KEY, DLC를 확... | |
| AAF - 액티브에어플랩 | U0164 | FATC-CAN 통신 응답 지연 | 현재 |
| AHLS - 오토헤드램프레... | | 통신응답없음 / 시스템장착유무, IG KEY, DLC를 확... | |
| AAF - 액티브에어플랩 | U0164 | FATC-CAN 통신 응답 지연 | 현재 |

그림 4-40 발생된 고장코드

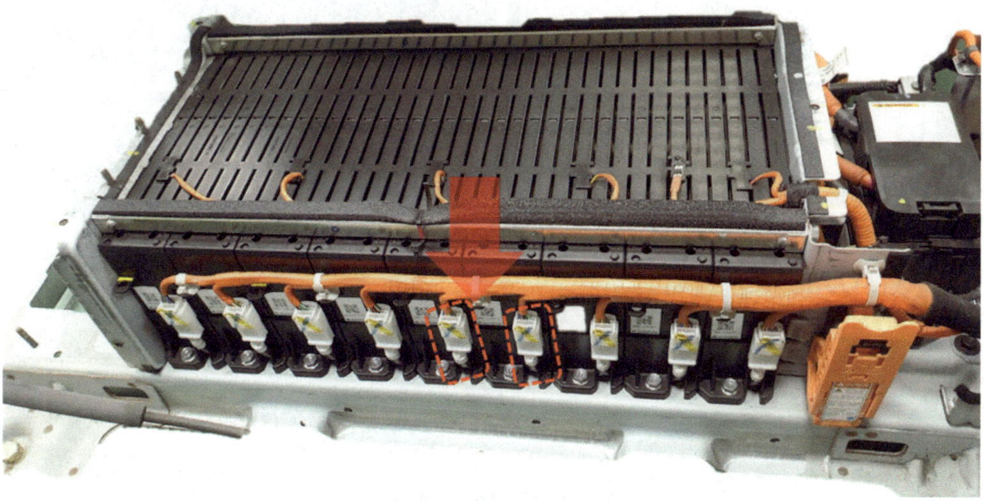

그림 4-41 고장 발생 부위

## [3] K5 HEV 연비저하 및 출력부족

차량 : YF 쏘나타 HEV 2015MY 16만km

증상 : 연비저하 및 출력부족 "P1B74 고전압 센싱라인 단선" 고장코드 발생

원인 : 고전압 배터리 모듈 커넥터 핀 파손

조치 : 고전압 배터리 모듈 커넥터 핀 교환

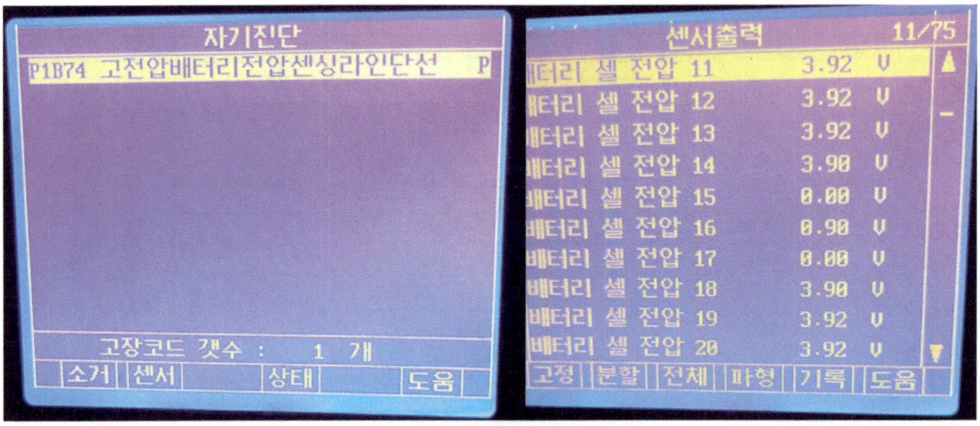


그림 4-42 발생된 고장코드

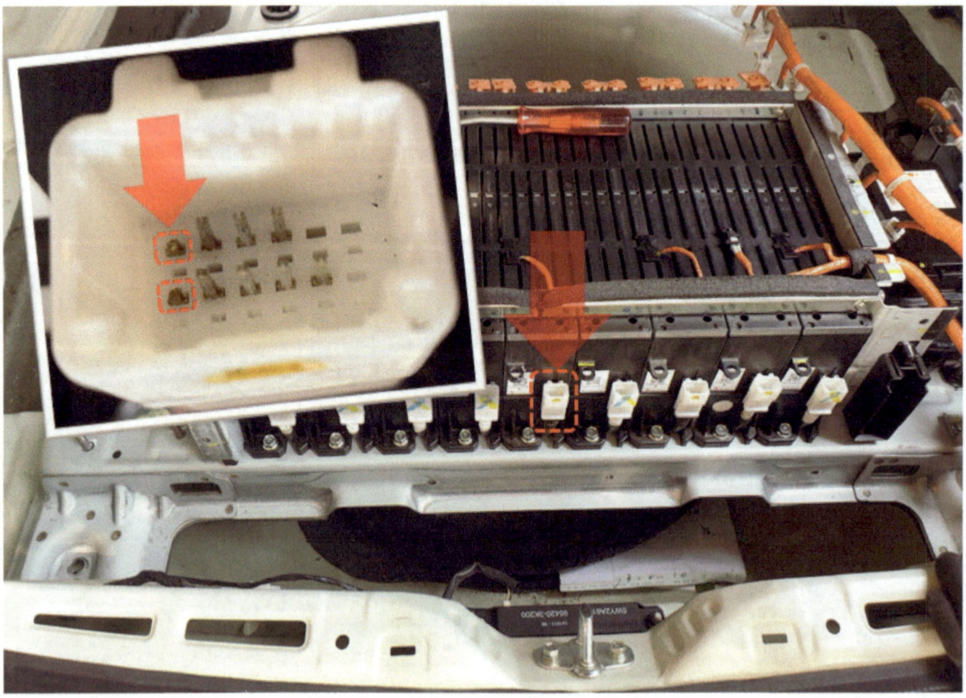

그림 4-43 고장 발생 부위

## [4] K5 HEV 연비저하 및 출력부족

차량 : YF 쏘나타 HEV 2014MY 17만km

증상 : 연비저하 및 출력부족 "P1B74 고전압 센싱라인 단선" 고장코드 발생

원인 : 고전압 배터리 모듈 불량(스웰링 현상 발생)

조치 : 스웰링 현상이 발생된 고전압 배터리 모듈 교환 후 셀 밸런싱(재생품 모듈 교환)

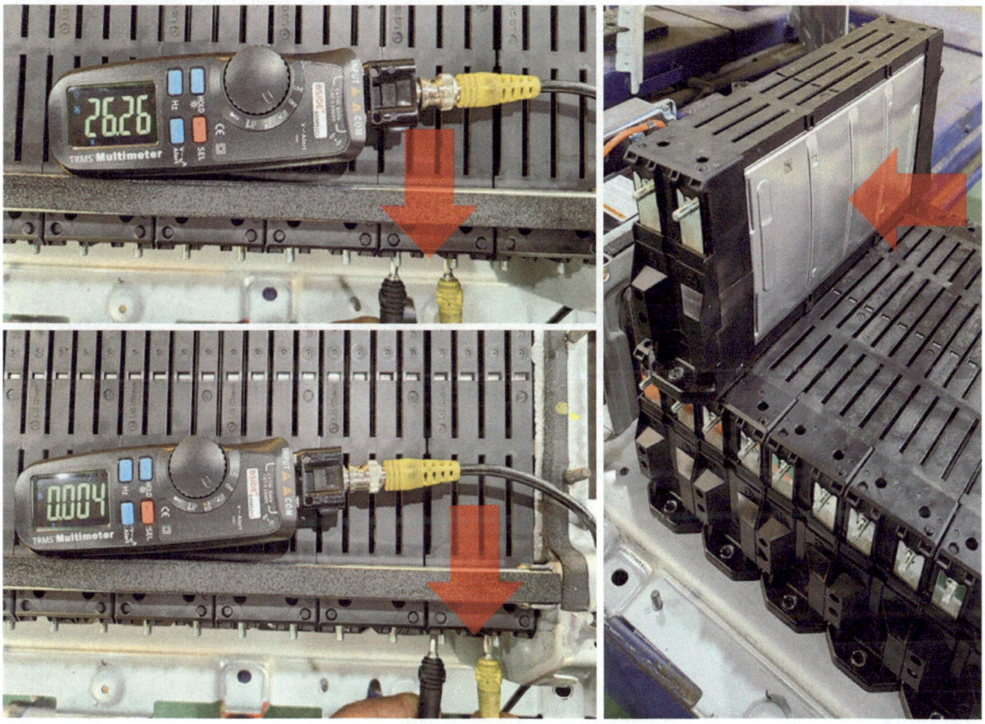


그림 4-44 배터리 모듈 전압 직접측정

구동용 고전압 배터리 모듈 점검시 스캔툴을 이용해 센서데이터로 우선적으로 구동용 고전압 배터리 셀 전압 및 배터리 팩 전압을 확인하고 최종확인을 위해 배터리 모듈 및 팩의 전압을 직접 측정해 배터리를 점검해야 한다.

이 과정에서 배터리 모듈의 전압이 비정상적인 모듈은 단순히 개별 충전을 바로 실시하지 말고 반드시 탈거하여 배터리 모듈이 부풀어 오르는 현상인 스웰링(Battery Swelling) 현상이 발생하지 않았는지 확인하고 만일 스웰링 현상이 발생한 배터리 모듈은 전압이 정상측정되더라고 함께 교환해야 한다.

## [5] 주행은 가능하나 경고등 점등

차량 : LF 쏘나타 HEV 2015MY 8.5만km

증상 : 체크엔진 경고등 및 HEV 경고등 점등

원인 : BMS 불량

조치 : BMS 교환

그림 4-45 발생된 경고등

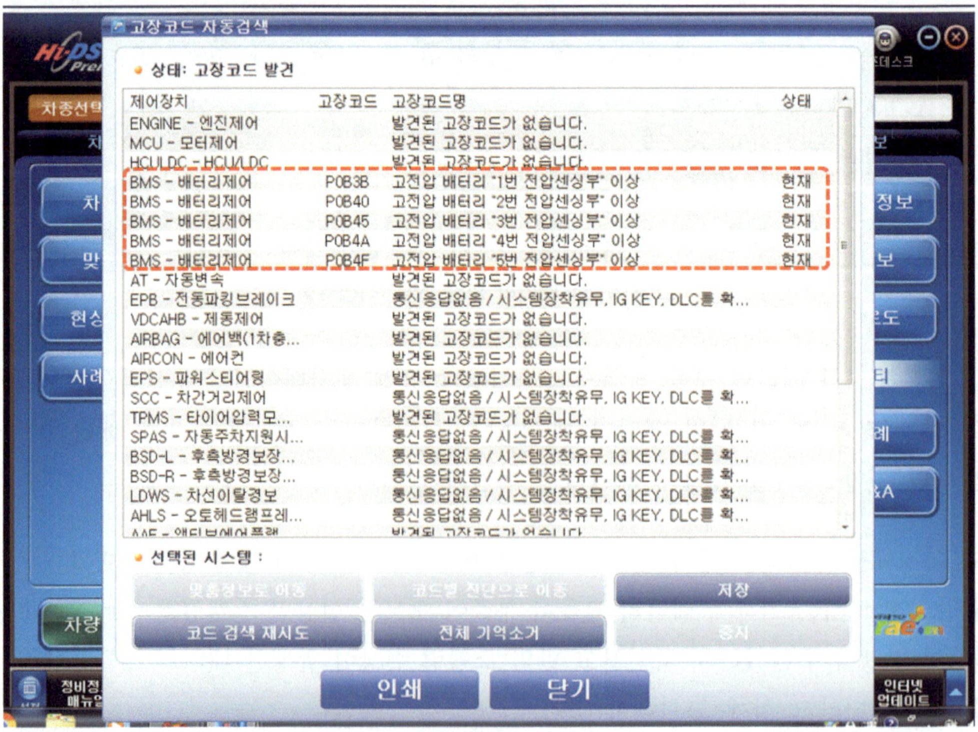


그림 4-46 발생된 고장코드

그림 4-47 BMS 센서데이터 고전압 배터리 팩 전압

그림 4-48 BMS 센서데이터 고전압 배터리 셀 전압

그림 4-49 구동용 고전압 배터리 모듈 전압 실측

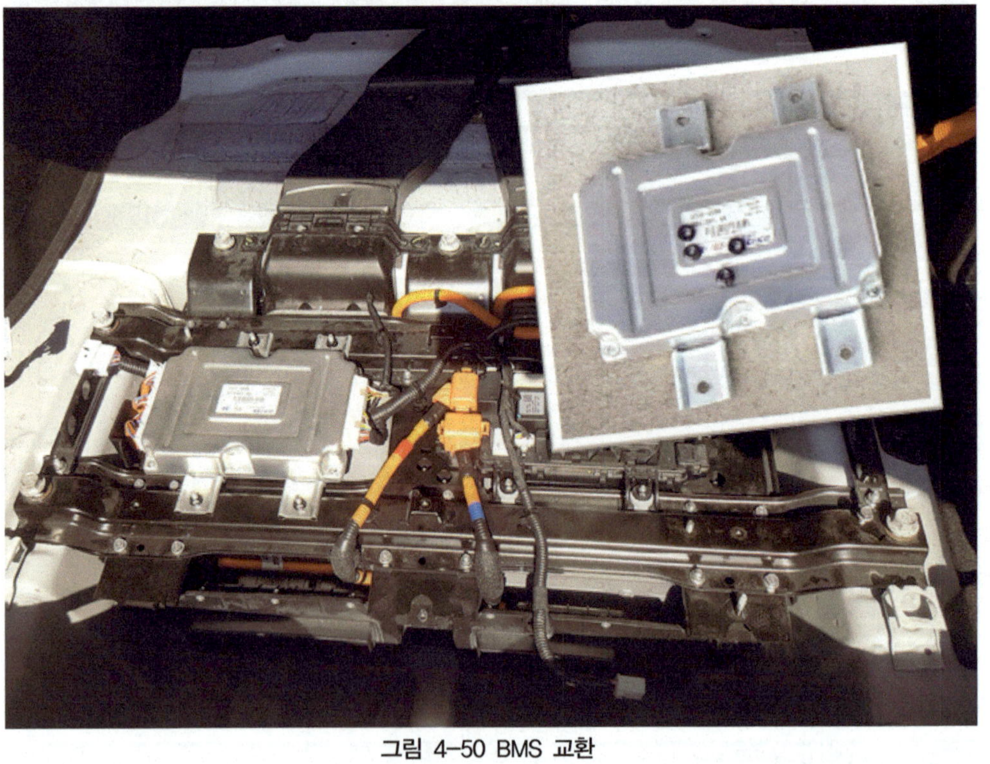

그림 4-50 BMS 교환

## [6] 아이오닉 하이브리드 전기차 시동 불가

차량 : 아이오닉(AE) HEV 2018MY 2.6만km

증상 : 시동 안걸림 "P1B77 인버터 커패시터프리차징실패" 고장코드 발생

원인 : PRA 불량

조치 : PRA 교환

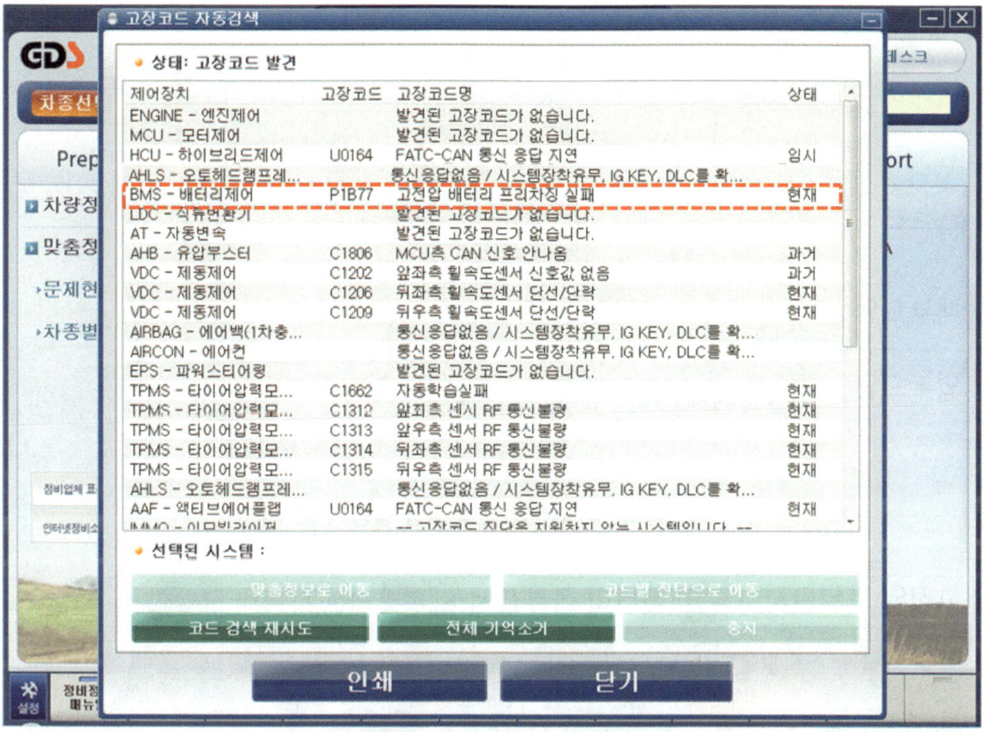

그림 4-51 발생고장 코드

### ※ 고전압 전력 공급 불량 구분

1) 고전압 배터리 내부 요인

① 고전압 Fuse 단선

② 고전압팩내 버스바 연결 불량으로 팩 전압 미형성

③ PRA 내 Precharge 저항, Precharge 릴레이, Main(−) 릴레이, Main(+) 릴레이 동작 불량

2) 고전압 배터리 시스템 외부 요인(A/C, LDC, 인버터)

① 고전압 (+), (-) cable 연결선

② 고전압 사용부품 내부 short,
Precharging 릴레이 동작시점 고전압 사용

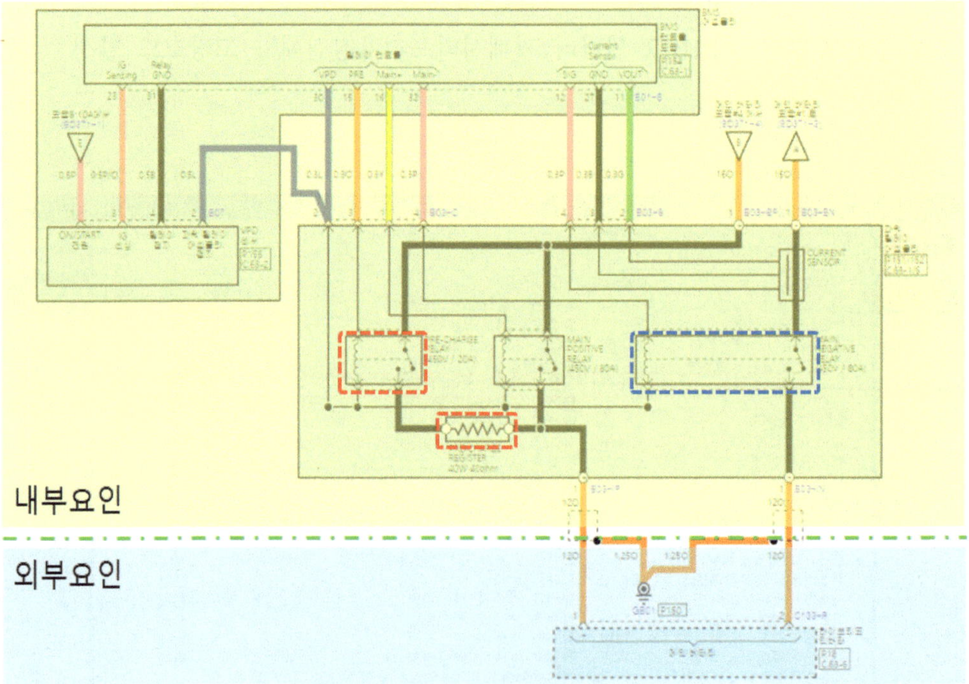


그림 4-52 고전압 전력 공급 불량 구분

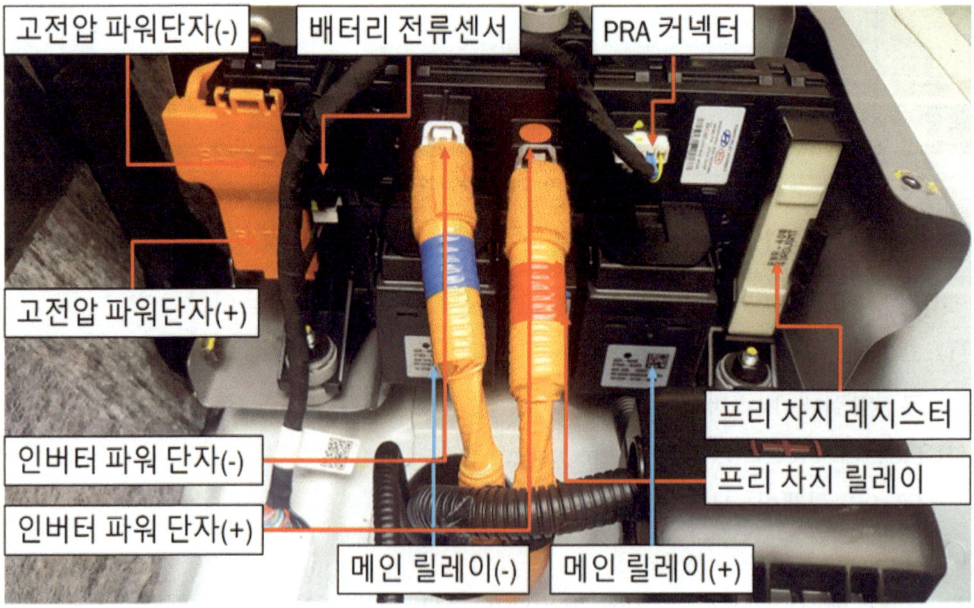


그림 4-53 고전압 배터리 공급용 PRA

## [7] 그랜져 IG HEV 전방사고 수리 후 시동불가

차량 : 그랜져 IG HEV 2019MY 5.5만km

증상 : 전방사고 수리 후 시동불가

원인 : OPA 퓨즈 단선

조치 : OPA 퓨즈 교환

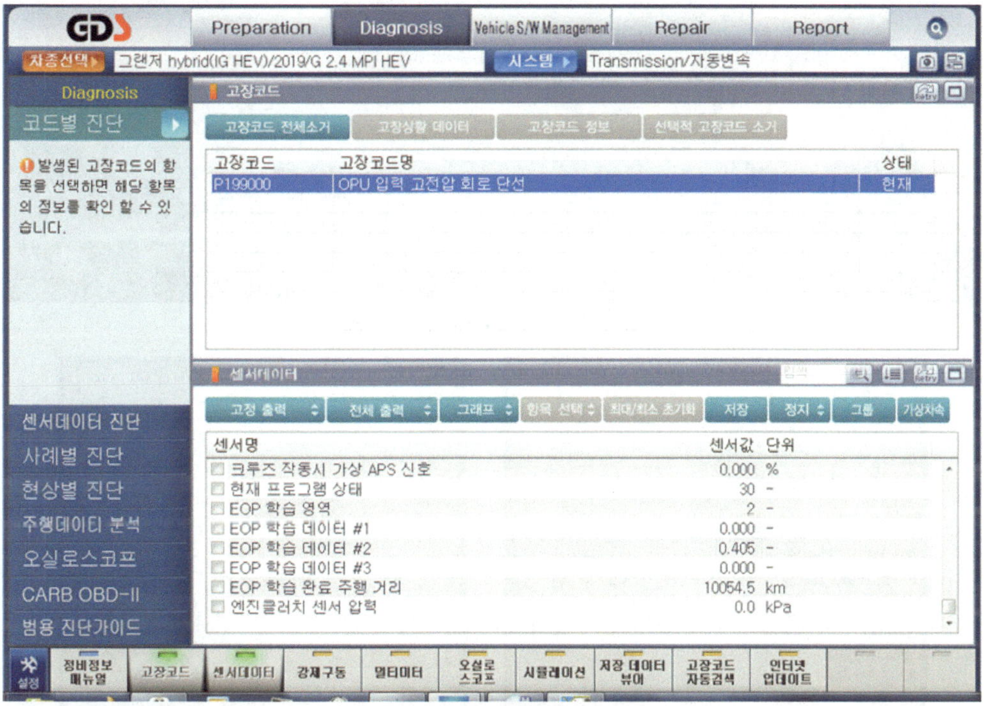


그림 4-54 발생 고장코드

그림 4-55 OPA 커넥터 상태

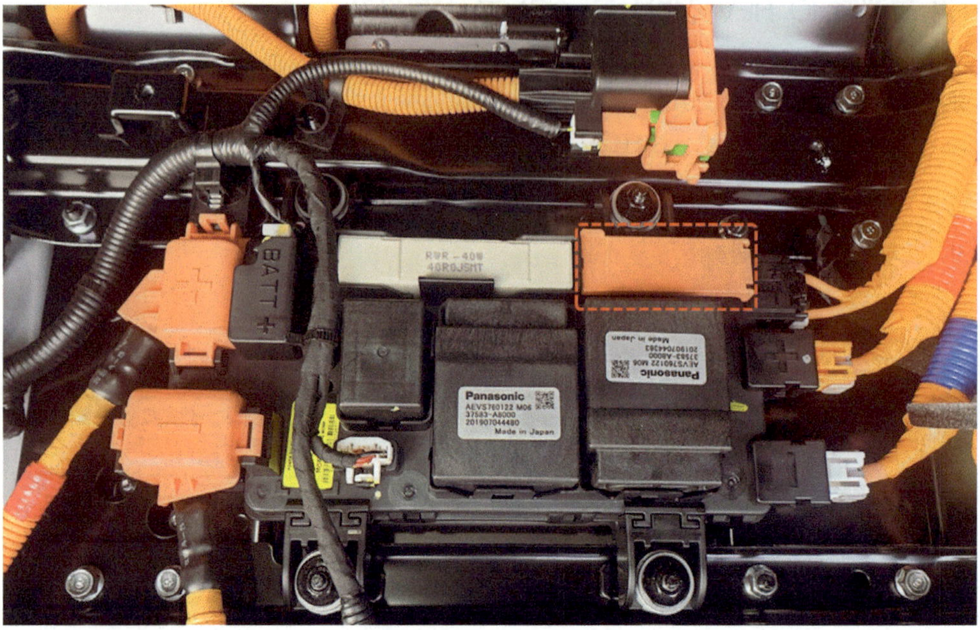


그림 4-56 PRA 내 OPU 퓨즈

그림 4-57 OPU 퓨즈 점검

## [8] 벤츠 S560eL 시동불가

차량 : 벤츠 S560 W222 PHEV 2020MY 6만km

증상 : 시동불가

점검 : 배터리 팩 전압 약 400V 측정되나 실제 배터리 전력공급 불가

원인 : 고전압 배터리 불량

조치 : 고전압 배터리 교환(재생품 교환)

그림 4-58 구동용 고전압 배터리 전압 직접측정

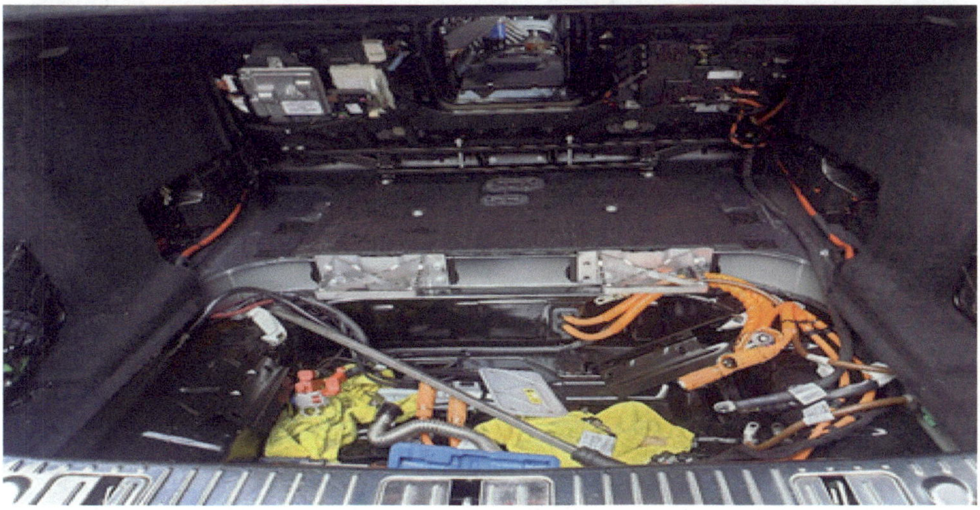

그림 4-59 구동용 고전압 배터리 탈거

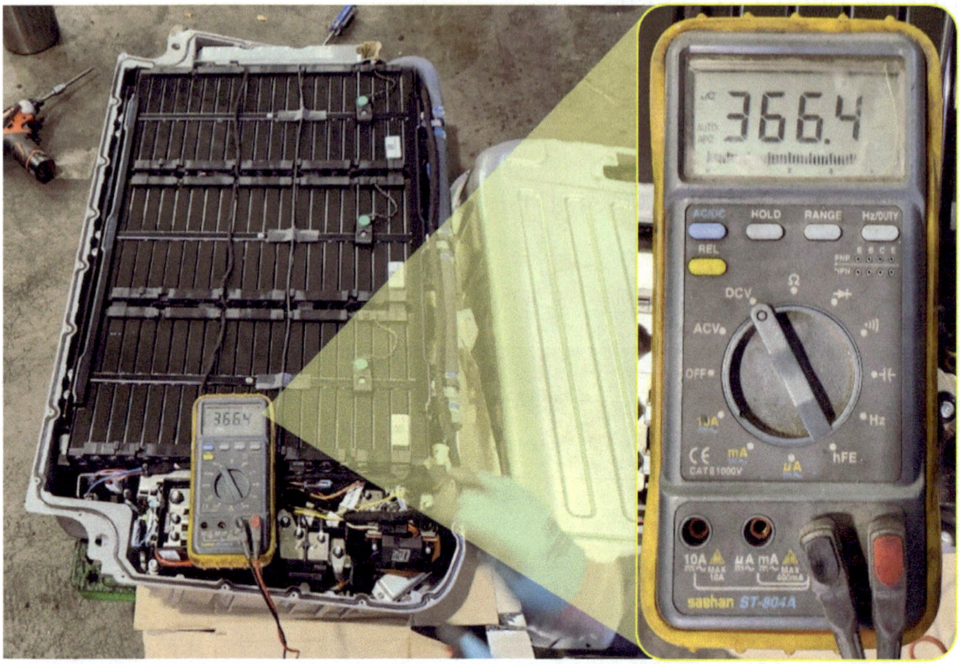


그림 4-60 구동용 고전압 배터리 전압 측정

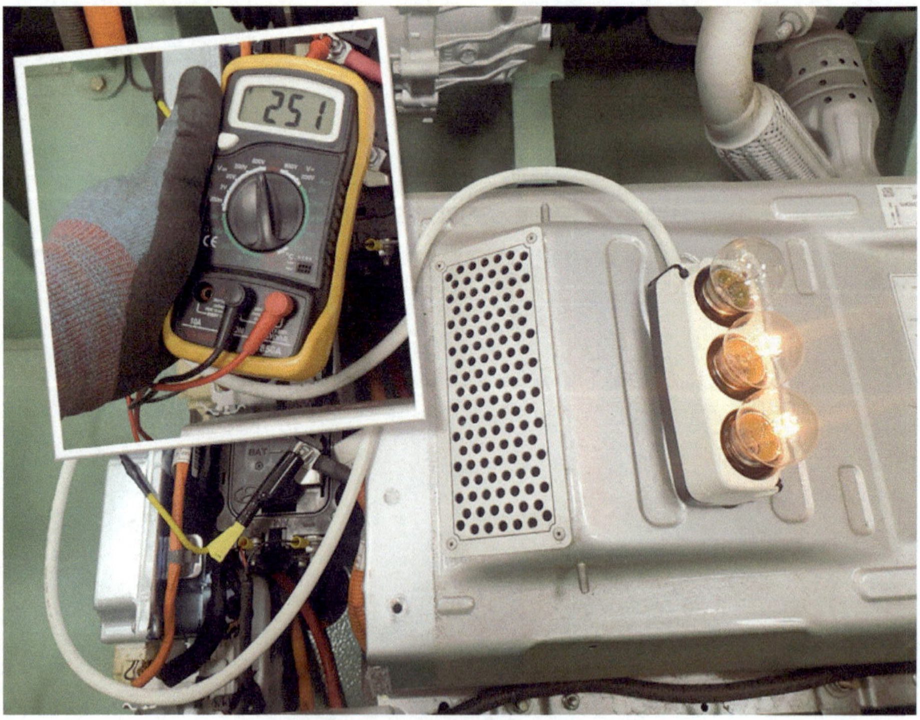


그림 4-61 고전압 측정용 전구 테스터

## [9] 볼보 XC90 PHEV 거북이 경고등 점등 및 연비저하

차량 : 볼보 XC90 PHEV T8 2018MY 16만km

증상 : 거북이 경고등 및 체크엔진 경고등 점등, 가속불량 및 출력부족, 연비저하

원인 : 배터리 모듈 불량

조치 : 배터리 모듈 교환

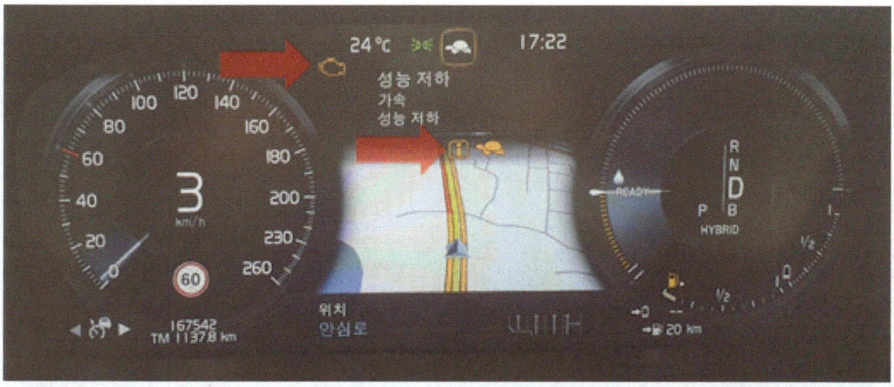


그림 4-62 발생된 경고등

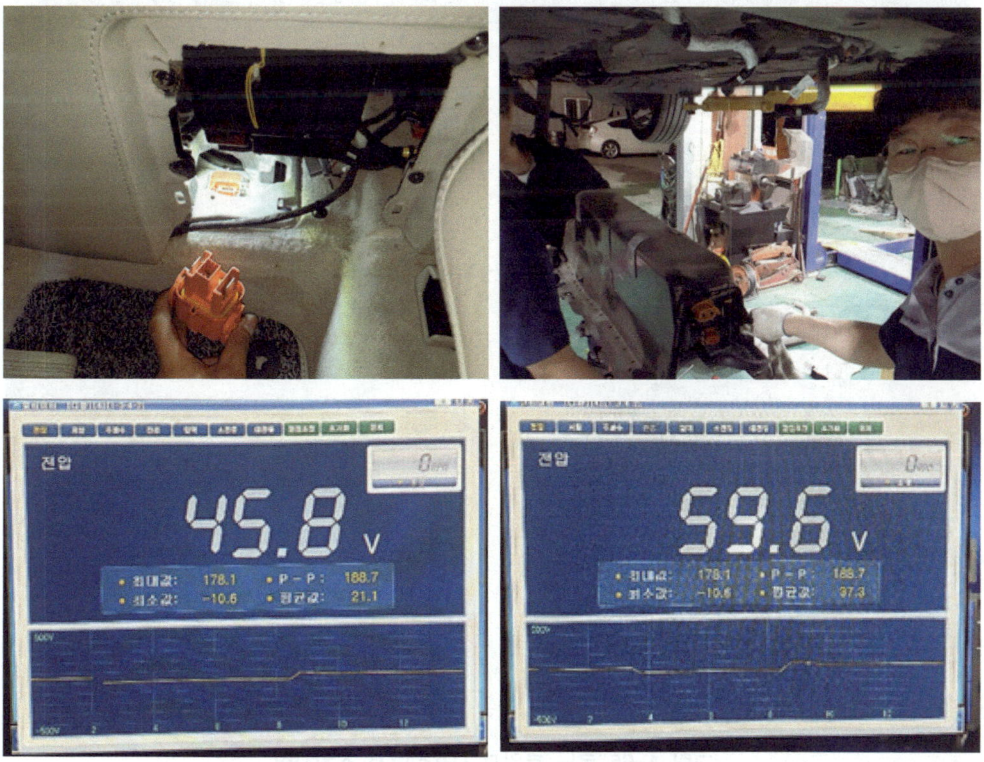


그림 4-63 배터리 모듈별 전압 직접측정

## [10] 르노 트위지 시동불량

차량 : 르노 트위지 2019MY 7만km

증상 : 겨울철 차량 주행 후 저녁시간 시동불가

원인 : 차가운 날씨로 인한 구동용 고전압 배터리 방전

조치 : 구동용 고전압 배터리 충전

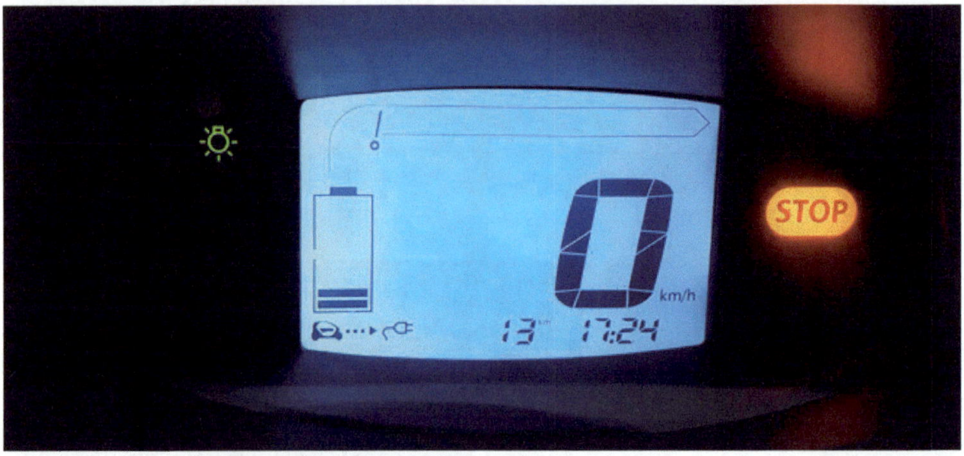


그림 4-64 발생된 "STOP" 경고등

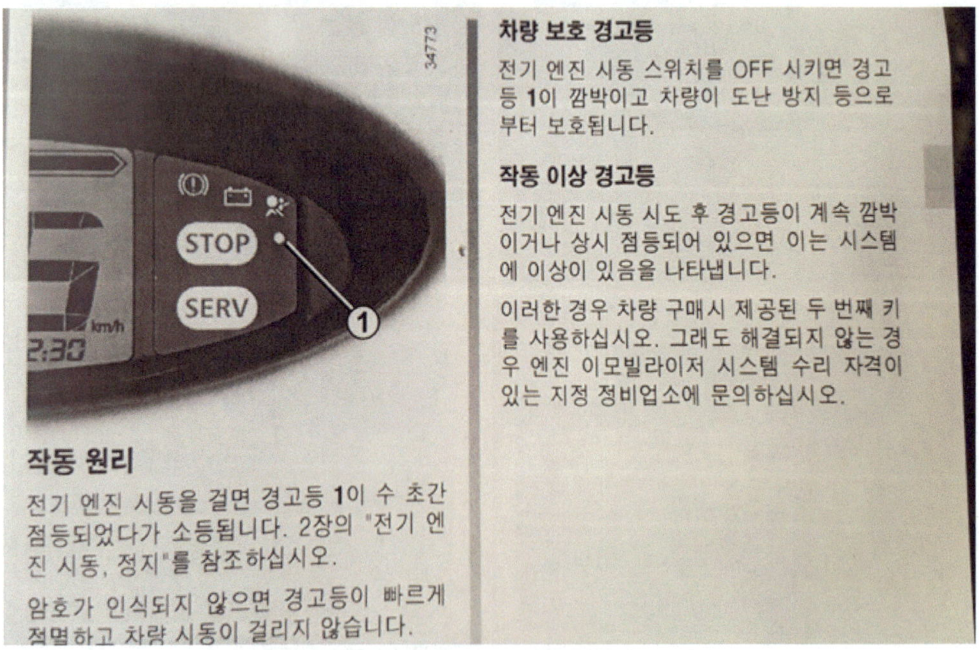


**작동 원리**

전기 엔진 시동을 걸면 경고등 **1**이 수 초간 점등되었다가 소등됩니다. 2장의 "전기 엔진 시동, 정지"를 참조하십시오.

암호가 인식되지 않으면 경고등이 빠르게 점멸하고 차량 시동이 걸리지 않습니다.

**차량 보호 경고등**

전기 엔진 시동 스위치를 OFF 시키면 경고등 **1**이 깜박이고 차량이 도난 방지 등으로부터 보호됩니다.

**작동 이상 경고등**

전기 엔진 시동 시도 후 경고등이 계속 깜박이거나 상시 점등되어 있으면 이는 시스템에 이상이 있음을 나타냅니다.

이러한 경우 차량 구매시 제공된 두 번째 키를 사용하십시오. 그래도 해결되지 않는 경우 엔진 이모빌라이저 시스템 수리 자격이 있는 지정 정비업소에 문의하십시오.

그림 4-65 르노 트위지 사용설명서 조치사항

## [11] 레이 EV 완속충전 불량 1

차량 : 레이 EV 2013MY 6만km

증상 : 급속충전은 가능하나 완속충전 안됨

원인 : 완속충전기 불량

조치 : 다른 충전소에서 완속충전

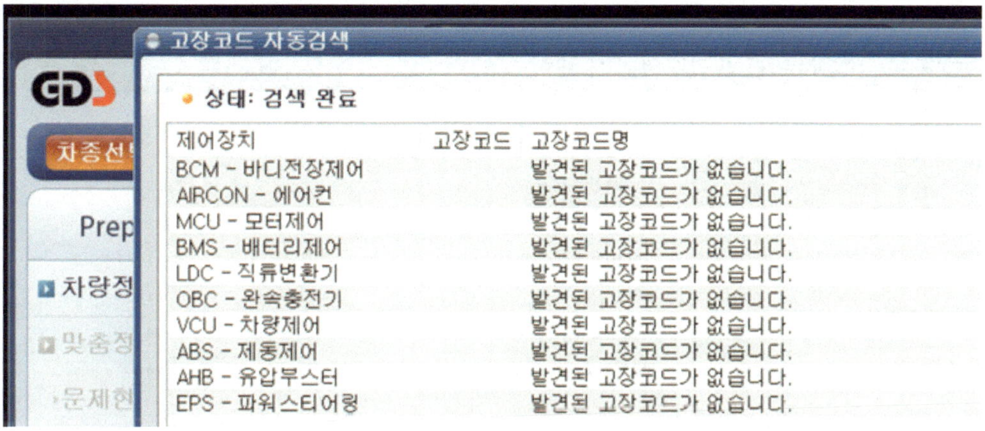


그림 4-66 발생된 고장코드 없음

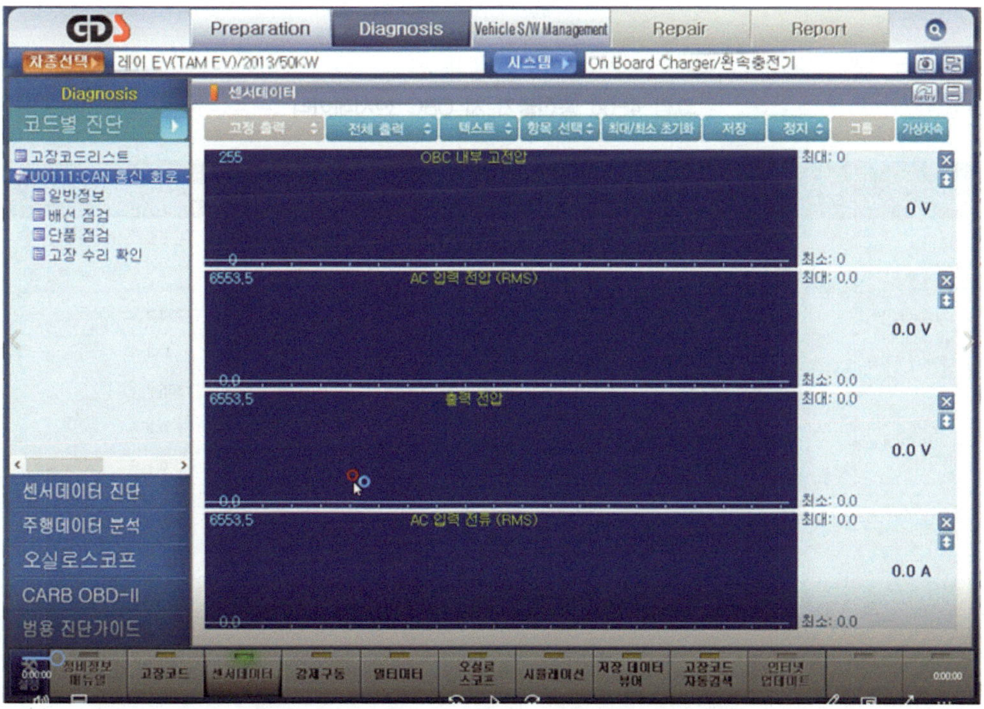


그림 4-67 불량 충전기 OBC 입력 전압 및 전류

## [12] 레이 EV 완속충전 불량 1

차량 : 레이 EV 2013MY 12만km

증상 : 급속충전은 가능하나 완속충전 안됨

원인 : OBC 불량

조치 : 재생품 OBC 교환

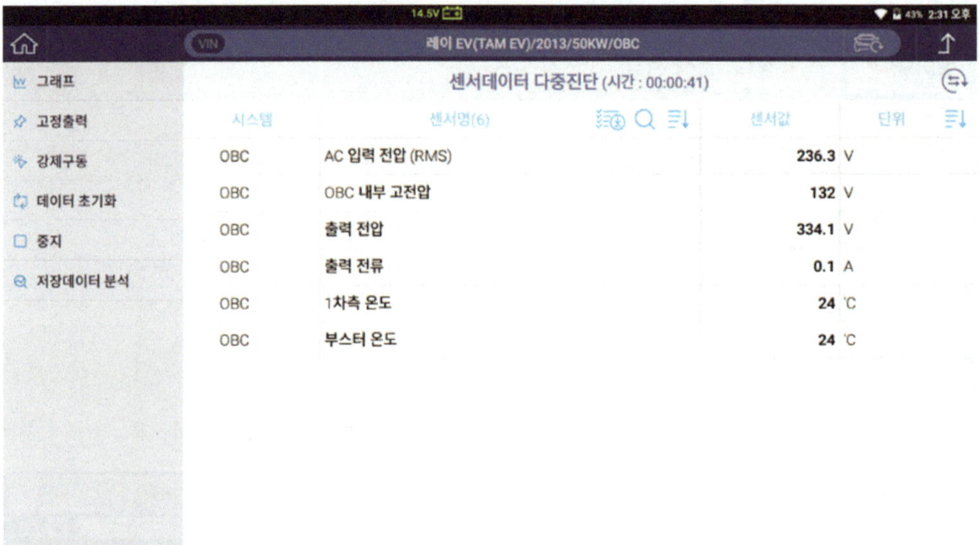


그림 4-68 충전불가 시 OBC 센서데이터

그림 4-69 충전불가 시 OBC 센서데이터 2

그림 4-70 OBC 탈거 상태로 주행 가능

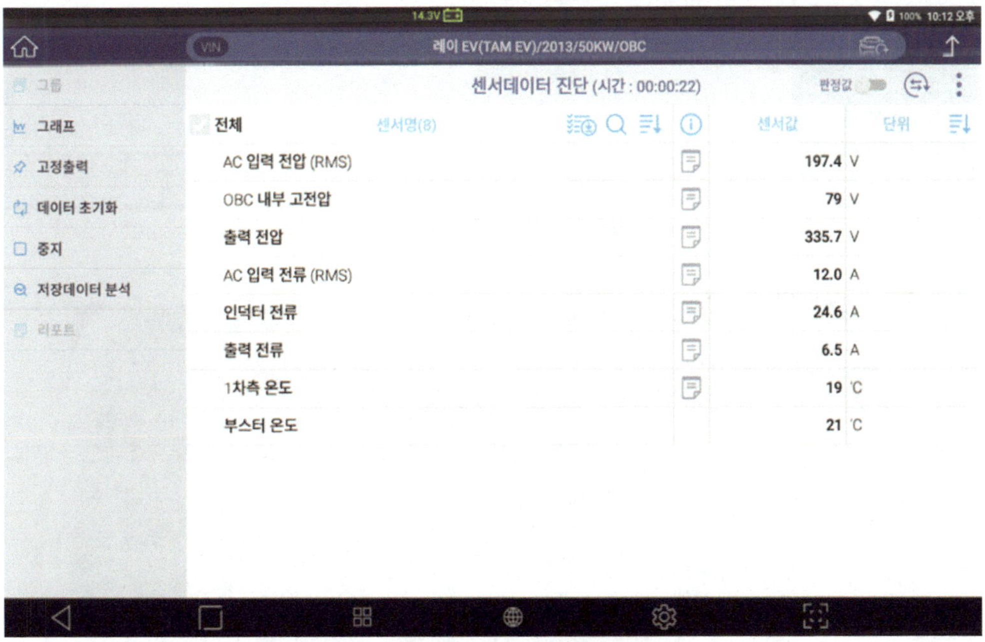


그림 4-71 OBC 교환 후 센서데이터

## [13] 코나 EV 완속충전 불량

차량 : 코나 EV 2020MY 17만km

증상 : 급속충전은 가능하나 완속충전 안됨

원인 : 충전 커넥터 불량

조치 : 충전 커넥터 교환

그림 4-72 발생된 고장코드

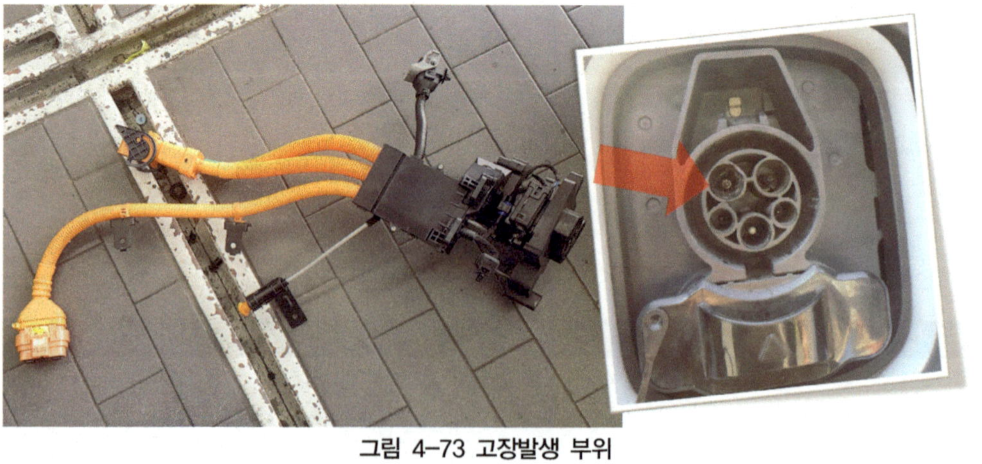

그림 4-73 고장발생 부위

## [14] SM3 ZE EV 완속충전 불량

차량 : 레이 EV 2015MY 6만km

증상 : 완속충전 안됨

원인 : 차량탑재형 충전기(차저 어셈블리 전기엔진) 불량

조치 : 차량탑재형 충전기(차저 어셈블리 전기엔진) 교환

그림 4-74 발생된 경고문구

| 정비 사업자 | 업체명 및 대표자 | [illegible] |
|---|---|---|
| | 주 소 | [illegible] |
| | 견적구분 | □ 보험 ▣ 일반 |

아래와 같이 견적합니다

| 견적내용 | 부품내역 코드 | 수량 | 단가 | 계 | 공임 | 합계 |
|---|---|---|---|---|---|---|
| 탈장착 차저-전기모터 | | | | | 43,200 | 43,200 |
| 차저 어셈블리, 전기엔진 | 29605 0972R | 1 | 2,532,546 | 2,532,546 | | 2,532,546 |
| 드레인 리필 냉각수 | | | | | 48,600 | 48,600 |
| 탈장착 록 아웃 | | | | | 43,200 | 43,200 |
| 부동액 | 10120 7590R | 1 | 10,091 | 10,091 | | 10,091 |

| 구분(보험 · 일반) | 부품 | 공임 | 계 | 부가가치세 | 총액 |
|---|---|---|---|---|---|
| 일반 | 2,542,637 | 135,000 | 2,677,637 | 267,763 | 2,945,400 |

「자동차관리법」 제58조제4항 및 같은 법 시행규칙 제134조제2항에 따라 위와 같이 발급합니다.

2017 년

그림 4-75 차량 탑재형 충전기 교환 정비내역

표 4-3 차량별 OBC 가격 (2024년 8월5일 기준)

| no | 차량명 | 품번 | 금액(원) |
|---|---|---|---|
| 1 | 레이 EV | 36400-0E100 | 3,058,000 |
| 2 | 쏘울EV | 36400-0E040 | 1,899,700 |
| 3 | 쏘울부스터EV | 36400-0EAA0 | 1,584,000 |
| 4 | 아이오닉EV(구) | 36400-0E050 | 1,452,000 |
| 5 | 아이오닉EV(신) | 36400-0E055 | 1,192,400 |
| 6 | 코나 EV | 36400-0E070 | 1,192,400 |
| 7 | 니로 EV | 36400-0E090 | 1,162,400 |
| 8 | 포터 EV | 36400-0EBA0 | 1,294,700 |
| 9 | 아이오닉5 | 36400-1XAA0 | 1,685,200 |
| 10 | SM3 ZE | 29605-0972R | 2,785,800 |

## [15] 아이오닉 EV 시동 안걸림

차량 : 2018MY 5만km

증상 : 시동안걸림 주행 불가

원인 : PRA 불량

조치 : PRA 교환

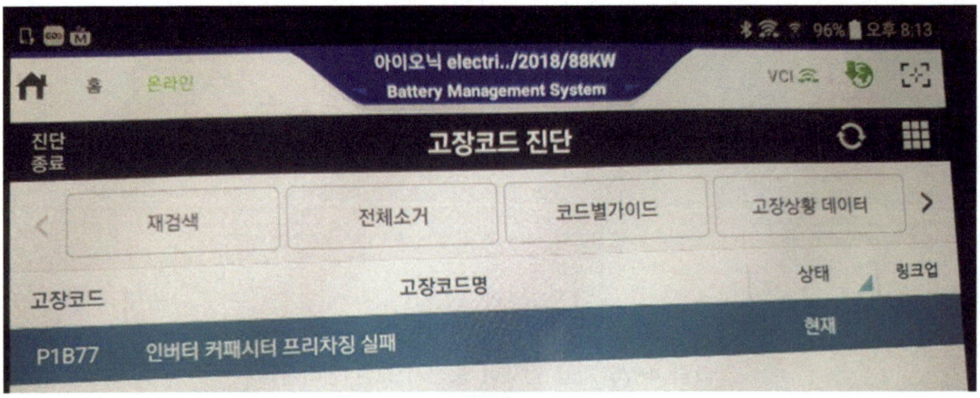


그림 4-76 발생된 고장코드

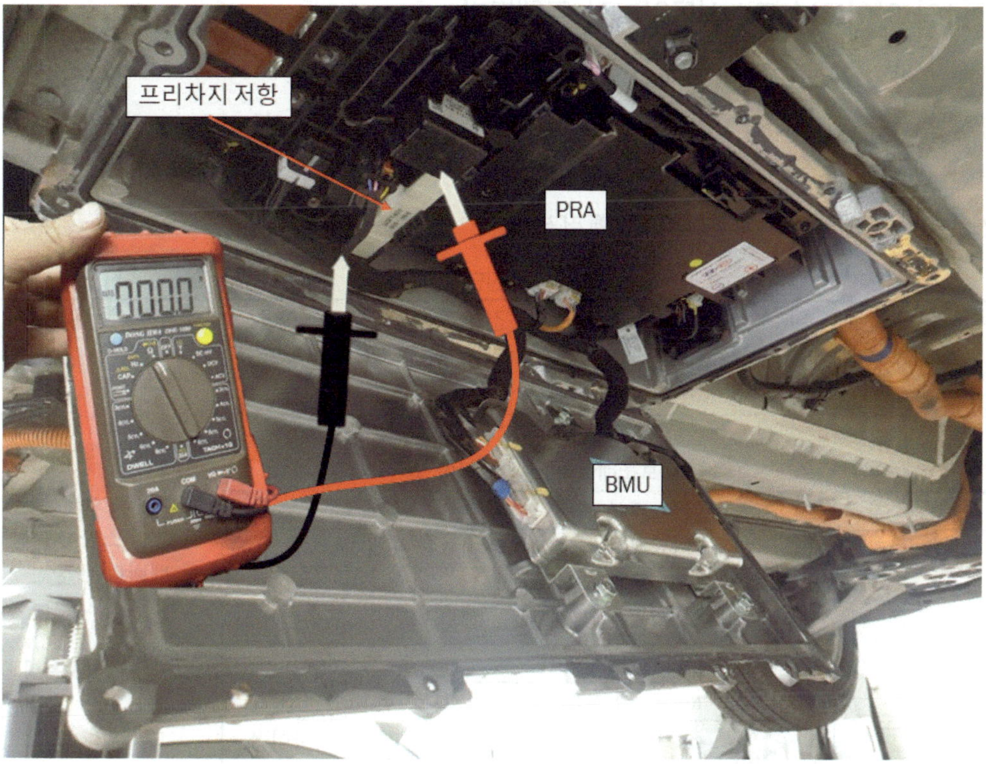


그림 4-77 PRA 점검

그림 4-78 PRA 교환

## [16] 아이오닉 EV 시동안켜짐 주행불가

차량 : 아이오닉 EV 2017MY 12만km

증상 : 시동 안걸림 "P1BA7 배터리 과충전 보호회로 활성화" 고장코드 발생

원인 : 배터리 모듈 불량

조치 : 배터리 모듈 교환 후 셀 밸런싱

**표 4-4 진단가이드**

<table>
<tr><th>항목</th><th colspan="3">판정조건</th><th>고장예상원인</th></tr>
<tr><td>검출목적</td><td colspan="3">- 과충전에 의한 배터리 열화방지<br>- 과충전에 의한 안전사고 방지</td><td rowspan="13">1. VPD스위치<br>2. VPD 스위치 눌림<br>3. 배터리 과충전<br>4.배터리 모듈과 BMS 간 배선 및 커넥터 접촉불량<br>5. BMS</td></tr>
<tr><td>검출조건</td><td colspan="3">- 점화스위치" ON"<br>- 보조배터리 정상전압(9~16V)</td></tr>
<tr><td>발생기준값</td><td colspan="3">- VPD 센싱전압5V 초과 0.0초 유지 시</td></tr>
<tr><td>해제기준값</td><td colspan="3">- VPD 센싱전압5V 이하 0.0초 유지 시</td></tr>
<tr><td rowspan="9">안전모드</td><td rowspan="2">가동파워</td><td>충전제한</td><td>100%</td></tr>
<tr><td>방전제한</td><td>100%</td></tr>
<tr><td colspan="2">Fan 컨트롤</td><td>-</td></tr>
<tr><td colspan="2">Relay 컨트롤</td><td>유지</td></tr>
<tr><td rowspan="2">서비스 램프</td><td>ON 조건</td><td>2회 주행사이클</td></tr>
<tr><td>Off 조건</td><td>점화스위치Off</td></tr>
<tr><td colspan="2">DTC 확정</td><td>2회 주행사이클</td></tr>
<tr><td colspan="2">경고등</td><td>ON</td></tr>
</table>

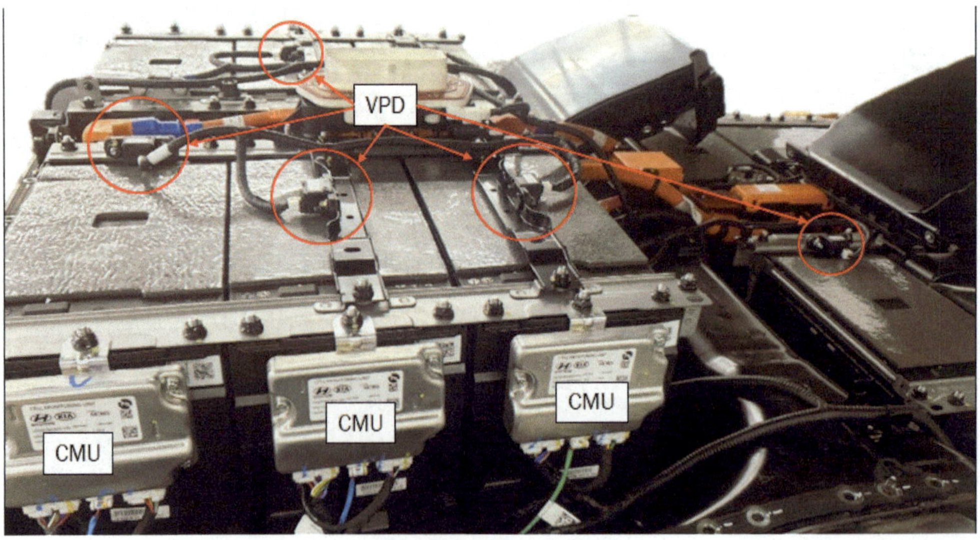


**그림 4-79 VPD 설치위치**

## [17] 코나 Ev 주행가능 충전안됨

차량 : 코나 EV 2019MY 5만km

증상 : 시동 및 주행 가능 충전안됨

원인 : CMU 불량

조치 : CMU 교환

그림 4-80 발생된 경고문구

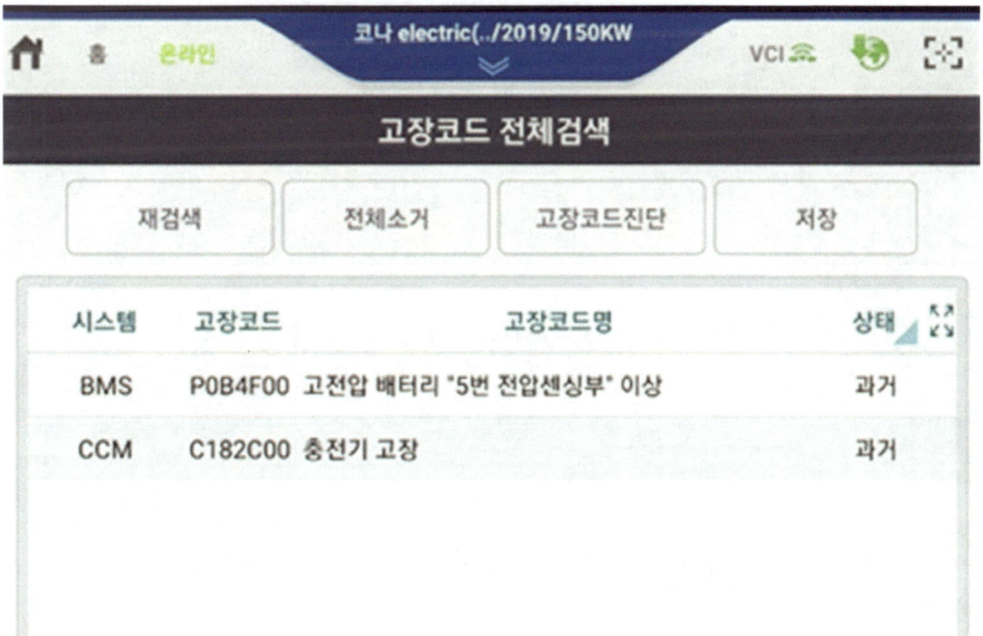


그림 4-81 발생된 고장코드

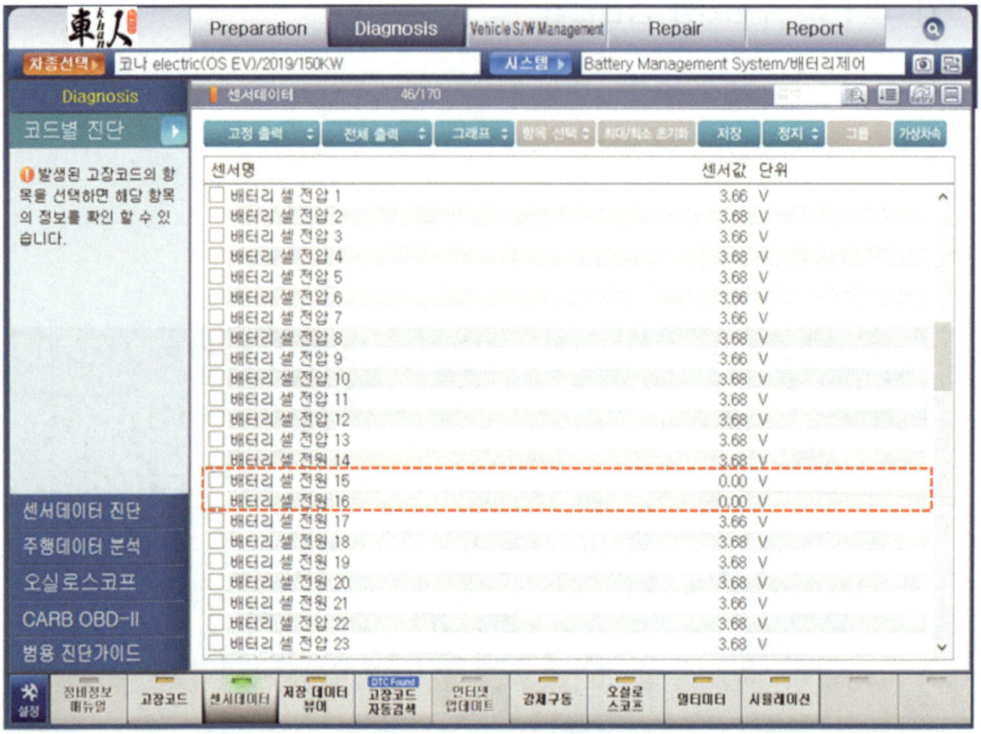


그림 4-82 BMS 센서데이터

그림 4-83 배터리 팩 내 CMU 설치 위치

## [18] 코나 Ev 주행가능 충전안됨 2

차량 : 코나 EV 2020 MY 1만km

증상 : 시동 및 주행 가능 충전안됨

원인 : 배터리 모듈 불량

조치 : 배터리 팩 교환(신차)

그림 4-84 발생된 경고등

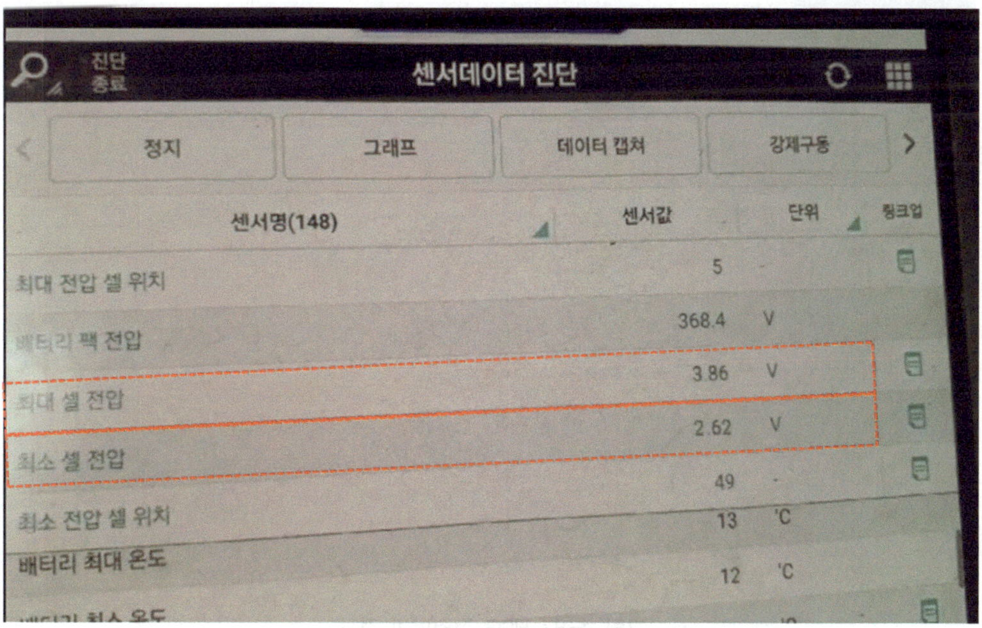


그림 4-85 BMS 센서데이터

## 4.4 구동모터

### [1] 아이오닉 HEV 주행중 시동꺼짐

차량 : 아이오닉 HEV 2017MY 11만km

증상 : 주행중 경고등 점등 후 시동 안걸림

원인 : HSG 케이블 내 이물질 삽입

조치 : 이물질 제거

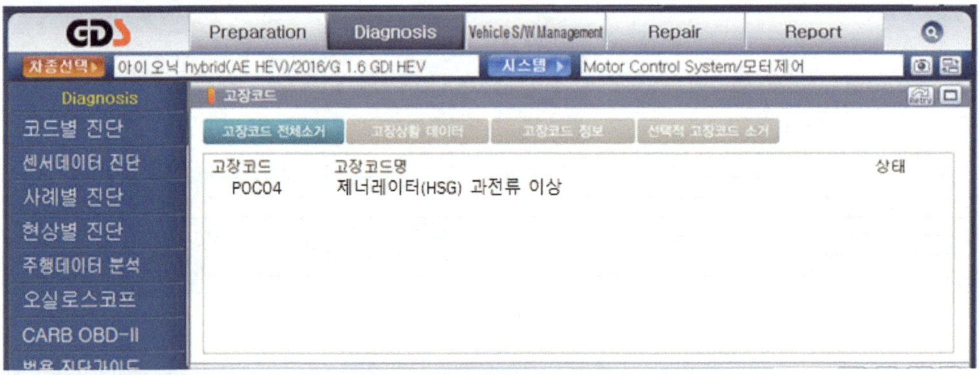


그림 4-86 발생된 고장코드

그림 4-87 HSG 절연파괴 검사

## [2] K5 TF 시동 후 변속시 시동꺼짐

차량 : K5 TF HEV 2013MY 16만km

증상 : 시동 후 변속시 경고음 및 경고문구 발생 후 시동꺼짐
" P0A78 구동모터 인버터 성능 이상" 고장코드 발생

원인 : 인버터 불량

조치 : 인버터 교환

그림 4-88 발생된 경고등 및 경고문구

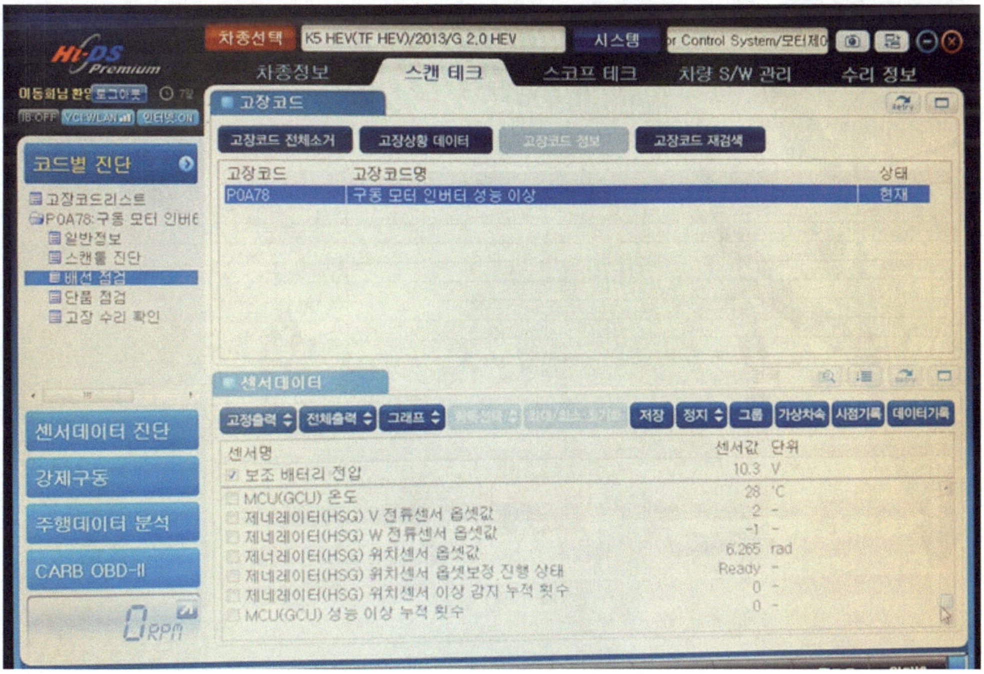


그림 4-89 발생된 고장코드

그림 4-90 구동모터 절연파괴 검사

그림 4-91 인버터 교환

## [3] YF 쏘나타 HEV 겨우 앞뒤로 움직임 가능

차량 : YF 쏘나타 HEV 2014MY 15만km

증상 : 시동 후 변속시 경고음 및 경고문구 발생 겨우 앞뒤로 움직임
" P0A78 구동모터 인버터 성능 이상" 외 고장코드 발생

원인 : 인버터 불량

조치 : 인버터 교환

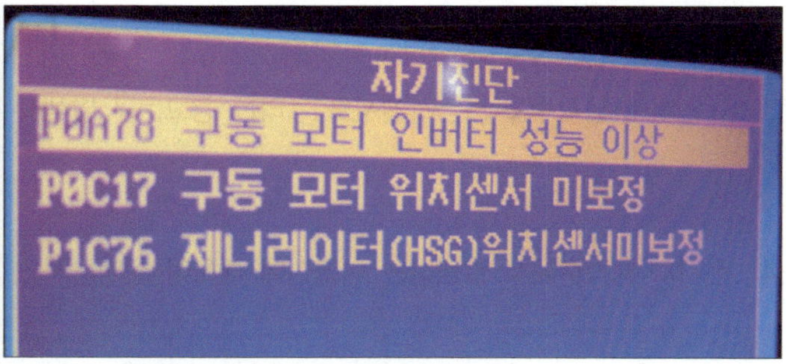


그림 4-92 발생된 경고문구 및 고장코드

그림 4-93 구동모터 교환

차량별로 모든 고장을 담지 못하고 정비현장에서 함께 정비하면서 겪었던 내용 중 일부분을 책에 담았기에 양해 바라며 받은 자료 그대로 이기에 투박함을 양해 바란다.

## 생각해보기

**4.1** 배터리부분을 제외한 고전압 회로 정비시 주의사항에 대하여 설명시오.

**4.2** 고전압 배터리 정비시 주의사항에 대하여 설명하시오.

**4.3** "인버터 냉각수를 보충하십시오" 라는 경고문구 발생시 점검방법에 대하여 설명하시오.

**4.4** 전기차 냉각수에서 발생하는 이물질에 대하여 설명하시오.

**4.5** 12V 배터리가 자주 방전되는 경우 점검사항을 설명하시오.

**4.6** 고전압 배터리 과 방정시 조치사항에 대하여 설명하시오.

**4.7** "브레이크 시스템 점검! 안전한 곳에 정차하십시오" 경고문구에 설명하시오.

**4.8** 구동용 고전압 배터리를 점프하는 방법에 대하여 설명하시오.

**4.9** 배터리 전기차에서 완속충전이 되지 않을 경우 점거사항에 대하여 설명하시오.

**4.10** "P1B77 인버터 커퍼시터 프리차징 실패" 고장코드에 대하여 설명하시오.

## 참고문헌


[1] 현대자동차 : https://www.hyundai.com/

[2] 기아자동차 : https://www.kia.com/

[3] 테슬라 : https://www.tesla.com/ko_KR

[4] EVDB : https://ev-database.org/

[5] 자동차 정비정보 공유 네이버 카페 : http://cafe.naver.com

[6] 저공해차 통합 누리집 : https://ev.or.kr/

[7] 환경부 : https://www.me.go.kr/

[8] 산업통상자원부 : https://www.motie.go.kr/

[9] 벤츠 코리아 : https://www.mercedes-benz.co.kr/

[10] 폭스바겐 코리아 : https://www.volkswagen.co.kr/

[11] 오토데스크 : https://autodesk.co.kr/

[12] InsideEVs : https://insideevs.com/

[13] Electrek : https://electrek.co/

[14] Green Car Reports : https://www.greencarreports.com/

[16] EV Database : https://ev-database.org/

[17] 강성구 블로그 : https://blog.naver.com/gayver39

[18] 전기로 가는 자동차 / 강성구 / 문운당 / 2018

[19] 수소차도 전기차다 / 강성구/ 문운당 / 2019

[20] 자동차 진단과 정비 / 강성구 / 문운당 / 2016

# NEW 전기로 가는 자동차

초판인쇄 | 2024년 8월 14일
2판인쇄 | 2025년 12월 2일

저 자 | 강성구
발 행 인 | 이성범
발 행 처 | 문운당
주 소 | 서울시 종로구 혜화로5길 16 (명륜1가 45-3)
전 화 | (02)762-6010
팩 스 | 영업 (02)745-0265 / 편집 (02)762-8758
이 메 일 | 영업 munun2@daum.net
편집 munundang@naver.com
홈페이지 | http://munundang.co.kr

ISBN 979-11-5692-771-6 93550



**정가 27,000원**